尽善尽美　⬤　▣　弗求弗迪　⬤

WILEY

Introducing Child Psychology

儿童心理学

（精装修订版）

[英] H. 鲁道夫·谢弗（H. Rudolph Schaffer）著

王莉 译

电子工业出版社.

Publishing House of Electronics Industry

北京·BEIJING

内 容 简 介

本书介绍和总结了关于儿童心理学的最新发现与成果，回答了近些年来家长、老师和社会都广泛关注的儿童成长方面的问题。儿童与成人相似但又不同，近些年关于儿童的研究话题历久弥新，本书通过客观的研究阐明了儿童发展的本质，语言浅显易懂、结构清晰完整。无论是选修心理学课程的学生，还是教育工作者，或是想知道"孩子为什么不高兴"的家长，都会发现这是一本非常实用有趣的书。

版权贸易合同登记号　图字：01-2014-5479

图书在版编目（CIP）数据

儿童心理学 /（英）谢弗（Schaffer,H.R.）著；王莉译. —修订本. —北京：电子工业出版社，2016.1（2025.11重印）
书名原文：Introducing Child Psychology
ISBN 978-7-121-27565-4

Ⅰ.①儿… Ⅱ.①谢…②王… Ⅲ.①儿童心理学 Ⅳ.①B844.1

中国版本图书馆CIP数据核字（2015）第269688号

责任编辑：杨　雯
印　　刷：天津画中画印刷有限公司
装　　订：天津画中画印刷有限公司
出版发行：电子工业出版社
　　　　　北京市海淀区万寿路173信箱　　邮编：100036
开　　本：720×1000　1/16　印张：22.25　字数：379千字
版　　次：2016年1月第1版
印　　次：2025年11月第35次印刷
定　　价：65.00元

凡所购买电子工业出版社图书有缺损问题，请向购买书店调换。若书店售缺，请与本社发行部联系，联系及邮购电话：（010）88254888。
质量投诉请发邮件至zlts@phei.com.cn，盗版侵权举报请发邮件至dbqq@phei.com.cn。
服务热线：（010）88258888。

作者序

　　儿童令人着迷，他们非常重要。这两个非常好的理由使我们想对儿童了解得更多一些。儿童令人着迷是因为他们和成年人既相似又不同：一方面，他们明显有潜力发展出成熟个体才具有的各种能力；另一方面，他们具有只在他们那个年龄段才特有的能力和要求，需要我们去承认、去尊重，也需要我们去关注。儿童令人着迷还因为儿童期的本质就是发展变化。观察新生儿长成幼儿，再一步步长成学龄前儿童、学龄儿童和少年、青年，试图解释这些变化中暗藏的各种机制，这不仅吸引人的智力工作，而且能满足感情上的需要。

　　早期经验对心理有不可挽回的影响吗？我们在何种程度上是被遗传因素塑造的？为什么一些儿童比另一些儿童更早地获得语言能力？离婚对各年龄段的孩子有什么样的影响呢？有最理想的方法帮助儿童学习解决问题的技能吗？哪怕仅仅是为了满足好奇心，我们也希望回答这些问题，以及其他很多在日常抚养和教育儿童中产生的问题。

　　儿童也是非常重要的，因为社会的未来取决于我们怎样抚养和教育下一代。这样，又有许多问题产生了。是否存在着某些"正确的"抚养孩子的方法，可以帮助他们充分挖掘潜能呢？有哪些冒险的因素是我们需要了解和避免的？早期攻击性是预示着以后暴力和犯罪的一个危险信号吗？儿童能够弥补失去的重要经历吗？比如，应该在婴儿期和父母形成亲密关系的经历；在上学前要接触很多读物的经历。对这些问题的回答不仅对儿童的养育者有意义，对教育、福利、健康和教育领域的政策制定者也有意义，有助于他们制定出最符合儿童健康发展的政策。

儿童心理学的目标是要通过客观研究建立起一个能够回答上述问题的信息基地。这样，我们就能够得到儿童发展本质的事实性结论，而不仅仅是一些看法。尽管儿童心理学还是一门年轻的学科，但它在过去的半个世纪左右有了长足的发展。因此，在这样的一本书里要将它的方方面面都讲清楚是不可能的，也是不必要的。相反，本书的目的是要对现有的发现做一个总结，着重介绍近些年大家广泛关注的问题，并对儿童心理学的本质及其成就做一说明。本书适用于任何想了解儿童心理学的读者，不论是因为他们在学校里选修心理学课程，还是因为职业（教育、社会工作、心理治疗和法律），或者仅仅是对"什么让孩子不高兴了"感兴趣。

本书写给那些没有任何心理学基础知识的读者。尽管我试图避免过分的专业化，但是有时一些专业术语是必需的。此外，为了更详细地说明，本书的某些特殊地方会用表格来罗列文章中讲述的某些特殊问题。想对本书讨论的问题做更深探讨的读者，会在每章的末尾找到相关阅读书目。衡量本书是否成功的一个标志是，本书的读者在多大程度上受到激励去继续阅读这些书目，进而更深入地探讨这门学科。

H. Rudolph Schaffer

CONTENTS 目 录

第一章
认识儿童

INTRODUCING

CHILD

PSYCHOLOGY

什么是儿童心理学？我们为什么需要它？让我们先回到这些基本问题上来，因为在没有弄清楚我们在谈什么和为什么谈之前，描述这门学科没有任何意义。

什么是儿童心理学

性质和目的

儿童心理学是对儿童行为和发展的科学的研究。

注意，重点在"科学的"这个词上。因为这一点将儿童心理学和其他认识儿童的主观方法区分开来。心理学家力图要描述和解释儿童的行为及其变化方式。他们不依靠模糊的印象、猜测和躺椅上的理论推导。相反，他们靠的是谨慎、系统地收集第一手数据。尽管某些类型的研究也许需要在正规的实验室环境中进行，但是研究儿童却不必如此。在一些看起来很混乱的环境中（比如，操场、舞厅或餐桌上）就可以系统地采集数据。但是，不论在什么样的环境里，研究儿童心理学的目的是建立一个知识基地，深入了解儿童期的本质和个体儿童的独特个体差异。

这样，我们就可以回答三种类型的问题，就是何时、如何和为什么。

◇ 何时。这也许是最明显不过的问题了，因为这与不断变化过程中的儿童期发展特点有关，追踪一个孩子的发展变化是非常有趣的。发展的里程碑有许多种形式：有些是明显的，比如孩子开始学会走路、说话的年龄；有些却不那么明显，因为那些是更细微的发展，比如孩子会玩假装游戏的年龄、能够从别人的角度看问题的年龄、能够读写的年龄。在每一个例子里，目的都是要找出大多数孩子第一次表现出新能力的年龄段。然后根据这样一个规律，我们就可以检查每个孩子的发展过程。

◇ 如何。这一类问题不是关于时间的，而是和儿童行为的方式有关。学龄前儿童是如何形成小圈子的？小圈子是三两一群还是人数众多？圈子里是否总是相同的朋友？小圈子的成员是同性的还是异性的？另外一个例子，儿童是如何画人物像的？他们是如何从信手涂鸦发展到逼真再现的？"蝌蚪式人物"是这个发展过程中的必经阶段吗？他们是如何组织人物的空间布局的？还可以举一个例子，儿童是如何评价各种不端行为的？他们具有某种发展到一定程度的道德观吗？如果有的话，是什么样的？他们能根据不端行为的性质及其后果做出细微的区别吗？他们能考虑到行为不端者的愿望吗？联系到上面三个例子，我们需要描述特定年龄的儿童在特定情景中是如何处理日常事务的，以及他们长大后是如何变化的。

◇ 为什么。描述儿童的行为当然不只是系统地描述，它还包括解释。为什么有一些儿童比其他的儿童发展得慢？为什么有些儿童在某方面的能力发展得很好，可在另一些方面却不行？为什么男孩比女孩在身体方面更具有攻击性？为什么有些儿童很逆反？为什么父母的惩罚与儿童的攻击性有关系？等等。这样的问题似乎可以不停地问下去，一方面是因为儿童发展的每一个方面都需要一个解释，另一方面也是因为必须承认，我们对此的解释远没有描述更贴近事实。后者毕竟比前者容易很多，因此，我们对儿童行为方式的了解远远超过了我们对他们行为原因的了解。

从理论上讲，我们可以询问有关儿童发展的所有方面的问题。但是在实践中，心理学家在某个时期倾向于研究有限的几个问题。这其中有两个原因。其一，社会压力会逼着心理学家去回答对当时的社会来说最重要的问题。比如，过去几十年来离婚数量的激增凸显了研究离婚对儿童影响的重要性。一个人可以在短期内预期到情绪的波动吗？这对学习和课堂活动有什么样的影响呢？长期的影响会在成年期时显现出来吗？比如，在婚姻中的情绪。因此，父母和专业人员，以及管理者的关注会使研究更加实用。这决定了研究的方向，迫使心理学家做某些类型的研究。其二，心理学家只研究特定的问题，是因为这些问题在某一时期有理论意义。也就是说，知识发展到了某一特定阶段，已有的进展预示了某些新的发展方向。因为推动知识本身的进步是很自然的想法，所以为了扩展知识的范围就需要做更多的研究。比如，有一项研究发现，害羞是一个小孩子特有的和成熟的特征。这个发现就可能导致提出更多问题。在什么时候可以发现害羞的迹象？它在婴儿期是一个稳定的特征了吗？遗传因素和它的发生有关系吗？早期强烈的害羞预示了以后的病态发展吗？所以，研究有其自身的动力，对知识的探求也是没有止境的。

但是，心理学家能够研究的问题也是有限定范围的。其一，有些问题需要的是价值判断，不是数据研究。父母有权利体罚自己的孩子吗？科学研究可以回答体罚对孩子造成了何种影响，但不能决定父母应该有什么样的权利，或者孩子应该有什么权利。这些问题是要由社会决定的。另外一个限制是研究方法和工具的适用性。因为人类的行为太微妙了，没办法做合适的描述，就更别说测量了。至少在某种程度上，知识的进步取决于测量工具的发展。所以，早期儿童心理学对智力的重视在很大程度上反映了认知测验（Cognitive tests）的广泛传播：社会和情绪方面的特征相对来说被忽视了，因为这些特点太易变了，无法客观研究。随着相关的工具越来越有效，这些特征直到最近才受到了应有的关注。

研究方法

心理学家从三个方面获得他们的发现：观察、提问和实验。

◇ 观察看上去是一个很容易使用的手段，但是事实上，想熟练地使用还需要大量的练习和精心的准备。观察什么，观察谁，什么时候在什么地方观察，使用哪些不同的观察手段，这些都需要选择。观察既可以是有人参与的，也可以是无人参与的；观察可以是连续的叙述，也可以局限在某些片断上；观察可以是时间取样（time sampling），也可以是事件取样（event sampling）；观察可以集中在不同的行为类型上，也可以在一个类型上；观察可以是某一时间的一个对象，也可以是许多个体的交互行为。在一个人记录另外一个人时，完全的客观不是那么容易的。因此，几个观察者通常会相互检查信度。

◇ 提问包括两种主要方法：访谈和问卷。在儿童身上使用这个方法有明显的局限性，但是如果它和自然观察法结合起来研究，我们甚至可以从学龄前儿童那里得到许多有用的信息。如果是对更大一点的孩子或者是对父母和老师提问，访谈和问卷可以有许多种形式：有结构的和非结构的、正式的和非正式的、预设问题的和开放的。不同的选择主要取决于提问的目的，因为准确的提问方式和提问的环境也可能对收集到的信息造成极大的影响。

◇ 把实验用在儿童身上，会让人联想到一些不愉快的、令人讨厌的想法。事实上，它是指运用一些程序将儿童放在尽可能精确控制的标准化环境中。这样，研究者首先保证了所有参加研究的孩子都在相同的环境中。然后，研究者故意改变一些环境条件以观察儿童行为的变化。只有这样，才可能检验相关的假设和回答特定的问题。我举个例子：在一起玩耍的孩子比单独玩耍的孩子更容易学会解决问题吗？要想得到可信的证据，研究者要把一个年龄段的孩子随机分配到两个环境中：一种环境是孩子组成小组一起玩，另一种是大家各自玩。此外，在可能影响研究结果的其他方面（如智力和学习成绩）两组之间都要进行匹配。孩子要完成一项特别设计的任务，并且这个任务在实验前就被证明超出了所有孩子最初的能力。研究者要求这两组孩子试着去完成这项任务。除了一起玩的儿童人数不同以外，实验的所有条件都一样。实验过后会有一个测验（或者一系列测验）。研究者由此才能研究儿童与实验前的表现有何进步，一起玩是不是比单独玩有明显的进步。集体学习比单独学习的优势（至少是在这项实验的条件下的优势）才能被肯定。只有在这样严格控制的条件下取得数据，研究者才能肯定儿童表现上的差异是由于人数的不同导致的。实验的方法因此可以得出具有因果关系的结论，这是其他方法无法达到的效果。

横断研究和追踪研究

我们的问题也许是针对一个特定年龄段的儿童。比如，3岁的孩子会有害羞的体验吗？8岁的孩子可以理解抽象的科学定律吗？另外，我们的兴趣还在发展中的变化上：随着年龄的增长，儿童对与家人分离的反应会有什么变化？与6岁的儿童相比，10岁儿童的自我概念更复杂吗？与发展有关的问题会涉及追踪某一特定的心理能力的起始、成熟和退化。这样，研究者可以确定这一能力是否随着年龄的增长而改变它的外在表现，它的发展过程是否受到同样因素的影响，性别等因素是否影响其他方面的发展特点，等等。因此，比较不同的年龄组是必需的。

有两种方法可以做这样的比较：横断研究和追踪研究。

◇ 在横断研究设计中，对不同年龄组的孩子在同样的环境中用同样的方法评价。这种设计的好处是节省时间，因为不同的年龄组可以在同一段时间里研究。但是它的不足之处是，研究者无法完全确定不同组之间的差异是否仅仅是由年龄原因造成的。因为无论怎样努力消除社会环境、智力、健康等因素的影响，研究结果总会受到许多无法控制的个体差异和背景因素的影响。

◇ 在追踪研究设计中，儿童在各个年龄段都被追踪研究。这样，研究者就可以排除由于儿童个体差异所带来的误差，就可以确定不同年龄组之间的差异确实是由年龄导致的。这种设计的缺点是耗费时间太长：要研究的年龄段有多长，调查就要进行多久。在这期间被追踪者退出实验也是不可避免的。

毫无疑问，如果研究者想要对发展有所立论的话，追踪研究是最可取的。遗憾的是，由于持续的时间较长、花费很大，因此追踪研究远比横断研究少。我们对年龄带来的变化的认知主要来自横断研究，因此，在没有被追踪研究验证之前，我们需要对此保持一定的警惕。

我们为什么需要儿童心理学

让我们回到开头提出的第二个问题。我们会经常听到这样的批评：我们了解儿童，不需要这些所谓的科学也知道怎样抚养孩子。这些根植在人性之中的知识早在心理学出现之前就有了，否则人类根本无法生存。有时人们甚至会说，儿童心理学不过是用复杂的话说出人人都知道的、需要时就能运用的知识。

但是，先看看一些常见的关于抚养孩子的言论：

"独生子是孤独的孩子。"

"女孩比男孩更敏感。"

"电视看得太多延缓智力发展。"

"来自单亲家庭的儿童犯罪的概率大。"

"从本性上说，做父亲的没有做母亲的合格。"

"上班族母亲的孩子可能会适应性较差。"

许多人都把这些概论当作常识，因为它们太显而易见了，根本就不需要说明，更不要说证明了。可常识并不总是有效的，它可能来自有关人类行为知识的不可靠的部分，因此，系统地进行证明是必需的。让我们区分一下两种不同的获得儿童知识的方法：主观的和客观的。

用主观方法回答问题

在日常生活中，我们每天都遇到儿童和他们即刻的需要和要求。在很大程度上我们不可避免地依赖个人的感情，使用"正确的"应对方法。这些感觉有多种来源：

◇ 最一般的就是直觉，知道怎样去安慰哭泣的孩子，怎样去逗乐郁闷的孩子，怎样去管教调皮的孩子。这些直觉可能是个体行为非常好的指南，帮助许多人成功地把孩子抚养成人，无须翻看有关的书籍。但是，即使在这个层面上也会有很多不确定的东西，你能经常看到父母写给妇女杂志的迷惑不解的问题，以及迫切渴望求助的信，或是"专家"在建议专栏的回答；那些流行的关于抚养和教育孩子的电视节目；政府建立旨在支持和改善养育行为的机构。更有甚者，这些未加分析的直觉大多来自人们根深蒂固的偏见和成见。比如，对同性恋家庭成功抚养孩子的能力的讨论更多的是关于个人性障碍的争论，而不是研究这样的抚养方式对孩子成长的影响。

◇ 另外一个来源是人们的个人经历，尤其是他们自己的童年经历。这种经验肯定会影响人们的判断，要么是以一种健康的方式，试图让下一代享受同样的益处；要么相反，尽力使孩子避免重蹈覆辙。首先，无论这种倾向看上去是如何的自然，这都不是一个能够指导我们对孩子做出决定的可靠的方法。因为人们对过去的记忆总是有很强的个人色彩，这自然会影响我们的判断。另外，建立在个人经历上的判断很可能是个例外，因而它并不适用于其他的场合。认为"惩罚从来没有伤害到我"，进而以此做出教育孩子的指导性政策显然是不行的。这与决定如何训练其他孩子，即使是自己的孩子，关系甚微。我们不能够完全跳出自己的童年经历，也不能想当然地将它普遍化，认为其他人的童年也是如此。

　　◇ 第三个来源是专家的建议，这比其他两个来源更明显、更清晰。让我们举个本杰明·斯波克（Benjamin Spock）的例子。斯波克是最著名的儿童养育专家，他的《婴幼儿的照护》（*Baby and Child Care*）是 20 世纪 50 年代和 60 年代在抚养儿童方面最具影响力的著作。书中提的很多建议当然是非常明智的、有益的，许多父母把它当作可依赖的资源。但是，如果仔细研究斯波克建议的依据，我们发现其中的大部分不过是个人的观点、猜测、传说和临床经验的混合。这也适用于其他的所谓专家。在这种情况下，人们不必感到奇怪，专家对于抚养方式的认同会随着时代的变化而变化。比如在 20 世纪 30 年代，专家强调严格性。这主要由于受儿科医生特鲁比·金（Truby King）的影响，他建议家长按时喂养，及早训练孩子使用厕所，不要回应婴儿的哭闹。到了 20 世纪 50 年代，由于斯波克强调自由性，倾向于另一极端。但是这种倾向又逐渐变化了，因为新一代专家指责斯波克的观点直接造成了 60 年代的青年骚动，斯波克不得不改变以前的立场。毫无疑问，斯波克和特鲁比·金这样的专家有着丰富的临床经验，这使得家长们把他们的建议当作是"正确的"：他们的智慧被看作是天经地义的，他们也被当作权威人士。只有当人们对他们的判断依据仔细研究后，才清楚地发现他们的建议常常是完全主观的。从临床经验中得出的结论当然有用，它们可能关注儿童生活中某些重要的特殊现象，也可能产生出用来解释各种儿童行为的假设。但是，一方面，需要临床治疗的孩子不能作为普通儿童的代表；另一方面，从临床中得出的数据很少是系统地、标准地收集来的，因此，这样的数据通常无法与非临床的数据做比较。从临床中得出的结论可能是通向重要理论的第一步，但是它们自身并不能构成证据。人们需要比假设和印象更确切的指导（详见专栏 1.1）。

专栏 1.1　孩子应该看多少电视

美国儿科学会（American Academy of Pediatrics）是美国儿科医生的代表机构，拥有 55 000 名成员。1999 年，这个学会发表了一项关于电视对儿童影响的报告，其中包括以下几个指导纲领。

1. 2 岁以下的儿童根本就不应该被允许看电视。相反，父母应该陪他们玩耍，因为这个年龄的孩子有社会交往的急切需要。如果不能满足这个需要，孩子健康的大脑生长会受损，从而延缓智力的发育。

2. 2 岁以上儿童看电视的时间要严格限制在每天 2 小时以内，要用计时器严格控制时间。电视这种带屏幕的东西不要放在孩子的卧室里。该机构的一位发言人说，孩子的卧室"应该像圣殿一样，孩子在那里可以反思当天发生的一切"。

毫无疑问，这个报告受到了媒体的极大关注，得到了不少评论。但是，没有人质问这个报告的科学依据是什么。这里所说的大脑受损的可靠性、可重复性和危险程度都没有被质疑。人们都有这样的假设：美国儿科学会的成员都是权威人士，他们在这个问题上的表态就应该被认真对待。他们的结论是怎样得来的无关紧要，人们也不会想到他们的数据可能受到了个人经验和偏见的误导。

公众对这个报告的反应也是重要的。伦敦的《泰晤士报》（1999 年 8 月 9 号）刊登了两封读者来信，一封信完全同意报告中的建议。因为"所有的本能"告诉这位读者和她的丈夫，这是抚养孩子的正确方法。可是，另一封信的作者对报告表示了蔑视，因为通过"我自己的常识"，她发现让她的孩子在 2 岁前看电视促进而非妨碍了孩子的发展。这两个母亲都深信自己的方法是"正确"的，因为她们各自的潜意识指导她们这样做。但是，她们却得出了完全相反的结论：看来常识并不都那么一致。

当然，父母都会在看电视这样的问题上按自己的想法做决定，但是，他们也会从专家那里寻求指导，因此专家说话要有合理的依据，这也从旁印证了为什么媒体和父母需要问这样一个关键问题："他们是怎么知道的？"

用客观方法回答问题

儿童心理学研究的目的是运用科学的方法研究人的发展，并尽可能系统地回答有关儿童的行为及其变化方式的相关问题，尽量减少个人意见、猜测和纯理论推演等主观因素的影响。为了达到这个目的，研究程序中设置了很多的保障措施，比如，要罗列出获得数据的所有细节，公布这些细节好让大家审查，将结果做统计分析以确定其可靠性，不依赖单一研究的结论，一定要坚持结果的可重复性。只有用这样的方式才能划分主观方法和客观方法之间的界限。

为了说明它们在实际工作中的差别，让我们来看看母亲工作对儿童的影响这个问题。对这个问题的探讨不仅可以帮助很多人做出自己的决定，而且能指导政府和其他决策机构制定劳动法规和育儿政策。心理学家是如何着手研究母亲工作对孩子的影响的？他们的方法与主观方法有什么区别？

要想得到有效的结论，心理学研究必须遵循一定的程序。最主要的包括：

◇ 详细描述被试的情况。只有这样，人们才能知道研究结果适用于哪一类儿童和家庭。在不同的家庭环境中，母亲工作的意义会很不同。对贫穷家庭来说，经济的需要是最重要的，母亲不在家时很难安排好怎么照顾孩子。而对富裕的家庭而言，母亲之所以要工作是因为她们有事业心，她们不在家时可以请保姆来看护孩子。从其中一类家庭中得出的结论可能并不适用于另一类家庭。虽然研究的理想样本应该包括全部有代表性的被试，因而应该是大样本。但是，现实的困难通常使得研究局限在某个特定范围的、相对较少的被试上。所以，指明被试的特殊性很重要，只有这样人们才能知道某一研究的结果在多大范围内适用，以及与其他研究的差别在哪里。主观的方法从来不考虑研究对象的特殊性，总是倾向于将特定的结论普遍化。

◇ 建立在有效和可靠方法上的评价。有效性，即效度，是指一种测试手段在多大程度上准确测量出被测物的性质；可靠性，即信度，是指一种测量技术得出的结果在不同场合和不同实验中的可重复性。因此，要想让我们相信有关母亲对调节儿童情绪的影响的结论，这个结论不能是我们日常生活中的模糊印象，那是主观方法，必须从有效可靠的测量方法中得出结论。

◇ 精确描述研究方法的各个方面。研究中的任何发现都会受到研究方法的影响。不同的方法不一定会得出相同的结论：要评价儿童的情绪调节能力，我们可以对孩子的母亲进行访谈，可以对孩子的看护人进行访谈，也可以让他们回答问卷，还可以直接观察孩子的活动，不同的方法会在某种程度上影响所得到的结果。因此，弄清楚所使用的特定方法是必需的。依赖灵感得出结论的一个主要问题就是无法说出结论是怎样得到的。这就意味着两个意见截然相反的人由于不能检查对方的方法，所以根本就无法解决他们之间的矛盾，因此除了一些武断的结论外，留不下什么有用的东西。

◇ 对照组的使用。发现百分之多少的上班族母亲的孩子情绪适应性较差，这个结果本身并没有任何意义。我们还需要知道母亲不工作的孩子适应性较差的数据情况，这样才能建立一个基线水平。但是，这个对照组之所以有用，是因为它在可能影响到结果的各个方面都与上班族母亲的被试组完全一致，比如孩子的年龄、性别、家庭成分、家庭结构和关系、个性等各方面特征。只有这样比较才能得到有意义的、可以正确解释的结论。

◇ 警惕偏见。如果要比较上班族母亲的孩子和母亲不工作的孩子，收集数据的人应该不知道所观察对象属于哪一类的孩子。如果可能，他们也不应知道调查的研究假设和预期结果。在心理学研究中有许多方法可以用来防止偏见的产生，能够认识到偏见的影响可能是客观方法与主观方法最大的区别。

上述方法的使用可以保证心理学成为一种独特的研究儿童的方法。但是我们要承认，主观方法和客观方法之间的区别并没有我们描述的那么大，为了说明问题我们故意夸大了它们之间的区别。无论做多大的努力，要想完全消除主观因素对研究的影响是非常困难的，尤其是许多影响是我们意识不到的。让我们举离婚对儿童的影响这个例子来说。早期的研究都是在离婚根本不被社会所认同的时期进行的，因此除了离婚对孩子有害这个结论外不会有别的。考虑到这样的社会氛围，研究者只考察孩子的病理性特征就不足为奇了。研究者的问卷中只包括焦虑、攻击性和抑郁等症状的问题，正面影响可能完全没有考虑过。只有到了现在，当离婚已经习以为常、见怪不怪了，研究者才承认，无论有什么样的消极影响，但积极的后果（从紧张的关系中解放出来、更加独立、对压力更能容忍，等等）也可能会在孩子的身上找到，因而也应该列到问卷中。我们经常在无意识中就做了价值判断，因而会使用一些使结果看上去不很直白明了的测量工具，这会误导我们得到的数据。

还有一个注意事项：即使尽可能地消除了主观因素的影响，也不是所有的研究都是有价值的研究。不能仅仅因为它是发表的东西我们就一定要相信它：把研究者当作权威仅仅因为他是研究者，这会是另一种对专家的盲从。人们需要质问，研究是怎么展开的，能把从这组被试得到的结论推广到另外一些人身上吗？研究程序是否合适、可靠？有用来剔除其他解释的对照组吗？最重要的是，结论被其他的研究重复了吗？理想的状态是，一个研究无论看上去多不容易，在它没有被其他研究证实之前还是要心存质疑的。知识的进步，以及由此带来的社会的进步，需要比单一的、未经证实的研究更牢固的基础。

因此，儿童心理学的研究基础没有人们认为的那样坚实：不是每一个研究都设计和实施得很完善。尽管采用了控制措施，价值判断和个人设想有时会介入并干扰研究结果。我们不得不承认，主观方法和客观方法并不是完全分开的；相反，它们只是程度上的差别。但是，客观方法优于主观方法之处在于：前者至少认识到未经检验的假设的危险性，承认要尽可能防止这种危险以获得可靠的结论。

理论的作用

日常闲谈中"理论"这个词总是贬义的，比如，"这不过是理论"的意思是，这不过是猜测，因此没必要讨论。但是在科学中，理论却更重要：它可以通过联系更普遍的规律使孤立的现象有意义，它对已有的信息资源进行整理，并通过提出新问题来引导研究方向。这是科学事业的核心部分。

儿童心理学的研究受到许多理论的极大影响：精神分析学、行为主义学、社会学习理论、皮亚杰的理论、习性学。我们现在只提一下这些理论，详细的介绍可以在其他地方找到。我只想说两点。第一，不同理论适用的范围差异很大，比如，行为主义的目的是要解释人类和动物外在行为的方方面面；相反，皮亚杰（Piaget）只关注儿童认知能力的发展，而弗洛伊德（Freud）关心的主要是成人的情绪生活及其早期的起源。因此，有很多仅仅适用于有限现象的微型理论，比如儿童同伴关系形成的理论、获得物体名称的理论。与之相应的，各种理论并不一定是相互矛盾的：你不一定要么认可皮亚杰的理论，要么就认可精神分析，因为这两种理论研究的是不同的心理功能，它们都有用，都可以接受。

第二点想强调的是，一个理论是一个工具，用它来思考已知的，挖掘未知的。像所有的工具一样，理论的用处是有限的，在找到了你要找的东西后，它的任务就完成了。比如，精神分析理论的某些部分不再有用处了，因为它们不是建立在模糊的、无法证实的概念上（比如，力比多、死亡意志），就是没有被实验所证实（比如，童年经历是以后所有心理问题的根源）。当这种情况出现时，这个理论需要被其他更好的理论代替：一个新工具将提供新智慧，指明新方向，直到它又被更好的东西替代。

小结

儿童心理学不仅仅是许多事实的资料，还是获得这些资料的一种特殊方式，不理解后者，人们就无法正确使用前者。因此，我们先要看看心理学家运用了什么方法来寻找儿童及其发展问题的答案。心理学家想了解的儿童问题与其他人想了解的基本上一样。这些问题无非是何时、怎样和为什么，并且分别研究时间、方式和原因方面的问题。询问何时和怎样等方面的问题涉及描述儿童的行为，为什么的问题则涉及解释这些行为。

要回答这些问题，需要运用各种各样的方法来获得数据，大多数方法属于以下三类：观察法、访谈法和实验法。有些问题涉及某一特定年龄段的儿童，有些则涉及年龄的变化。要回答变化方面的问题，我们可以使用横断研究或追踪研究。后一种方法更好，但在实际使用中比较困难。

有人指责儿童心理学没有实际用处，因为人们天生就知道该如何照顾孩子。为了回应这个指责，我们比较了两种获得这种知识的方法：主观的和客观的方法。前者依赖直觉、个人经验和"专家"的建议。这些虽说有一定用处，但对提供可靠的指导没有太大帮助。后者需要经过科学研究，它的最大优点是可检验和防止个人偏见和价值判断等主观因素的影响。这两种方法也不能完全区分开来：虽然会尽力避免，但研究仍会受到主观因素的影响。

理论的形成是任何科学事业都必不可少的一部分。它的作用是组织已经取得的事实数据，指导研究去寻找新的数据。

阅读书目

Miller, P. H. (2002). *Theories of Developmental Psychology* (4th edn). New York: W. H. Freeman. 详细介绍了儿童心理发展的各种理论，包括讨论理论意味着什么、理论的用处及发展心理学理论面临的主要问题。

Miller, S. A. (1998). *Developmental Research Methods* (2nd edn). Englewood Cliffs, NJ: Prentice-Hall. 详细地介绍了儿童心理学各方面的最新研究，包括研究设计、统计分析和实验伦理等方面的内容。

Pettigrew, T. F. (1996). *How To Think Like A Social Scientist*. New York: HarperCollins. 一本文笔优美的好书，介绍了社会学家（包括儿童心理学家）怎样去完成自己的工作。比较了社会学家带着解决问题的思考方式与媒体中的大众分析。

Robson, C. (2002). *Real World Research*. Oxford: Blackwell. 不是一本关于儿童心理学的书，但是提供了很有用的见解，帮助我们了解生活中的社会问题的研究性质。

第二章
儿童的本质

INTRODUCING CHILD PSYCHOLOGY

何谓儿童

这听起来像是个愚蠢的问题，答案当然很明显。儿童经常被看作是较小和较弱版本的成人——更具依赖性，缺少知识、竞争力，没有完全社会化也不善于控制情绪。这样使用负面词语对儿童进行描述，使得人们只注意到儿童所缺乏的能力，而忽略了儿童所具有的成长的巨大潜力。当然，这种描述至少也提醒人们注意成人的责任，即以自己所拥有的资源来弥补儿童的不足，帮助儿童获得他们所缺少的能力并把这些特性变成自身的性格特点。

进一步地说，描述儿童的性质事实上是一个非常复杂的任务。困难之处在于我们无法给出客观的定义，每个人都曾经是儿童，因而任何关于儿童的判断必然反映出我们自身的某些特点。对一些人来说，那些童年的岁月变成了奇妙美丽的回忆。正如华兹华斯（Wordsworth）在《颂诗：不朽之光属少年》（*Ode：Intimations of Immortality*）中所写：

> 过去时光，小溪、草地和树丛，
> 大地每一样寻常风物。
> 在我眼中，
> 都有夺目的光辉射出，
> 瑰奇、绮丽、清新，恍然如梦。

对于另外一些不幸的人而言，童年唤起的是阴暗的记忆——虐待、拒绝和强烈的不幸福感，是灰暗的而非金色的美好时光。童年的概念就这样在纯粹个人的层面建立起来，即我们依据自己的经历来看待它，依据我们自己的观念来解释它。

在比较不同历史阶段童年的概念后，儿童概念的性质变得更加明显，即关于儿童的概念受到具体时间、具体地域的社会、经济和政治的影响。因而，"何谓儿童"这一问题也就无法根据简单的某些特性来回答。它取决于儿童所处的特定社会的性质和社会观念体系，以及社会习俗。

历史视角

让我们来看看在西方社会，我们的祖先们是怎样看待儿童的。很显然，追溯的年代越久，信息就越少，而且越不可靠，而历史学家也难以对所发现的资料的解释达成一致。尽管如此，还是存在某些明显的趋势：虽然我们缺少统计上的数据，但是我们能够大致看到过去人们是怎样对待儿童的，根据这些事实得出关于儿童的概念。

作为微型大人的儿童

菲利普·埃里斯（Philippe Ariès）的著作《童年的世纪》（*Centuries of Childhood*，1962）是关于儿童历史的最详尽的考察，根据埃里斯的研究，儿童的概念是一个相对较新的发明。

在中世纪，儿童这个概念并不存在，并非儿童被忽视、抛弃或鄙视。这里，我们不能把儿童的概念和对儿童的感情混为一谈，前者对应的是特定的关于儿童的本质的认识，即区分儿童与成人甚至年轻人的那种本质。在中世纪，这种认识并不存在。

就是说，儿童曾经被看作是成人，当然是较小的成人，并且在尽可能的范围内被同等对待。例如在中世纪的绘画中，儿童被描绘成缩小的成人，身体的大小是他们与成人唯一的区别。没有身体比例的改变，他们的衣服也只是成人衣服的缩小版。埃里斯还指出：

在（中世纪）语言中，儿童这个词语并没有我们今天所赋予它的意义，如今人们使用"儿童"的频率和使用"小伙子"的频率一样高。中世纪时代这种对儿童定义的缺失充斥在所有社会活动中：游戏、工艺、武器。在这一时期，每一幅描述群体生活的绘画中都可以看到或单一或成对的儿童搂挎在妇女的脖子上，或在街角撒尿，或在传统节日中扮演他们的角色，或在作坊中当学徒，或做骑士的随从，等等。

也就是说，儿童不仅仅被描述为看上去像成人，人们也期望他们参与同样的工作或游戏。年龄并没有今天这样的标记的作用：出生率和文献记载的缺乏可能造成这样的困难；在经济需求更为迫切的时代，人们更加重视儿童的力量和能力对于整个家庭的生存和生活质量的贡献。

在考察人们过去对儿童的态度时，一个不可忽视的问题是中世纪婴儿死亡率非常高，婴儿能活到 1 岁就是一种成就，在 1 ～ 2 岁的婴儿当中最多只有 1/3 能够活下来（McLaughlin，1974）。这种情形直到 18 世纪才略有改善，而到了 20 世纪初才有了实质性的改善。因而，儿童的死亡成为普遍发生的事件，它在对母亲们的心理造成严重破坏的同时也影响了她们对活着的孩子的态度。根据历史学家的考证，在这种情况下，母亲会通过冷淡地对待儿童来进行自我保护：在自己的孩子平安度过童年之前，母亲们不会过分喜爱他们。在我们的时代，母爱是儿童发展不可缺少的条件，中世纪时代的这种情形是难以想象的。虽然直接的证据很难得到，但可以肯定的是，至少在家境尚好的家庭，孩子在婴儿阶段被送到乳母家，在儿童期阶段被送到家庭教师或手工艺人那里寄养，这是非常普遍的，并为人们所接受。但是，我们今天所重视的父母与儿童之间情绪的和身体上的亲密接触，在那个时代不被重视。

根据埃里斯的描述，直到 17、18 世纪关于儿童的普遍看法才出现改变。有关儿童的描述中，儿童的穿着和相貌开始与成人区分开来，但这只限于男孩。如埃里斯所述："男孩是最早被区分出来的儿童。"总之，观念的改变是缓慢的，这可以从成人对于儿童的教育重视和需要儿童付出劳动之间的冲突中看出。18 世纪末的工业革命导致了对廉价劳动力的巨大需求，父母会依靠儿童为家里赚钱，雇主也会毫无顾忌地让 6 岁大的儿童到工厂干活，而且通常工作环境恶劣、工作时间超长。英国议会在 19 世纪通过的《工厂法》只是缓慢地促进了我们今天关于儿童的概念的形成。如 1833 年的《工厂法》规定，9 ～ 13 岁的儿童每周工作不得超过 48 小时，13 ～ 18 岁的儿童每周工作不得超过 68

小时，留给儿童游戏和学习的时间仍然很少，但相对过去来讲已经进步了。即使这种进步也颇受雇主的反对。如一个矿主曾说：对于矿工的孩子来说，矿井里的实际教育要比读书写字有用（Kessen，1965）。童工问题至今仍存在于很多国家。当经济形势恶劣时，快乐自由启蒙的童年观念很难深入人心。

作为弱者的儿童

童年的历史是一个噩梦，我们不过是刚刚醒来。越往古代看，人们对儿童的照顾越少，儿童越容易被杀死、遗弃、虐待、恐吓和受到性侵犯。

这是劳埃德·德莫斯（Lloyd DeMause）在他的《儿童的历史》（*The History of Childhood*）一书中的开场白，它总结了许多资料中的共同主题。在缺少统计记录的情况下，我们无法进行量化的比较，但是，看起来古代和中世纪对儿童的虐待的确远远超过今天。

儿童享有权益是近期的观点。比如在古罗马，儿童是父亲的合法财产；父亲对孩子的性命具有绝对控制权，如果父亲使用权力处死孩子，人们会认为这不关其他任何人的事。有关对儿童的责任方面国家与父母的界限分明：儿童属于他们的父亲，他们得到抚养、训练，甚至生死都完全由父亲决定。由于缺少外部约束，虐待儿童经常发生，特别是性虐待在古希腊和古罗马都很普遍，过去这些对儿童近乎野蛮的惩罚在今天看来是无法容忍的。在1世纪时，杀死婴儿的事件经常发生，很少受到管制，特别是那些新生儿、女婴和有先天生理缺陷的婴儿。

当然，这并不意味着父母对孩子的感情在当时是不正常的，而与今天相比，过去对儿童的虐待程度及社会的容忍在今天人们的眼里显得不正常。但总的来说，过去的社会对待儿童过于残酷，例如18世纪德国的一位校长曾经公开夸耀他处罚学生的记录：911 527次杖责，124 000鞭打，13 675次掌击，1 115 800记耳光（DeMause，1974）。过去的生存环境对于成人而言往往也是残酷的，并很少把儿童当作需要特殊保护的一类人，使他们远离生活的残酷。

当今的儿童

有关儿童的文献说明了，儿童过去是作为成人的附属品存在，而非拥有自己的权利。也就是说，从社会和家庭的需要来考虑儿童，社会主导经济和道德标准决定了儿童将受到什么样的待遇，儿童自身的需求和特点很少被考虑。儿童自身的地位和成人对儿童地位的适应而非剥夺都是后来出现的观点。

就拿儿童权益来说，儿童拥有权利这一观念在 20 世纪完全是天方夜谭。儿童因成年人的需求而存在，当他们打破常态来满足自身的要求时，社会对他们几乎没有任何保护。儿童处于弱小无助的地位，应当予以保护而非剥削利用是近 200 年来才出现的观点，直到 20 世纪后半期才被普遍地作为国家立法和国际法中不可侵犯的原则。

我们选取 1989 年联合国儿童权益宪章作为今天对儿童态度的例子。首先，这一宪章的意义在于它声明儿童拥有权利；其次，它列举出了这些权利（详见专栏 2.1）；再有，它明确了政府强制实行这些保护原则的职责；最后，这一宪章的制定基于起草者头脑中有关儿童的明确的形象和地位。这一形象可以从联合国通过此宪章后召开的世界儿童最高级会议上的宣言中反映出来：

儿童是纯洁、弱小和有依赖性的，他们好奇、活泼、充满希望，他们的生活应当充满和平、游戏、学习和成长，他们的性格应当在和谐与合作的环境中养成，他们的生命应当在拓宽视野和增长经验的过程中成熟。

专栏 2.1 联合国儿童权益宪章

以下儿童权利引自 1989 年联合国大会通过的联合国儿童权益宪章：

◇ 儿童有生命权，应确保他们的生存和发展

◇ 儿童有姓名和国籍权，以及保留身份的权利

◇ 任何儿童与父母或父母的一方分开后都有与之保持个人关系的权利

◇ 任何有能力形成自己观点的儿童都有权利就涉及自身的事情发表自己的看法

◇ 儿童有言论自由

◇ 儿童有思想和宗教信仰的自由

◇ 儿童有结社自由

◇ 儿童有隐私权

◇ 儿童有权享有最高医疗保障

◇ 残疾儿童有权享有特殊照顾

◇ 儿童有权享有生理、心理、精神、道德和社会发展所必需的生活标准

◇ 儿童有受教育权

◇ 儿童有权享有适合自己年龄的空闲时间、游戏和娱乐

◇ 儿童有权得到保护，不受经济剥削或从事有碍儿童发展的工作

这样的条款，尽管对一些人来说过于模糊且情绪化，但它们的优点在于确切地传达出对于儿童心理需求的认识，并且社会有责任去满足这些需求。甚至，它明确承认了儿童的需求与作为抚养者的成人的需求并不一致：儿童并非仅仅是成人的延伸，他们是独立存在的个体，并且拥有自己的权利。如联合国宪章进一步指出的：

在有关儿童的行为中，不论是公共或私人福利机构、法庭、行政机构或立法机构，儿童的利益都应当放在首位。

这一宣言所代表的仍然是理想大于现实，然而，与古代儿童作为父亲的财产，被忽视、受剥削和虐待的情形相比而言，社会已经有了长足的进步。过去儿童被看作是为成人世界服务，如今成人对儿童负有责任。儿童作为独

立但又有依赖性的个体还有待于我们进一步认识。

文化的视角

我们对于儿童的不同认识还可以从对世界各地不同文化的比较中看出。可以说，世界变得越来越小，交通的便利和媒体的影响使得地球上最偏僻的角落也逐渐受到先进文化的影响。尽管如此，人类学研究发现，对于"何谓儿童"这一问题尚有很多不同的回答。通过跨文化的比较，我们了解到自己所熟知的环境中被认为是"正常"的现象，在其他的环境中却未必如此。每个社会都会以自己独特的价值体系来看待儿童。

儿童养育方式的差异

让我们看一些例子来证明每个社会都有着各自"正确"的抚养儿童的方式。

◇ 观察一位西方母亲，她的孩子坐在她的膝上，你可以看到两个人之间的关系是如何的密切。母亲通过拥抱、微笑、摇动、唱歌和谈话来努力培养一种充满感情的交流，并确保她是婴儿注意力的焦点。现在让我们来看看卡鲁里（Kaluli）母亲和她们的孩子（Schieffelin 和 Ochs，1983）。卡鲁里人是居住在巴布亚新几内亚热带雨林中的一个小社会，母亲与孩子的交流方式很不一样。婴儿不是被当作一对一交流的伙伴，双方并不会长时间对视，相反，母亲抱着孩子时会让他面朝外以便孩子可以看到所处的社会群体中的其他成员，同时也能够被他人看到。另外，母亲很少主动和她们的孩子谈话，多数时候是年龄大一些的孩子与婴儿说话，而母亲则大声地"代替"婴儿回答。这样从一开始婴儿就处在多方交流的过程中。这样养育婴儿的原因可以从卡鲁里人的日常生活安排中看出：社区由60 ～ 90 个人组成，所有人一起住在没有任何墙隔开的大房间里，我们所熟知的母亲—婴儿的共同体和家庭在这里没有了它的意义，从很小开始人们就意识到社会群体作为一个整体的意义，因而也就有了母亲抱着孩子面朝外而不是朝向自己，也就没有了太多一对一的交流。

◇ 在肯尼亚的盖斯（Gusii）人当中，母亲对孩子所做的一切都是为了避免或减少婴儿在一对一的交流中过于兴奋，也就是说，他们要使婴儿安静下来而不是兴奋。在他们那里面对面的交流同样很少，即使有也会是慢节奏非情绪化的开展。母亲对婴儿的注视和发出的响声经常不予理睬。在这里，重要的是怀抱婴儿这样身体的接触，甚至在婴儿睡着的时候也是如此。对啼哭的婴儿，母亲会拥抱、摇动或喂奶给孩子，但这些仍然是为了避免孩子兴奋。同样的道理，盖斯人的母亲们的行为也是遵循着他们的文化规则：在婴儿还很小的时候，她们就需要回到田间劳作，这时婴儿将由大一点的孩子照看，这也就要求婴儿要保持足够安静，以至于大孩子们有能力照顾他们。母亲们对待她们的孩子的方式体现了特定文化环境的要求。

◇ 在西方社会儿童的游戏被赋予很大的意义，母亲们经常会加入孩子们的游戏来促进儿童的认知能力和学习技能的发展。但低收入的墨西哥家庭中的母亲们可并非如此，他们认为游戏没什么意义，对于儿童发展也无任何作用。当他们被要求和自己的孩子玩耍时，她们会感到很怪异甚至觉得尴尬，在游戏中她们的作用也是明确的指导多于与孩子共同娱乐。根据她们的经济状况，这些母亲遵循的是一种"工作式"的生活：生活是严肃的，游戏是一种奢侈，孩子们越早认识到这点越好（Farver 和 Howes，1993）。

类似的跨文化比较还有很多，专栏 2.2 是传统的日本社会中儿童抚养的详细说明。所有这些例子表明，我们应当小心避免只因我们自己有某种行为就认为它是普遍的或是人类天性的一部分。对我们而言，以上所引用的行为或许显得不正常。然而，放在他们各自的文化背景当中，他们都各自具有不同的意义，因为他们都是适应特定社会环境的结果。文化差异而非文化缺陷是关键的主题，差异体现了不同的文化培养出具有不同能力的儿童。

个人主义与集体主义倾向

尽管世界上的文化形式各异，我们仍有必要做出一个最基本的区分，即主要是个人主义的文化，还是集体主义的文化（Triandis，1995）。

◇ 个人主义文化指的是那些强调个人独立性的文化。在这些社会中，儿童从小就被教育要自立，在社会中要自信，并努力实现自我的目标。任何没有实现自立的个体都会被认为是其社会化的失败。

◇ 集体主义文化指的是那些强调相互依赖关系的文化。在这种社会中，儿童应当学会看重忠诚、信任、合作和社会意志高于个人目标。社会化的目的在于培养服从、尽义务和集体归属感。

专栏 2.2　日本母亲与她们的孩子们

在传统的日本社会里，关于儿童的本质的普遍认识与西方截然不同。在西方，母亲们认为她们的任务是帮助有着高度依赖性的儿童在童年的成长过程中获得独立，因而从小就培养身体和心理独立的意识。她们会鼓励儿童自己探索新的领域，自信的儿童受到鼓励，而情感依赖强的儿童会让人皱眉头。相反，日本母亲认为儿童期发展的方向恰好相反，是从独立走向依赖的过程。也就是说，新生婴儿被看作是独立分离的存在，母亲要将他（她）培养成为依赖于社会其他成员而存在的一员，母亲的任务也就变成了使用各种教养手段，培养儿童尽可能地把自己与其他社会成员联系起来。

对日本母亲的描述揭示了实现这一目标的过程（例如 Bornstein，Tal 和 Tamis-LeMonda，1991；Shimizu 和 LeVine，2001）。具体地说，身体亲密接触的程度要比西方母亲与儿童的接触多得多。例如，儿童会与父母同睡，白天母亲也会和孩子保持身体的接触，这种关系持续整个学前期。正因如此，日本的家庭关系被西方人称为"肌肤"关系。儿童 6 ～ 7 岁以前被认为只具备有限的能力，只有过了这一年龄段，他们才会进入具有理解力的阶段。在儿童阶段早期，母亲对他们要求很少，而且通常会纵容和溺爱，总的来说，表现出很强的母亲与孩子之间的感情联系。

对亲子游戏的观察，揭示了日本母亲培养儿童的社会关系的方法（Fernald 和 Morikawa，1993）。西方母亲利用玩具来让儿童注意它们的特征和功能，从而鼓励儿童观察世界，日本母亲则会将自己置于游戏当中，并强调联系母亲和儿童的规则。拿汽车玩具来说，西方母亲会说："这是汽车，看到了吗？喜欢吗？汽车有漂亮的轮子。"而日本母亲则会说："过来，这是汽车，我把汽车给你，你再把它给我，谢谢。"对日本母亲而言，教孩子物体的名字和属性意义不大，重要的是教会他们礼貌用语的文化习俗，玩具只是使儿童进入更紧密连接儿童和母亲的社会仪式的方式。前者母亲的目的在于使儿童的注意力集中在玩具上，而后者母亲的目的在于使儿童的注意力集中在人际交流的方面。

如此不同的态度自然导致儿童性格发展的不同结果。举例来说，日本儿童最初会非常依赖父母，在与父母分离时情绪会很低落。另外，童年的经历似乎有着更长远的影响，这可以从人们一生都需要遵循群体的法则中看到，家庭内部产生的对亲密关系的需求在后来会进一步扩展到与伙伴和同事的关系当中。

这两者的区分并非绝对：任何一个都可能包含了另一个。然而，某些文化比其他文化更注重个人的独立性，西方国家，特别是美国，是主要例子。在许多亚洲国家或非洲的社会，最重要的是关系：群体优先于个体，生活的各个方面，特别是儿童的社会化，尤其体现了这一倾向。

若要举出可以说明这一区别的例子，我们可以来看看不同文化中的父母是怎样谈论他们的孩子的，譬如来自美国城市的父母和来自肯尼亚乡村的父母。美国的母亲被问及她们的孩子时，通常更倾向于谈论他们的认知能力：有悟性、聪明，有想象力等词汇会经常出现，另外描述儿童的独立和自立的表达也经常被使用，如"能够做出选择""可以独自玩耍"，甚至"叛逆的"或"反抗的"这些也被认为是可取的，其他社会品质如"自信"或"乐于和他人相处"的词语也会时常出现。非洲母亲则更侧重于孩子的服从和对自己有帮助："心肠好""待人有礼""让人放心""诚实"等词最经常出现在她们对孩子的描述中。很显然，她们与美国母亲有着不同的价值观：她们关于儿童对环境的适应力的强调，体现了对于一致性和为共同需要服务的重视，而不是希望自己的孩子具有和他人竞争的特征。

这些差别放在具体的社会经济环境中会更容易理解。在西方竞争环境中，"超过别人"是很重要的：从小儿童就被教育成把自己摆在和别人竞争的位置上并努力获得表扬和奖励。而在非洲的一个贫困乡村里，与他人合作则不可或缺：个人无法成就很多，重要的是为集体利益贡献的能力。这样的社会需求决定了父母对待子女的态度并进而影响到儿童的表现。如表 2.1 所示，两个社会中儿童从事各种活动的时间有着极大的差别。

表 2.1　两个社会中儿童活动的比较（总时间的比例）

	美国		肯尼亚	
	2 岁	4 岁	2 岁	4 岁
吃饭	23	18	14	9
户外活动	14	16	1	2
游戏	36	42	42	28
家务	0	0	15	35

在美国，父母认为游戏有着至关重要的作用，因为它是智力发展的准备；而做家务对年龄很小的儿童无疑是不合适的。在肯尼亚，游戏的减少和家务劳动的剧增表明父母对儿童学习责任感和集体活动的强调。因此并不奇怪，我们会发现在这两个社会中儿童习得的能力也不一样：美国儿童在语言应用和需要想象力的游戏中比肯尼亚儿童更出色，而肯尼亚儿童则能够在 5 岁时担起照顾婴儿的责任，在 8 岁时为整个家庭做晚饭。

当来自不同国家的儿童处在同样的幼儿园环境中时，文化的差异表现得非常明显。托宾（Tobin）、吴（Wu）和戴维森（Davidson）（1989）对于美国、日本和中国幼儿园的比较，清晰地揭示了这三种文化中的个体化—集体化倾向，其中美国和中国各处于一端。在中国的幼儿园中，儿童几乎所有的活动都是集体进行的，例如，游戏是学习与他人一起做事的机会，而不是像美国那样基本上被看作是个人的活动。集体主义是主要的特点，统一行动和个人服从集体是中国儿童从小就接受的教育。当美国的幼儿教师看到中国幼儿园的录像时，他们往往感叹中国幼儿园对于儿童独立性的忽视；同样的，当中国的幼儿教师看到美国幼儿园的情形时，他们会哀叹那里培养的是一种自私的行为方式，并会导致随之而来的孤独感。每一组教师都确信自己的方式是正确的。

不同文化中的性格发展

文化习俗影响社会化的行为，社会化行为进而影响儿童的性格发展。每个社会都会在儿童成长过程中向他们传达它所重视的社会成员的特点：正如我们在美国和肯尼亚儿童的比较中看到的，两个社会所发展的不同能力，即认知能力和家庭义务，都是各自社会所要求的，因而也是各自社会中的父母试图培养的。

当我们观察和我们有着巨大反差的社会时，文化、社会化和性格形成之间的关系会变得异常明显。例如马格丽特·米德（Margret Mead）关于一个部落的描述，这个部落处于新几内亚东部，经常与临近部落发生战争，崇尚杀戮、食人、猎取人头。在这样的社会里，温和的表现无疑无法生存，进攻性最受重视，儿童从小就要学会表现得好斗和冷酷。儿童很少获得母爱，因为他们从小就生活在一个似乎是极度厌恶儿童的社会中。这种厌恶表现在各种抚养儿童的态度和行为中，包括：迅速的哺乳方式，母亲对待孩子遇到的任何疾病或事故的反感，以及母亲拒绝儿童在感到不安时对她的依赖。所有亲情的表示都被压制，不友好的养育环境发展出适应社会生存方式的好战性格。

这或许是个极端，但是文化—教养行为—性格发展的联系可以在许多其他的跨文化比较中发现。就拿害羞来说，在某种程度上它是基因造成的，但是同时它也受抚养环境的影响。在西方，外向的性格基本被认为是一个优点，而害羞则被认为是社会交往能力差的表现，是不为人所称道的。极端地说，害羞是心理不正常的表现，而研究表明害羞的儿童更容易被同龄人排斥，更容易感到孤独、沮丧和自我评价低（K. Rubin，1998）。在东方国家，人们对待害羞的态度则完全不同：害羞更为人们所肯定，而过分自信的外向表现则被看作是具有攻击性的，儿童从小被教育要克制和沉默。父母和教师都会表扬和鼓励此类行为，他们认为害羞的儿童具有较好的社交能力，这与西方的观点完全不同。不仅如此，在东方国家，害羞的儿童也更容易被同龄人接受，因而也比外向的儿童更可能培养出良好的自我意识（Chen，Hastings，Rubin，Chen，Cen 和 Stewart，1998）。

可见，同样的性格特征在不同的文化环境中会有不同的含义。在东方，集体主义倾向大于个人主义倾向，要求儿童顺从长辈，害羞也就成为有助于维持社会秩序的性格特征，因而受到鼓励，而在西方这一特征不符合崇尚自信独立的社会习俗。认识到这一点就不难理解为何东方害羞的儿童要远远多于西方。

成年人对儿童的观念

即使在同一文化中人们对于儿童的认识也有差异。必须强调的一点是父母确实在思考怎样做父母：他们对于儿童的本性和父母在儿童成长中起的作用，有着某些先入为主的观点，通常是未成形的和没有明说的，这些观点因人而异。心理学家曾经完全从父母行为的角度研究父母—儿童之间的关系，现在人们认识到要想理解儿童的发展也必须要考虑父母的观念（Sigel 和 McGillicudd-DeLisi，2002）。

观念体系的性质

任何对儿童负有责任的人都会有自己的一套先入为主的观点——一种决

定他们理解儿童发展，以及他们相应行为的"朴素的心理学"。我们已经看到，这些观念有着特定的时间和文化背景的特点，但是在特定的时间和文化范围内，人们在诸多问题上有着不同的认识。例如，人们对以下问题的回答。

◇ 为什么有些孩子会更聪明？

◇ 什么原因导致情绪失调？

◇ 儿童是生来害羞还是后天养成害羞的性格？

◇ 男孩和女孩的培养方式应当一样吗？

◇ 父母应该在儿童的学习中起作用吗？

对这些问题的回答，可以揭示出父母对于儿童和他们的发展方式有着各种各样的看法，同时也揭示了他们的看法在一系列的问题上是一致的，即父母并非在新的基础上回答每一个问题，而是在一个一致的观念体系的基础上回答所有的问题。

人们设计出量表来对这些体系进行评估。让我们来看一个例子，一个包含 30 个问题的量表，以下是问题之一。

问题：为什么儿童能够编故事？

◇ 幻想是儿童天性的一部分。

◇ 老师和家长鼓励培养儿童的想象力。

◇ 想象力在儿童的游戏和对物体的思考过程中得到发展。

第一个答案代表了对儿童成熟过程的重视：儿童必然会发展出这种能力，因为他们天性如此。第二个答案把责任放在成人身上：对待儿童的方式决定了儿童的发展。第三个答案强调儿童自身的作用：儿童对相关活动的参与导致新能力的出现。每个人选择的都是自己认为最有说服力的答案，又因为人们在选择不同问题的答案时的方式非常一致，可以大致了解每个人对儿童发展天性的设想。

对天生和教养作用的不同认识是观念体系变化的一种方式。处在一端的人们会一致地选择类似第一个答案的观点，他们认为儿童生来就会在不同的阶段发展出不同的特点，成人在这一过程中的作用微乎其微。因而，他们认为自己的作用在于为儿童创造出能够让儿童发展内在潜力的机会，除此之外，他们认为自己没有任何积极的作用，并且在事情不能按预想发展时会显得毫无办法。在另一端的人们认为，儿童在最初的阶段只是等待成人雕塑成形的陶土，他们会选择上述第二个答案一类的观点，他们确信无论何种儿童的特征都是抚养方式和儿童经历的结果。因而在儿童发展的过程中，无论成功与失败，其原因都在于父母、老师、同伴和电视等外在因素。然而事实上，怀有任何一种上述极端想法的人相对来说是少数的，大多数人的观点处于中间位置，不管怎样，可以预见儿童抚养的方式会因父母的观念（如儿童发展取决于儿童内在基因还是外在因素）影响而不同。

影响儿童发展的因素

观念体系存在于人们的意识当中：它们是人们的心理建构，因而对儿童的影响不是直接的，而是影响人们对待儿童的行为，也就是说这种间接的影响通过抚养儿童的行为而起作用，抚养儿童的方式影响了儿童的行为，事实上是影响了儿童将会发展出来的观念系统（如图 2.1 所示）。

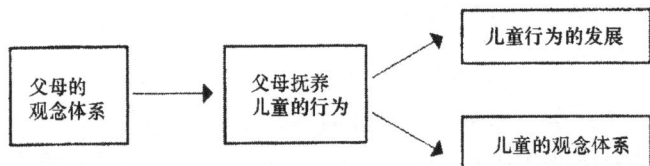

图 2.1 父母教养观念系统与父母抚养和儿童发展的关系

让我们以父母离异对儿童的影响为例（Holloway 和 Machida，1992）。不同的儿童对这种经历有着截然不同的反应，尽管有诸多因素的影响导致这些差异，其中之一是抚养儿童的一方在离婚后为儿童所提供的环境，而此种环境则反映出父母对于自己控制局面的能力的认识。这正是这个研究所发现的。一些母亲认为孩子的表现完全是母亲的责任，母亲有责任保护儿童并引导他们走向成熟。这些观念会相应地在行为中表现出来：这些母亲确保儿童遵守家里的规矩，儿童的行为要有日常规范的约束。这样的母亲培养出来的儿童适应能力强：他们的心理和生理问题较少，自尊心强。另一类母亲认为自己对所处的环境无法控制，她们感到无助，觉得自己已成为局外人，因而无法保护自己的孩子使他们免受父母离异的负面影响。她们的家里通常会很乱，日常生活没有章法，不难想象，她们的孩子很难适应父母离婚后的生活。母亲对于自己作为母亲的认识，会反映在她们对自己孩子的生活安排上，进而影响儿童应对生活中的种种事情的能力。

　　然而，图中所示的几个步骤之间的关系绝不简单。例如，人们关于童年的观念只是决定他们对儿童的行为方式的诸多因素之一：具体地说，任何时间做的决定同时正受到该情境下父母和儿童的作用，例如他们所面对的问题、儿童当时的行为、他人的在场，等等。当然，并不能仅仅因父母所表达的观念存在于他们培养儿童的行为之前，就能确定他们之间的因果关系，在图中这两者之间的箭头同样可以反过来画。然而，观念也可以反映某种主要的行为倾向这一事实本身就意味着这一观念比任何具体的行为对儿童的发展更具预测性。例如，如果父母相信激发儿童对于周围世界的好奇心主要是父母的责任，这种观念并不会在某个具体的行为中体现出来，而且在父母和儿童之间长时间的交流积累中逐渐体现出来。反之，如果父母相信儿童有着内在好奇心的驱动，或者诸如教师一类的人员才是激发儿童兴趣的合适人选，他们所持有的态度将会有完全不同的效果，但是从长远来看也同样具有说服力。观念的影响正是在这个层面上起着作用。

小结

　　"何谓儿童"这一问题显然没有一个简单明了的回答，我们对于儿童的观念取决于一系列历史、文化和个人因素的影响。从历史的发展看，有着从以成人为中心向以儿童为中心的渐变的发展。在古代，儿童被看作是成人的缩影，他们没有自己特有的需求和特征。很少有人认为儿童需要保护和特殊的对待。儿童被看作是成人的财产，因而很容易受到虐待。儿童有被尊重的权利是近代才产生的，我们今天关于儿童的观点也就和过去有许多差异。

即使是在今天，当我们比较世界各地的不同文化传统时，也会发现各种不同的关于童年的观念，在一个社会中的正常现象，在另一个社会中未必会为人们所接受，这些不同表现在与儿童交谈、游戏和拥抱儿童的方式等日常的行为中。每一个社会都会塑造出符合自身价值体系的儿童。

即使是在同一个社会内部，如西方社会，人们对儿童的观念也不同。大多数成年人都或多或少有着关于儿童天性的和父母在自己成长中的作用的观念体系，因此，有人会强调儿童自身潜力的影响，另一些人则会强调成年人抚养和教育的作用。观念影响着成年人对儿童的教养行为，而这种行为又决定了儿童的发展。

阅读书目

Ariès, P.（1962）. *Centuries of Childhood*. Harmondsworth：Penguin. 关于各个时代对儿童看法的总结，颇有争议，虽是学术著作，但引人入胜。

DeLoache, J., & Gottlieb, A.（2000）. *A World of Babies：Imagined Childcare Guides for Seven Societies*. Cambridge：Cambridge University Press. 一部饶有兴趣的关于七种不同文化中儿童抚养的行为的描述，仿佛是每一种文化中的专家在以指导父母的方式写作。

DeMause, L.（ed.）（1974）. *The History of Childhood*. New York：Psychohistory Press. 每一章都有不同的作用，分别论述自罗马时代至 19 世纪之间各个时期对待儿童的不同方式。研究这一时期儿童受虐待的学者会对本书很有兴趣。

Harkness, S., & Super, C. M.（eds）（1996）. *Parents' Cultural Belief Systems*. New York：Guilford Press. 收集了大量研究父母关于儿童本质的观点、起源、表现及其影响的论文；以世界各种文化中的例子揭示了来自不同文化背景的父母怎样理解他们的孩子的行为和父母的含义。

Kessen, W.（1965）. *The Child*. New York：Wiley. 关于 17 世纪以来人们对儿童的观点的研究，可读性极强。主要根据这一时期书面材料写成，作者的评论使其与今天的观点联系起来。

第三章

人生之初

INTRODUCING CHILD PSYCHOLOGY

儿童发展的起点不是他降生的时刻，而是受孕时。出生时的婴儿已经9个月大。在这段时间里，很多与这个婴儿的成长和未来有关的事情已经发生。在父母看来，小孩子的出生仿佛是个开始；但从小孩子的角度来看，出生前与出生后之间的连续性更加重要。在受孕之时，婴儿就被给予了对其今后发育具有重大影响力的基因禀赋；随后，当婴儿生活在子宫里的时候，很多影响其后来的心理发展的事情也会发生。以下我们将考察基因和父母对婴儿发育的影响。

遗传

卵子和精子的结合标志着一个新的、独一无二的生命的到来。同时，母亲和父亲也将特定的基因组合传递给这个生命；这个基因组合将伴随新个体的一生，它也将奠定这个儿童人格发展的基础。直到最近，人类才开始了解关于基因的性质和基因对行为的影响，并且意识到之前我们有不少对先天和后天的理解存在着不少的误解。

基因传递

从受孕那一刻开始的发育过程，其复杂程度令人感叹。我们的生命从一个微小的单个细胞开始，但在那微小的细胞里竟然包含着人类所有的基因禀赋。由几万亿个细胞组成的成人个体，在每个细胞里仍然可以找到一模一样的由染色体和遗传因子组成的基因物质。细胞为发育提供了动力源：当成长或者组织修复需求新的细胞时，一个现存的细胞就会发生分裂，从而生产出一个具有同样基因物质的副本。这样的过程在受孕后早期的发育阶段频繁发生，其结果是每过几小时细胞数量都会成倍增长。逐渐地，细胞内部出现群体划分，每个群体担当一个特殊的职能：有的成为神经系统的一部分，有的成为一些肌肉组织，还有的形成骨骼，等等。最终，一个完全发育的人体就此形成。

除生殖细胞外，每一个细胞的细胞核都含有一组同样的46个染色体；染色体是对生的杆状物，每一对染色体中的单个染色体都是分别由母亲和父亲提供的（如图 3.1 所示）。生殖细胞（卵子和精子）的不同在于其只有 23 个染色体。但是，当卵细胞受精时，它们将共同提供受精卵发育成为人类个体所需的 46 个染色体。基因就串联在染色体外，就像项链上的珠子；它们是由 DNA——双螺旋状分子构成的。基因含有每个个体的基因密码，是遗传传递的基本单位。根据最新估算，人体内有 30 000 ～ 40 000 个基因。每个基因都与某个特定特征或发育过程的特定方面相关——身高、体重、眼睛的颜色、智力、精神分裂症、外向型人格等，但基因与这些个别特征的关系的复杂程度相差悬殊。例如，眼睛的颜色这样的生理特征的遗传是由一个单独的基因控制的，而心理特征通常与很多个基因相关。据估算，智力至少受到 150 个不同基因的影响，然而，基因不仅与静态的外貌或人格特征有关，它还与发展变化的过程有联系。由此，特定能力的出现，如行走说话或青春期发育的起始，同样是我们每个人所携带的基因的结果。由于每个种群内部所有成员的基因都存在于特定染色体的同样位置，因此确认每个基因及其相关功能成为可能。事实上，一个宏大的国际项目，人类基因研究项目，已经致力于确定所有人类基因的位置和功能。按照构想，这个项目将极大地提高我们通过产前观测诊断遗传缺陷，甚至于对子宫中婴儿进行基因转化（如取代有缺陷的基因）。因此，消灭很多包括某些智力残疾在内的遗传性疾病将很可能实现。

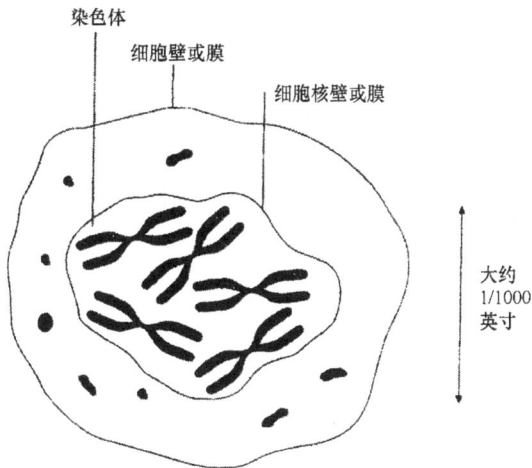

图 3.1　成对染色体的细胞（直径大概是 1/1000 英寸）

我们的一部分基因指向我们作为人类所共同具有的特征。例如，他们保证三个种群中的每一个个体都发育出双手双腿，都具有同一种神经系统，都在一定的年限内性发育成熟。他们还保证生长发育按一定的顺序进行：比如说，20世纪早期的儿科医生和心理学家已观察到，婴儿的运动能力的发展就是按一定顺序出现的，诸如头部控制、坐起、爬行、站立、行走等能力的出现（如图3.2所示）。这个序列的可预测性就是由所有正常发育的人类个体都具有的基因程序所决定的。但我们的另一部分基因则指向那些将我们区分为独一无二的个体的特质，例如我们的生理外观和心理特性，以及我们个体能力的差异性（比如，尽管通常婴儿都能学会行走，但他们达到这个阶段所需的时间是不同的）。这种独一无二的特质是由父亲的23个染色体和母亲的23个染色体，以及它们分别携带的基因的组合所导致的极具差异性的特征集合而来的。至于它们如何组合纯属随机，也就是所谓的"基因彩票"。而我们都是它的产物。

| 0个月
胎儿姿式 | 2个月
挺胸起 | 3个月
伸手够 | 5个月
坐在腿上，
抓东西 | 7个月
独立坐 |
| 9个月
扶着家具站立 | 10个月
手足爬 | 13个月
爬台阶 | 14个月
独自站立 | 15个月
独自走路 |

图3.2 动力发展的里程碑顺序

（Oates，1994，改编自 Shirley，1993）

基因紊乱

鉴于基因传递的复杂性，在基因物质的形成过程中偶尔发生事故也就不足为奇。此外，有的紊乱是直接遗传的；有的父母本身未必表现出基因缺陷的症状，却可能将有缺陷的基因传给后代。这种问题的广泛程度难以断定，根据一项研究估计，每三次受孕中有两次都在怀孕早期流产了，这是造成基因或染色体异常的主要原因。基因紊乱的形式有多种，目前约有3000种被分别确认。其中有的仅在特定的种族中发现，而有的仅在特定性别中发生。以下是一些较为常见的病症。

◇ 唐氏综合征只是最知名的先天疾病之一，曾因患者的面容特征被称为"蒙古症"。患有这种病的儿童具有不同程度的学习障碍，并常显示出视觉、听觉和心脏问题。唐氏综合征是染色体异常的一种，其原因是受精后染色体结构发生偶然事故，造成在第21对染色体中出现第三个染色体。

◇ 克莱恩费尔特氏综合征（细精管发育不全，Klinefelter's Syndrome），这种紊乱也涉及额外染色体。但这里是由于第三个染色体意外地附着于性染色体造成的。它仅发生于男性，并在青春期以后显现出来。其特征为男性特征不能发育，却出现如胸部鼓胀、臀部变宽等女性特征，也经常出现语言能力滞后的表现。

◇ 特纳氏综合征（性机能延迟发育，Turner's Syndrome）也涉及性染色体异常，但在这里是由于缺少一个染色体，且仅见于女性。其结果是女性第二性征无法发育和没有生育能力。与克莱恩费尔特氏综合征一样，在青春期阶段使用适当的性激素会产生正常的体态。

◇ 苯丙酮尿症（Phenylketonuria 或 PKU），一种新陈代谢紊乱，表现为婴儿从出生开始就无法消化牛奶和某些食品中的氨基酸苯丙氨酸，若不治疗，它会导致智力低下。出生后的检测，以及采用低苯丙氨酸的饮食可以预防其影响。这是一种隐性基因障碍；其原因是父母双方都携带一个阻碍相关食物的正常消化的基因。

◇ 泰萨二氏病（家族黑蒙性白痴，Tay-Sachs disease）是一种神经系统衰退的疾病。患者的运动和智力功能会逐渐丧失，并通常在5岁前夭折。它几乎仅发现于东欧的犹太人儿童。它也是一种隐性基因障碍，其生成原因是神经元中缺少负责将一种有毒物质分解为无毒物质的基因。

◇ 囊肿性纤维化（遗传性胰腺病，Cystic fibrosis）也是一种隐性基因障碍。患病的儿童缺少一种防止黏液阻塞呼吸和消化道的酶。过去，这种遗传病的患者很少存活到青春期以后，现在由于及早诊断和治疗技术的进步，患者的生存年限大大延长了。

◇ 色盲（Color blindness）主要见于男性；表现为无法分辨红色和绿色。其原因是仅出现于 X 染色体的一个隐性基因。由于女性携带的染色体对由两个 X 型染色体组成，一个有缺陷的基因的功能会被另一个正常的基因补充；只有当两个染色体都有基因缺陷的时候才会出现色盲。男性的染色体对由一个 X 型染色体和一个 Y 型染色体组成，有缺陷基因的 X 染色体无法在 Y 染色体中得到补偿，因而比较脆弱。

◇ 血友病（Haemophilia），患病的儿童缺少使血液凝固的物质，所以任何创口和瘀伤都可能导致流血而死。几乎仅见于男性；其基因原理与色盲相似。最知名的病例是 19 世纪某欧洲皇室家族——其源头可追溯到维多利亚女王和一个她大概得自于父母的缺陷基因。然而，维多利亚女王和她的女性后裔没有发生病情——尽管她们中的一部分是其缺陷基因的携带者；只有她的男性后裔有成为血友病患者的危险。

对上述基因紊乱病症的预防和治疗已经取得了很大进展，一部分的原因是对可能生育有基因障碍子女的父母进行基因检查，一部分是由于在诸如 DNA 分析这样的检测技术上所取得的进展，甚至还有一部分是因为治疗技术的提高。但是，所有基因的位置和功能的准确识别，以及基因疗法能够保证将所有紊乱去除将是最重要的进步。

先天和后天

人类的行为至今都被认为是一个先天或后天的问题。我们究竟是遗传的产物，即从出生开始就按照某种从上辈得来的计划而发生行为的呢，还是由我们出生后的经验，尤其是早年经验所塑造的？至今为止的学术解释在侧重点上已经出现了多次风潮：20 世纪初，遗传主义在心理学理论中占上风；而自从 20 世纪 20 年代开始，环境主义则成为流行的理念，它认为儿童发展主要甚至仅仅由父母的行为和态度决定。有足够的材料表明"有其父（母）必有其子（女）"。惯于惩罚的家长通常会培养出暴力倾向的子女，抑郁的母亲通常会有抑郁的女儿，而细致敏锐的培养方式往往会导致具有安全感的子女人格。但是人们往往忽视了一点，即父母不仅提供了儿童成长的环境，也提供了他们的基因。然而人们往往会各执一词，认为要么是先天要么是后天，非此即彼。

直到近些年，我们才从猜测和假设中摆脱出来，并进入有根有据的研究。这在很大程度上得益于行为遗传学的诞生。行为遗传学的目的是，探索基因和环境因素，以及两者之间的互动所产生的影响。但是应当强调的是，行为遗传学只能解释个体间的差异，例如，为什么一个人会比另一个人更聪明或者更善于交际，或者更有可能精神分裂。但它却无法解释人类的智力本身，即究竟在多大程度上智力是遗传的还是环境影响的，它也不能解释一个人的智力究竟是得自遗传还是来自环境。行为遗传学关注的焦点仅仅是个体差异和个体独一无二的原因。

◇ 行为遗传学的两种主要研究方法是双生子研究和领养研究：双生子研究即对同卵双胞胎和异卵双胞胎的比较。前者是从同一个受精卵发育而来，因此拥有同样的基因。异卵双胞胎则由两个不同的受精卵发育而来，因此在基因的相似性上，与普通的兄弟姐妹并无区别，通常他们有 50% 的相同基因。同卵双胞胎和异卵双胞胎就像一个天然的实验：两者在基因的相关性上存在不同，但两者又从受孕之时起具有同样的环境、同样的子宫、同样的生产过程、同样的家庭。如果心理特征是遗传产生的，那么同卵双胞胎的相似性应该大于异卵双胞胎；但是如果遗传毫无影响，那么同卵双胞胎之间的相似性不会多于异卵双胞胎。如果可以研究从出生之后就被分开并在不同家庭中成长的同卵双胞胎和异卵双胞胎，那么基因和环境因素分别扮演何种角色将可以被分得更清楚。如表 3.1 所示，即使分开的同卵双胞胎，他们在心理特征上的相似性，也比在同一个家庭中成长的异卵双胞胎更强，由此可见，遗传的重要性十分清楚。

表 3.1　同卵双胞胎和异卵双胞胎共同抚养和分别抚养在智力和外向型人格测量上的相关

	同卵双生子 （共同抚养）	同卵双生子 （分别抚养）	异卵双生子 （共同抚养）	异卵双生子 （分别抚养）
智力	0.80	0.78	0.32	0.23
外向型人格	0.55	0.38	0.11	—

　　相关是对两个变量之间关系的密切程度的一种测量，这里是指双生子的各自测试分数之间的关系。系数越接近 1.00，关系就越紧密。所以无论是一起抚养还是分别抚养，同卵双生子的分数比异卵双生子的分数更相似。

　　资料来源：改编自 Pederson 等（1992）和 Rowe（1993）。

　　◇ 领养研究利用另一种天然实验来梳理遗传和环境各自的作用。它涉及对儿童与养父母和儿童与亲生父母之间的比较。如果出生后不久就被领养的儿童与养父母的相似性多于与亲生父母的相似性，那么环境因素可能是他们成长的主要影响因素；但如果子女与亲生父母的相似性大于与养父母的相似性，那么尽管他们彼此几乎毫无接触，基因的作用也会被凸显出来。如表 3.2 所示，当这种方法被用于研究外向型人格和神经质这两种人格特征时，子女与亲生父母有更强的相似性。尽管不同的心理特征受到基因的影响程度有所差异，领养研究所提供的证据却证实了亲子之间的相似性，这些在过去通常被认为是社会化的产物，其实在很大程度上反映了遗传的作用。

表 3.2　亲生的和收养的父母与子女在外向型人格和神经质测量上的相关

	亲生的父母—子女组	收养的父母—子女组
外向型人格	0.16	0.01
神经质	0.13	0.05

　　资料来源：改编自 Rowe（1993）。

　　这两种研究方法的成果揭示了两个重要结论。第一，几乎所有被研究的心理特征都表明受到一定程度的基因影响（如表 3.3 所示）。这种影响的程度视不同心理过程或功能而有所差异。研究发现，诸如一般智力、空间能力、认字和失语等认知能力，更多地受到遗传影响。而像外向人格和神经质等人格因素则相对较少地受遗传影响。此外，一些出人意料的两性差异研究发现：例如酗酒，对男性的基因影响比对女性的基因影响更重。目前的研究结果还有一点局限性：不是所有的研究都会得到相同的结果。特别是双胞胎研究和领养研究有时候会产生分歧，表明研究方法本身可能影响了研究结果。尽管如此，总体上的结论是清晰的：我们必须考虑儿童的遗传构成并认识到基因在决定行为方面的影响力，才能理解儿童成长的过程和轨迹。

但是，我们还应该认识到第二个结论。在所有基因发挥作用的案例中，他们只能部分地解释个体差异而不能够解释全部。就连在一般智力或精神分裂这样的领域，环境的作用也是很明显的。因此，问题在于先天和后天，而不是先天或后天。两种影响不是对立的或者各自发生作用的。相反，两者几乎不可避免地产生互动并共同发生作用。

表 3.3 用以研究遗传影响的心理特征

认知	反社会行为
一般智力 语言能力 识字能力（读、拼写） 失语症 空间能力（综述见 Plomin，1990）	行为不良 犯罪 反社会人格（综述见 Rutter, Giller 和 Hagel, 1999）
个性	心理病理
外向型 神经质 攻击性 冒险 保守性 自尊（综述见 Loehlin, 1992）	精神分裂 自闭症 多动症（综述见 Rutter, Silberg, O'Connor 和 Simonoff, 1999）

先天和后天相互结合的方式有多种。一个例子是，一种特定的基因禀赋增加了处于某种环境中的人们以某种方式对待他人的可能性。一个活泼外向的儿童，会比一个安静严肃的儿童引来较多的积极反应：即使在生命的前几个月，好动爱笑的婴儿也会比被动的婴儿得到更多的关注，结果前者会被鼓

励去寻求更多的互动，后者则受到打击。因此，最初的倾向会受到它所引发的反应的强化。说儿童完全是父母培养的产物显然过于简单。在相当程度上，儿童凭借自身的基因构成决定他们自己将得到的培养方式。正如任何有多个子女的家长会认识到的一样，第一个小孩所接受的未必会被第二个小孩接受，因为每一个小孩都是不同的生命，因此需要不同对待。在不知不觉中，儿童会引发与他们天赋相符合的特定的培养方式。

另一个例子是人们会积极选择那些适合他们特定基因构成的环境。因而，那些生来具有好动、好斗禀性的儿童会寻求与自己类似的伙伴，从而获得从事相同兴趣爱好的活动机会。与此相似，天生害羞安静的小孩会选择与这些特征相同的环境和伙伴，从而加强了他们原先的禀性。我们很容易理解成年人有意识地选择情趣相投的环境，例如朋友、伴侣、工作，等等。然而，就连很小的儿童也会积极地进行所谓的"选位"，以求在与他们的志向、性格和人格特征相符合的环境中生活。无论是基因还是环境，都不是孤立存在的。两者共同影响儿童的发展。如在专栏3.1中所示，这一点对性别身份认同的发展也同样适用。还有一点需要注意的是，受到基因影响的特征仍有可能受到环境的巨大影响。例如，身高是最依赖于基因条件的人类特征之一，但在最近的一百年中，人类营养水平的提高极大地促进了人类身高水平的发展。这一点也可见于青春期到来之时：它受到基因禀赋的重大影响，但是今天的儿童比从前的儿童更早地出现青春期。这有可能是因为营养方面的进步。我们可以就此得出结论：基因影响不能忽视环境的作用。

专栏 3.1 男性还是女性？性别身份的发展

我们的基因性别早在受孕时就已经决定，它取决于精子究竟提供的是 X 染色体还是 Y 染色体。如果是前者，那么婴儿从基因意义上讲是女性；如果是后者，则是男性。卵子所提供的性染色体必然是 X 染色体，因而女性被表示为 XX，男性表示为 XY。受孕后六周，性别区分就开始出现，XY 染色体中所包含的遗传信息将促使睾丸的发育；再过六周后，XX 染色体则将保证卵巢开始发育。因此，我们的性别在很早的时候就已经确定了。

但是，我们最终到达的性别认同同样受到生活经验的影响，其中一部分就是家长的培养。这一点在一些性别发展出现错误的病例中尤为明显。莫尼和埃尔哈特（1972）详细地描述了这样的异常及其对心理发展的影响。一个惊人的案例是一对同卵双胞胎的男孩。其中一个男孩在 7 个月大时，因为接受电子包皮环切术而失去了阴茎。经过再三考虑，他的家长决定把他当作女儿抚养，并在他 17 个月大时，把他的名字从约翰改成乔安，并把他的衣物和发饰都改成女性的，后来还进行了手术修复措施，并在他青春期时进行荷尔蒙治疗，以求促进女性特征的发育。

结果，乔安很快发展出一些明显的女性特征，并开始和他的双胞胎兄弟显示出了多种差异。据莫尼和埃尔哈特称，这在很大程度上是因为父母亲的养育方式，包括尽心尽力地将他打扮得亭亭玉立，让他戴手镯和发带，并鼓励他帮忙做家务等。与他的兄弟不同，乔安变得干净整洁，喜好服饰，并以他的长发为荣，在他的兄弟喜欢车或者枪一类的所谓男性化的玩具时，乔安则喜欢玩具娃娃和所谓其他女性化玩具。然而，乔安的女性化过程显得很不完整。他被认为很像男孩子，因为他显示出某些通常被认为与男性密切相关的特征，例如精力充沛和争强好胜的行为。这很可能是因为他在出生前接受的男性荷尔蒙影响。他越来越拒绝家长给他的衣物和玩具，尤其是从 9、10 岁开始，他感受到严重的性别认同困难；主要问题就是他略带男性化的外表特征和对男性身体的偏好。后来的报告显示（Diamond 和 Sigmundson，1997），这一问题后来发展到相当严重的程度。最后，乔安又经过了一次变性手术，通过手术和荷尔蒙治疗，他又变成了男性，并重新更名为约翰，结果约翰变得更加愉快并能够接受自己，后来发展成为一个颇有魅力的魁梧的年轻男性。25 岁时，他与一个较为年长的妇女结婚，并收养了她的子女。

还有其他类似的例子（Golombok 和 Fivush，1994）。这包括所谓的伪双性人，即生来具有较为模棱两可的生殖器官，因而既可作为男性，也可作为女性抚养的个体。尽管在多数情况下，这样的儿童所发展出的心理身份与他们后天被赋予的性别相符，但我们仍无法就先天和后天各自的角色得出结论。一方面，性别身份认同的后天改造必须在 3 岁前完成，在那以后将越发困难。另一方面，家长的抚养方式所产生的影响往往不是孤立存在的，而是伴随着荷尔蒙治疗发生的，因而很难决定心理和生理因素各自的角色。我们只能说，先天和后天各有作用，在通常情况下，它们彼此联系，共同对性别身份认同的发展产生作用。

关于基因的说法的真伪

近年来，我们对基因构造的科学理解取得了突飞猛进的发展（Rutter，2002）。对非专业人士而言，可能还存在着大量的关于基因的性质和功能，以及对人类发展本身的误解。我们已经讨论了把先天和后天分裂开来的误区，但是还有很多其他错误的概念。所以让我们一起审视一下某些最常见的谬误，以及与之相对的事实。

◇ 谬误：基因导致行为。

◇ 事实：基因对行为的影响从来不是像上面这句话所描述的那样直接。基因是对人体具有化学影响的化学结构，因此它对人的行为的影响是通过人体对环境的反应调节来实现的。因此，并没有专门控制神经质的基因，尽管有充分的证据表明，神经质受到基因的影响。事实上，基因对神经质行为的影响可能还涉及一种对压力特别敏感的神经系统。同样，也没有专门控制酗酒的基因：尽管基因条件可能以某种方式影响人体对酒精的敏感度。因此，所有基因和行为之间的关系都是间接的而非直接的。

◇谬误：每一种心理特征都与某个特定的基因活动有关。

◇事实：除了像PKU这样由单基因紊乱导致的病症外，其他已知的心理特征都与多个基因相关。与此相反，这些心理特征是如此的复杂，它们更可能是依赖于很多基因之间相互协作所产生的结果。甚至出现一个基因可能影响很多不同心理的现象，因此基因与行为之间的连接并不简单。

◇谬误：基因程序使人的发育的里程碑出现在特定年龄并呈现特定序列。

◇事实：这个理解只能说是部分正确。例如，早期行为能力发展的里程碑（头部控制、爬行、站立、行走等）是由基因时钟所触发的。然而，基因时钟却可能受到环境的影响。当儿童在极端贫乏的条件下成长时，他们到达这些程碑的时间可能会比通常情况晚很多。里程碑出现的序列也不是不可变的，而是可以受到环境中机会因素的干涉。

◇谬误：基因决定的状况是不可改变的。

◇事实：认为任何遗传的物质都是一成不变和不可修改，而任何后天习得的特征都是容易改变的，这一看法是错误的。这两个极端都是错误的：如PKU这个例子所显示的，遗传紊乱是可以治疗甚至能完全治愈的。而某些恐惧症则表明后天习得的行为可能极难消除。把基因当作宿命的看法是没有根据的。

◇谬误：基因特征世代相传并且以相似的方式表现出来。

◇事实：像血友病这样的状况会发生遗传，但这并不意味着每一代人都会受到影响。父母亲可能是携带者并将这种病传给子女，但他们自己未必会受到影响。类似的，自闭症是一种基因缺陷导致的，但患自闭症儿童的父母亲极少显示出心理异常，以至于很长时间自闭症都被认为是环境因素——如父母亲态度造成的。这种认识是错误的。

◇谬误：基因影响随年龄的增加而减退。

◇ 事实：很多人认为遗传因素在发育早期影响最为重要，但随后被逐渐增加的环境因素影响而逐渐减弱。这种看法是错误的。对某些特征而言，这可能是正确的，但对其他则不然。有证据表明，随着年龄的增加，基因因素对我们理解儿童智力差异的重要性有增无减。而且，某些基因决定的特征只在发育较晚的时期才出现，青春期的出现就是一个明显的例子。与此相似，某些遗传紊乱直到童年晚期甚至成年期才出现。

◇ 谬误：基因就是遗传，它不能给我们任何关于环境的信息。

◇ 事实：行为遗传学可以极大地增进我们对环境影响的了解。一，它揭示了先天与后天因素的相互作用；二，它可以估测先天和后天影响对成长发育的贡献；三，它可以分析环境因素及其相互间的影响。这最后一点受到了很大重视，因为行为遗传学者通过分辨两种环境影响——共同的和将有的——而做出了贡献。前者包括那些所有儿童在家庭中都会遇到的因素，例如社会阶层、街坊邻里、家里的书籍数量，等等；后者则是每一个儿童在家庭中独一无二的影响因素，例如长幼次序、家长对子女的偏好、疾患和事故，等等。这一个区别的重要性在于，它指出了特有的环境因素的潜在影响与共同的因素相比毫不逊色，而后者至今仍是人们主要的关注对象。与表面现象相差甚远的是，基因与环境的相关度丝毫不低于它与遗传的相关度。

从受孕到出生

从前，在中国和日本，人们都将从受孕到出生的新生儿看作 1 岁的儿童。从某个角度来看，这可能比我们自己对年龄的看法更接近事实。因为儿童在子宫中已经历了很多将影响他成长发育的事件。从生理上说，在这一阶段变化的速度比任何时间都更快。从心理上说，出生前的生活也与其生长发育密切相关。

究竟子宫中发生了什么，以及这些事件如何影响了尚未出生的婴儿，一直是人们津津乐道的话题。无论是行星的位置、魔法的施予，还是神仙的说法，这些都是关于儿童产前发育的影响因素的说法。如今有一些高度精密的技术可以提供更客观的观察，使我们可以看到胚胎的照片，甚至可以看到在孕期较晚阶段的婴儿从事的相当复杂的行为：吮吸拇指、蹬腿、表达情感，等等。现代研究还可以向我们揭示胚胎怎样受到外界环境的影响。在这方面，民间也有很多说法，例如孕期多听音乐的母亲会生出音乐奇才。如今，营养、药物、吸烟、酒精和压力，都被看作是影响婴儿成长发育的因素。在某些案例中这些外在因素所产生的影响是长期甚至永久性的，就像萨利多胺（thalidomide）中毒所导致的悲剧。

这些影响表明子宫并非一个完全与外界隔绝，并可以使婴儿免受外界影响的环境。尽管这些影响经过了母亲的传递，但这样的传递也说明即使在儿童出生前，母亲也已经扮演着一个对婴儿未来成长发育具有决定性作用的角色。但我们应当记住这个影响是相互的；母亲影响胚胎，但胚胎也影响母亲。如海顿（Hytten，1976）所描述的：

胚胎是一个自大狂，他完全不是一个母亲想象的那样讨人喜欢又弱不禁风的小可怜。一旦他把自己植入子宫壁，他就会全力保证他的需求得到满足，无论这会带来什么样的不便。为了做到这一点他几乎完全改变母亲的生理状况。

看来儿童与看护者之间影响的相互性在产前和产后一样重要。

产前发育阶段

为了描述的方便，孕期的九个月通常被等分为三段。但从发育的角度来看，更恰当的区分方法是将孕期分为三个长度不同的阶段，它们分别是胚芽期、胚胎期和胎儿期。

1. 胚芽期

胚芽期长约 2 周，即从受精直到受精卵植于子宫壁。在这段时间里，原先的单细胞分裂为两个细胞，随后这两个细胞又各自发生分裂，以此类推。

这个成倍增长的过程高速进行着，并最终将最初的单细胞转变成一个鲜活的生命。最初这些细胞是尚未分化的，但在细胞期结束之前他们已经开始担起不同的角色，分别形成器官、四肢和生理系统。

2. 胚胎期

胚胎期长约6周，在这个时期里，越来越多的细胞生成，分别形成脊柱、主要的感觉器官、手臂和腿，并开始形成心脏和大脑等器官。就连手指、脚趾、嘴、舌、眼皮，都会在这一阶段出现。到胚胎期结束的时候，胚胎大约只有一英寸长。但它在外形上已经呈现出清晰可辨的人的形状。只是在身体的比例上他还与成人有很大的不同，此时的头部占全身的比例大大超过随后的时期（如图3.3所示）。此外，各个器官已经开始它们各自的功能：心脏会搏动，胃生产消化液，肾脏过滤血液。然而，就在这个重要器官和身体部位迅速形成的时期，这个机体却变得越发脆弱，易受到某些外界危害的侵袭。因此，这也是德国麻疹的危险期，德国麻疹可以导致对大脑和眼睛的不可修复的损害，而产生智力残疾和失明。在这一个时期，使用含有萨利多胺的药物（用于减轻母亲的晨吐现象）可能导致发育中的四肢严重变形，产生无臂或无腿的婴儿。

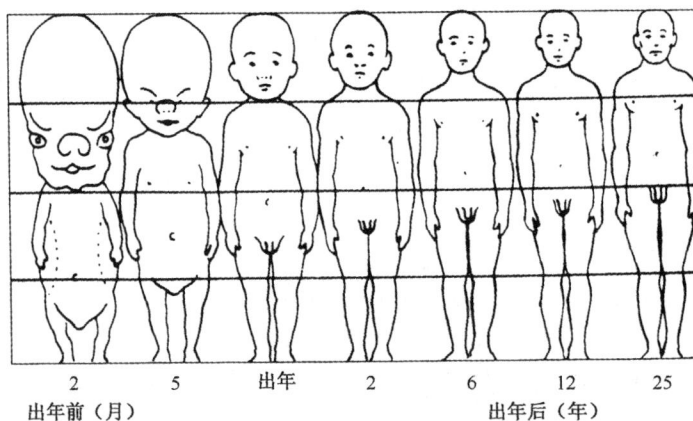

| 2 | 5 | 出年 | 2 | 6 | 12 | 25 |
| 出年前（月） | | | | 出年后（年） | | |

图3.3 从胎儿到成人的身体生长比例

3. 胎儿期

这一阶段长达 7 个月。胚胎的身长和重量会急剧增加——从 1 英寸到 21 英寸，从几盎司到 7 磅左右。这一时期的主要发展就是在最初 2 个月就已出现的身体部分和器官的增大和增强。骨骼开始形成，头发开始生长，眼、耳、味蕾等感觉器官全面发展。到 28 周时，即使发生早产，婴儿的神经系统、循环系统和呼吸系统已能够支持他的独立生存。从大约第 16 周开始，母亲就可能感受到婴儿在她体内的运动。用不了太久，婴儿就可以进行颇有力度的蹬踢运动。胚胎之所以做这些动作，是因为他需要锻炼四肢。在胚胎期的前几个月，他可以进行前后转身甚至上下转体。只有到了胚胎期的后几个月，他才会变得不那么好动，因为他已经长得太大，而子宫中已经没有足够的空间容许他进行太多的运动。这些运动我们可以从超声波记录中观察到，都是自发的；这些是大脑迅速发育的标志。此时的大脑已经越来越能够控制婴儿运动的方向。

环境对产前发育的影响

大脑最迅速发展的阶段是在胚胎期的早期，这也是尚未出生的婴儿最容易受到通过母亲传递的环境影响的时候，令人遗憾的是，我们通常只能通过畸胎剂的负面影响才能够意识到这一点。畸胎剂是指被母亲摄入体内并经过胎盘对胚胎发育产生危害的物质，它可能导致先天缺陷和长期的生理、心理障碍（英文中"畸胎剂"一词的前缀 tear 是希腊语中"魔鬼"的意思，这是一个不太愉快的联系）。

最常见的畸胎剂可分为三类：成瘾、疾病和饮食。

1. 成瘾

◇ 酒精。在 20 世纪 70 年代，一群美国科学家发现了一系列酗酒的母亲所生子女常有的体质和神经症状,并把它们命名为"胚胎酒精综合征"(FAS)。从此,酒精对胎儿的危害成为了人们关注的焦点之一。在生理方面,患有FAS的儿童的头部显得小而窄;他们的面容也较为独特,例如眼距较宽、鼻子较短、下颌发育不全、与同龄人相比体格大多偏小等。在心理方面,最显著的症状就是智障,尽管往往不是特别严重,但FAS已经成为导致智障的常见原因之一。此外,还有各种其他中枢神经故障的表现,例如好动、注意力无法长时间集中、睡眠紊乱及反应功能障碍。基本上可以确定当孕妇在孕期大量摄入酒精时,酒精可以通过胎盘对成长中的胚胎产生显著的危害和永久性的影响。FAS通常只在酒精摄入量占较多的孕妇所生子女中发现,而少量酒精摄入的影响则更具有争议。有一些证据表明,未出生的婴儿可能受到影响,尽管这些影响可能是隐性的,但它可能在童年晚期发现(详见专栏3.2)。

专栏 3.2 孕期·少量饮酒是否影响胎儿

大量饮酒对胎儿的影响已是证据确凿,但人们似乎还不愿接受少量饮酒也可能导致危害这一观点。西雅图追踪研究是在美国进行的一个大规模的研究,它找到一些具有说服力的证据(Olson, Streissguth, Sampson, Barr, Bookstein 和 Thiede, 1997; Streissguth, Barr 和 Sampson, 1990)。

在这项调查中,研究者对 500 名孕妇进行了访谈,以确认她们在孕前及孕期中的酒精摄入习惯。其中少于 1% 的孕妇有严重酗酒问题,另有 80% 的孕妇承认在孕期中曾经饮酒。研究者也提出了关于酒精、咖啡因等依赖性药物摄入的问题。在这些孕妇分娩后,研究者对她们所生的子女分别在出生后 2 个月、8 个月、18 个月,以及 4 岁、7 岁和 10 岁时进行了评估。在每次跟踪调查中,研究者都对这些儿童进行广泛的与其年龄相当的神经发育和心理发展测试。

研究发现,即使在摄入少量酒精的母亲群体中,孕期酒精摄入也被发现具有消极作用。摄入酒精的孕妇所生胎儿在出生时更容易出现呼吸紧张和心跳不稳的症状，并在产后两天内显示出行为缓慢、吮吸无力及各种中枢神经障碍的迹象。在随后的婴儿期中，他们的行为和脑部发育都略微滞后，而从 4 岁开始，那些出生前每天接触一盎司以上酒精的儿童就明显地显示出较低的智商。他们与不饮酒的母亲生出的孩子相比，智商成绩要低大约 7 分。相差 7 分并不是大问题，但这是一个普遍存在的差异，而且这项研究表明这个差异值与母亲的酒精摄入量成正比。在 7 岁以后，学习障碍变得更明显，主要表现为阅读和算术能力较低，这些问题尤其与母亲的"豪饮"有关，例如在怀孕早期经常饮酒且每次达 5 杯以上。有可能这些认知困难实际上反映了这些儿童在保持注意力方面的障碍；警觉测试表明这些儿童在注意力和反应力两方面都较弱；与此相吻合的是，这些儿童刚出生时对光和声的反应，以及随后对乳头的反应都显得较为迟缓。因此，很有可能源于中枢神经系统的某种基础性的器质性缺陷。

尤其引人注意的是，那些由于在孕期少量饮酒的母亲生出的儿童即使到了少年期仍表现出不少问题。有的问题体现为信息加工缓慢或低效率，从而影响学习成绩；其他问题则可能与自卑和反社会行为相关。当然，不是所有在出生前接触酒精的个体都显示出缺陷；然而这项研究清楚地表明：哪怕是少量的接触酒精，也可能给儿童正常的适应性功能带来风险。

◇ 吸烟。大量吸烟的母亲所生的婴儿体格明显小于其他婴儿。这是因为尼古丁限制了流向胎盘的血液流量，从而限制了胎盘所获取的营养。同样，母亲在孕期吸烟越多，发生早产的可能性也越大，而早产又可能引起一系列的生理和行为问题。与酒精相比，尼古丁没有那么强烈的后果，尤其从长期来看。然而一些研究发现，吸烟孕妇所生的子女表现出较多的行为困难和学习障碍，而这样的负面效果与尼古丁摄入量成正比。

◇ 可卡因。摄入可卡因的父母所生的婴儿，有一系列的健康风险。这些风险包括死产、早产、低体重儿、夭折，以及各种可能导致注意力问题和学习障碍的神经功能缺陷。这一类婴儿通常很难相处，他们可能显得易怒和急躁、难以安抚、睡眠紊乱及回避社会接触，就连母亲要与这样的子女建立联系也并非易事。例如婴儿可能对母亲的问候不理不睬，因此难以进行更深入的交流，这类婴儿也可能因为无法进行长时间的积极游戏而加深母亲的挫折感。这样一来，在所有其他的直接负面影响之外，可卡因还可能间接造成不和睦的亲子关系这样一个不良循环的后果。

2. 疾病

◇ 风疹。我们已经讨论了怀孕最初几周的风疹（又称"德国麻疹"），是最危险的，它可能导致失明、失聪、智力残疾、心脏缺陷和其他严重问题，因而是胎儿所面临的最严重的威胁之一。好在人们已普遍意识到这种威胁，并通过对女性在童年期进行免疫的办法进行防治。

◇ 艾滋病。感染艾滋病的女性通过怀孕将病毒传染给子女的风险是实实在在的。据估算，传染率在12%～30%之间，但人们尚无法解释为什么有些婴儿可以避免传染而有些却不能。患有艾滋病的母亲更容易生下早产儿和低体重儿，而且这些儿童也面临感染像肺炎这样的严重传染性疾病的风险。据美国统计数据表明，艾滋病是导致儿童从出生到4岁之间夭折的第七大原因。

3. 饮食

◇ 营养不良。母亲摄取的食物决定着胎儿的成长与发育，而胎儿的营养供应是完全依赖于母亲的。当胎儿无法获取充足的某些重要营养物质时，他会试图直接从母亲的身体吸取这些物质。例如，如果母亲摄入的食物不能提供足够的钙，胎儿会转而从母亲的骨骼中取得。如果母亲长期营养不良，母亲的营养供给将被掏空并反过来影响胎儿。1944年第二次世界大战中，当纳粹军队切断了荷兰人的粮食运输线时，一场严重的饥荒爆发了，其结果是大面积的饥饿导致的营养不良。这一事件的影响事后被密切关注，人们发现孕期不同阶段的饥饿造成的影响不同。如果营养不良发生在孕期的前 3 个月，即大脑发育的关键时刻，中枢神经系统缺陷（如脊柱裂和脑积水）和死胎的概率比其他胎儿高一倍。如果营养不良发生在中间 3 个月尤其是后 3 个月，婴儿发生低体重的概率较高，但是一旦食物供应恢复，婴儿就会在体重和体力及脑力的发育上赶上同龄人。那些在上例中经历了营养不良的妇女产下的男孩，当他们 19 岁服兵役时接受了检测，此时他们很健康而且正常，他们出生前的营养不良似乎没有长期后果。然而，随后有了令人意想不到的发现——营养不良的后果可能会影响到第三代：那些孕期中间 3 个月或后 3 个月经历了营养不良症的孕妇所生的女性婴儿的子女，在体重和身高上大大低于平均数（Diamond，1990）。这种隔代遗传的机制人们尚未了解。的确在某些方面，人类具有出色的韧性和弥补的能力，然而，就像这个营养不良和其他孕期灾难的例子所表明的，有些伤害，如果在特定的发育阶段发生，那么后果可能是严重的，甚至无法逆转。

此外，还有很多其他威胁胎儿健康的环境因素——诸如辐射、铅、汞、安非他命、生殖器疱疹、天花等畸胎剂。这些畸胎剂都可以经由母体的胎盘引发生理的与长期的心理创伤。还有一个值得一提的因素，也是一个众说纷纭的因素，就是母亲的焦虑。在孕期感到持续或突发焦虑的母亲，人们担心这种焦虑会影响到胎儿，这样的担心是很自然的。然而还没有令人信服的证据出现，因为很难对母亲压力造成的影响进行研究。至今仍有不少研究探索在极度的心理创伤状态下的孕妇：例如战争、地震或龙卷风等灾难，以及在集中营里的囚禁生活，等等，但这些研究的结果有些模棱两可。其中有的研究发现，这些妇女所生育的子女出现异常的情形并未增加；其他的研究者则轻易地将任何胎儿异常状况的增加都归于精神紧张及其并发的生理状况，例如虐待、营养不良或者疾病。我们还应当考虑到母亲在分娩后的情感状态。因为极度的紧张的确会导致肾上腺素分泌旺盛的荷尔蒙，而后者可经由胎盘影响胚胎。但这些荷尔蒙所产生影响的性质和期限尚属未知。

新生儿对世界的适应

由于新生儿在子宫中的生活就像水生动物，而且是完全依赖于母体的，可以说当婴儿出生时是被突然推入一个完全不同的环境——在这里，它需要呼吸氧气，控制自己的体温，并以全新的方式获取营养。那么，人们对于这样一个看似突然甚至暴力的变化引发的长期影响充满好奇也就不足为怪了。

分娩及其心理学影响

一个婴儿的出生不只是一个涉及母亲和婴儿身体变化的生理事件，它同样也是一个充满社会意义的事件，而每一个文化对此都有各自的看法。如马格利特·米德和牛顿（Margaret Mead 和 Newton，1967）所说：

按照不同文化对分娩的描绘所使用的词语，分娩可能被认为是危险和痛苦的，或有趣而吸引人的，或自然而然、不足为奇的，或巨大的、超自然力的。

结果，不同的社会对分娩过程的操作方式是不同的：它在何地发生，谁可以在场，对分娩母亲所给予的帮助，对刚出生的婴儿的照料，以及分娩会在多大程度上干扰母亲生活的方方面面。在美国，这些在操作的方式上已经发生了相当大的变化。

表 3.4　阿普伽新生儿评分

所评价的功能	分数		
	0	1	2
心率	无	低于 100	高于 100
呼吸	无	慢、不规律	规律、哭得强烈
肌肉张力	无力	弱	反应好
肤色	青紫、苍白	身体粉红、四肢青紫	粉红
反射性	没反应	痛苦	全反应

极低的阿普伽得分通常可能与大脑缺氧有关。在这种情况下，即使婴儿

有幸存活，也常会留下永久的甚至严重的残疾，中等的阿普伽得分（5～8分）往往不能单独说明问题，因为这些儿童的成长发育不仅有赖于其最初的生理条件，而且与它随后所处的社会和物质环境有关。如果后天环境较好，那么最初的影响可能逐渐减小。但如果后天环境较差，留下永久性残疾的可能性就更大。

早产儿

生理因素和环境条件是怎样相互作用影响儿童成长发育的还可见于另一类先天不足的儿童，即早产儿和低重儿。首先，有以下一些基本情况。

◇ 早产儿指在怀孕 37 周内出生的婴儿。如今最低龄出生并存活的纪录为 20 周。

◇ 早产儿通常也是低重儿。但是，低重儿未必是早产儿，因而自成一类。某些足月出生的婴儿也有低于 2500 克的界定标准的。

◇ 早产现象约占所有生产比率的 5%，但它在不同人群中发生的数量差异很大。分娩母亲的社会经济地位越低，发生早产的概率越大。在低龄产妇中早产的概率也经常偏高。

◇ 导致早产的原因有多种，包括孕期饮酒、吸烟、滥用药物、糖尿病、先兆子痫等疾病、孕妇生殖系统异常和其他影响孕妇整体健康状况的社会因素，如贫困、营养不良、孕期医疗条件欠缺等。

◇ 早产儿容易在出生后发生多种问题，包括黄疸、呼吸困难、温度调节困难、吮吸和吞咽障碍。这些病症的程度差异可以很大，并与婴儿产龄和体重相关：产龄接近足月的几乎不会发生严重后遗症，而产龄小的则可能因重要器官功能不全而需要更长时间在新生儿病房内接受看护。

在短期内，早产儿在应付外界环境这方面明显处于劣势，但长远来看又会如何呢？有很多长期追踪这些儿童的研究，有的延伸到他们的青少年甚至成年期，但是研究结果并不完全一致，至少就那些完全将早产或低体重作为影响发育动因的研究是这样的（Lukeman 和 Melvin，1993）。总体而言，早产儿有可能在感知和运动能力、语言获得和游戏等方面较其他儿童滞后；也有报告声称，他们显示出好动、注意力不集中，以及缺乏情感控制能力等问题。在随后的生活中，他们的智商常会偏低，学习困难的个体偏多；有些研究表明他们社会适应问题的发生概率也较高。然而，这样的群体倾向不能掩盖早产儿之间巨大的差异性。他们当中一部分，尤其是那些处于极端劣势的，可能在成长过程中持续显示出各种障碍，而很多其他的早产儿在生理和心理功能两方面都能与其他正常儿童无异。至于他们是否能够赶上正常儿童、在多大程度上，以及在什么时候，这些大部分取决于他们出生时情况的严重性及其随后得到的医疗看护情况，并在相当程度上取决于他们在家庭生活中所得到的心理支持。萨莫夫和钱德勒（1975）在对各种产前和产后问题的影响的总结中强有力地论证了这一点。

　　萨莫夫和钱德勒认为早产是带有风险性的，但早产本身并不能预测儿童在未来生活中的认知和社会能力，任何的预测必须将早产儿的成长环境纳入考虑因素中。如果家长可以帮助儿童削弱早产的消极影响，那么儿童发展前景是充满希望的；反而言之，如果他们不能给予必要的支持甚至加重恶劣的影响，那么负面影响将可能蔓延成为生活的全部。因此，要想理解儿童的发展过程，就必须把环境与儿童的早期条件综合考虑。当然，环境因素还有很多其他可能对儿童未来发展产生影响的方方面面，但萨莫夫和钱德勒认为，综合起来最具有解释能力的概念就是社会阶层。先天条件不足，但在社会条件优越的家庭中成长的儿童显示出极少的长远影响；而最初病情一样但在条件较差的家庭中成长起来的儿童则显示出负面的影响。当然，社会阶层是一个外延很宽泛的概念，它涵盖了那些构成儿童实实在在生活经历的诸多条件，如家庭中的玩具和书籍的数量、语言环境、对教育的鼓励、拥挤程度、营养及学校质量等，关键在于这些具有持续性的生活经历与那一次性的生产事件之间的相互作用决定了长远意义上的发展结果。

　　当然，儿童接受照顾的质量主要是父母亲的责任：是他们提供了诸如语言激发和教育鼓励这样的生活环境，如果想理解环境是如何对那些从出生开始就有残缺的儿童进行补偿的，就必须探究父母及其婴儿之间的交往。毫无疑问，产下一个低体重且有可能患有疾病的婴儿，对父母亲而言是一个相当大的打击，而且早产影响程度越深，亲子之间的初期联系就越容易被诸如妨碍母子直接接触的早产儿保育器影响。父母亲面对医护人员全面负责婴儿的看护而产生的无助感越深，对婴儿未来的不确定性的感觉就越强。除此之外，早产儿常有的消极行为特征也可能影响父母亲（详见专栏 3.3），更何况良好的关系的建立本身就不是一件轻松或简单的事情。

专栏 3.3　与早产儿交往

　　早产儿通常被描述为行为失调，无法预测其反应，难以适应日程安排的变化，既对某些形式的刺激反应过度，又对另外一些形式的刺激反应不足，并且外貌缺乏魅力。所有这些特征都可能对其看护者，以及亲子之间的交往产生深刻的影响。早产儿的社会性发展与正常婴儿的不同主要表现在四个方面（Eckerman 和 Oehler，1992）。

　　一、社会交往开始相对过早。这样，婴儿可能尚未做好加工家长提供的图像和声音信息的准备。

　　二、早产儿尤其是那些低重早产儿，发育不成熟，甚至可能患有疾病。具体而言，他们可能患上加重其行为异常性的神经紊乱症。

　　三、早产儿产后阶段可能给父母带来极大的压力，他们的行为可能因此发生变化。

　　四、由于早产儿最初处于重症看护下，他们的社会互动是在一种很不同的物质条件下开始的。父母亲与婴儿的接触极其有限；他们常会被那些必要的医疗设备震慑住；他们也可能觉得与医生护士相比，自己无足轻重。

　　鉴于以上原因，早产儿与父母亲的早期交往和足月婴儿的情形很不相同是不足为奇的。由于异常高和异常低的刺激阈限，要达到同步显得更加困难。由于无法轻易获得和保持婴儿的注意力，父母亲通过说话或抚摸的方式提供额外刺激的尝试可能收效甚微。在这样的条件下，父母亲可能感到被拒绝，并因此减少这些尝试，这样他们自身就提出了对特殊指导的要求。

但即使在最初的几周里，早产儿已经可以对某些社会刺激做出反应。例如，话语可以使他们保持清醒并对视觉刺激保持警醒，而这样的状态有利于社会互动的开展。因此，无论早产儿面对的初始困难是什么，他们都有可能成为良好的社会伙伴，而且，事实上他们中的大多数在产后3～6个月就能赶上足月婴儿的发展。

新生儿眼中的世界

"一大团闹哄哄的混沌"——这是19世纪末哲学家兼心理学家威廉·詹姆斯笔下的新生儿的心理世界。这个简明扼要的短句成为了最被广泛引用的对早期婴儿的描述之一。但很遗憾的是，它强调婴儿的无能，并且暗示只有成熟和经验才能给思想带来秩序，把早期的心理生活描绘成了一幅混乱和无序的、具有相当误导性的画面。

这种观念的一个例子是，直到最近人们都认为新生儿最初没有视觉功能，而且在最初的几周内婴儿几乎什么都看不见。当然，问题是婴儿无法告诉你他们看见了什么，所以要想了解他们的所思所想，需要相当多的智慧。直到20世纪50年代，这样的一些技术才被发展出来，从而使得用实证数据取代猜想成为可能。以下是当今的一些主要研究方法。

◇ 偏好技术。罗伯特·范兹（Robert Fantz，1956）首先指出，婴儿可能在行动能力和语言能力上不够成熟，但是他们能够通过观察周围的事物告诉我们他们的心理状态。通过在有控制的条件下记录婴儿的视觉注意力（如图3.4所示），我们不仅能确认婴儿在看什么，而且能确认他喜欢看什么。就这样，人们已反复证明从生命的最早期开始婴儿就有明确的视觉偏好：喜欢有图案的胜过平淡的表面；喜欢立体的胜过二维的物体；喜欢运动的胜过静止的事物；喜欢反差大的胜过反差小的轮廓；喜欢弧线的胜过方形的图案；喜欢对称的胜过非对称的视觉刺激物。

◇ 习惯化技术。当一个婴儿反复地看到某个特定的视觉刺激物，经过多次试验后，婴儿所给予该刺激物的注意力将会越来越少（他会产生习惯化）：因此通过对婴儿给予在某些方面与上述刺激物不同的视觉刺激并观察婴儿是否发生注意力变化（呈现出习惯化），就可能知道这两种刺激物是否被婴儿感知为不同。

◇ 非进食性吮吸技术。婴儿很快就能学会只要他们吮吸一个装有压力传感器的假乳头，就能制造出某些有趣的表情或声音。他们吮吸的力度或坚持的时间也可以表明他们区分和偏好刺激物的能力或程度。

◇ 心率和呼吸测量。这两者因婴儿对环境中特定事物的兴趣而变化，因而可用于探索年幼婴儿的感知能力。

图 3.4　记录婴儿视觉注意力的装置

（来源于 Oates，1994）

这些方法已经证明新生儿不是缺乏视觉识别能力，相反，是一个有着相当能力的生命。的确，与较年长的个体相比，生命最初几个月的视觉系统在多个方面还不完整。例如，视敏度、颜色知觉和双眼协调能力远远低于成年人。

此外，在头几周里，婴儿只能看清大约八英寸远的物体；较远或较近的事件都显得较模糊。然而，这些在婴儿的世界里可能并非意味着残缺，因为他们虽然看似障碍，但并不阻碍婴儿的发育或婴儿解决在这个阶段所面临的任务。例如，约八英寸远的清晰视力恰好大约是母亲和婴儿在哺乳及其他互动的时候脸部之间的距离，从而给婴儿足够的机会来认识母亲和学会把她与其他人区分开来。婴儿的视力可能不如成人，但他们的视力对他们作为婴儿的角色而言，已经足够了（Hainline，1998）。

无论如何，任何存在于视觉系统的不足都随着视觉经验而补足。也就是说，看的能力随着看的行为而增强。这样的视觉经验的获得，部分来源于他人：别人给的玩具，他们做的鬼脸，他们对墙上的画指指点点，等等。但把婴儿当作仅仅是被动地接受刺激是很大的错误：从很小的时候起，人们就能发现他们积极地用眼睛探索周围的环境，寻找有趣的事物，从而为自己提供视觉刺激。早在子宫里的时候，眼睛的运动就已发生了；即使在黑暗中，婴儿的眼睛也会运动，因此可以说这不仅仅是对刺激的反应，也意味着婴儿生来就已准备好探索视觉世界。而且，这样的探索不是偶然的，它似乎具有以下四种"规律"（Haith，1980）。

1．如果醒着且警觉，而且环境亮度不是太高，就睁眼。

2．如果在黑暗中，则会进行有节奏的细致搜索。

3．如果明亮的视野中没有形状，则迅速地扫视，寻找物体的边界。

4．一旦找到一个边界，则停止扫视并停留在这个边界的附近。

所以，可以说婴儿是携带专门的用于认识世界的策略来到人世的。如前所述，他们的注意力有特定的偏好，因此不是漫无目的而是主动在目之所及的世界中寻求对他们重要的特征。对这一点最好的例证就是他们对人脸的兴趣。

关于视觉偏好的研究多次表明，婴儿对人面部形状的刺激的反应多于对任何其他刺激物的反应。也许这并不奇怪，脸作为视觉刺激物具有几乎是所有婴儿天生感到值得注意的特征：复杂、有图案、对称、立体三维、可动，而且经常出现在适合聚焦的位置。这就仿佛是早已经让婴儿做好了关注那些对他们的生存和安全最重要的环境因素——人——的准备。例如，给刚刚出生不久的婴儿呈现如图 3.5 所示的三种刺激，测试婴儿视觉跟踪。这也许表明了某种引导婴儿视觉注意力的"脸部探测器"的存在（Johnson 和 Morton，1991）。即使这种探测器的搜索对象只是在眼睛和嘴的位置上的三个窟窿，它至少将婴儿引入了与看护人的互动之中，从而迈出建立社会关系的第一步。

脸　　　　胡乱拼凑　　　空白

图 3.5　面孔知觉实验中所使用的刺激

但是，要幼小的婴儿有效地处理人脸的信息还为时过早。这一方面体现在所谓的"外缘性效应"，即婴儿在头几周注意视觉刺激物的外缘而忽视其内部（除了发际和眼部区域）的倾向。因此，婴儿吸收信息的能力起初较有限，并会随着成熟和经验的积累慢慢获得关注更多面部特征的能力（如图 3.6 所示）。这意味着婴儿最初无法将人与人区分开。所有人对年幼的婴儿而言都是一样的——至少在视觉上如此。约翰逊和莫顿（1991）认为，面部识别能力的发展可分为两个阶段。

1．一种与生俱来的应激反应似的较强的关注面部图案（胜过任何其他视觉刺激物）的倾向。尽管尚缺乏辨别能力，上述倾向保证婴儿最大限度地看到人脸，并因此拥有进一步学习和辨别的机会。

2．从看到人脸开始的几周后，婴儿发展出主要通过观察脸部内在特征识别人脸的能力。从而，在原始的、与生俱来的感知偏好的基础上，并在反复经历不同人脸后逐步建立其视觉形象。第一阶段可能是建立在脑中较低级、原始的部分，而第二阶段则要求脑皮层的较高级功能，而脑皮层是在第二或第三个月开始工作，然后逐渐控制婴儿的视觉导向的。

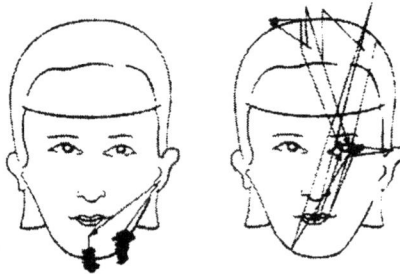

图3.6　1个月和2个月大婴儿对人面部的视线扫描记录

（Fogel 和 Melson，1988）

当我们转而考虑婴儿对听觉世界的认知能力时，会发现从前我们可能低估了他们（Aslin，Jusczyk 和 Pisconti，1998）。在这一方面，也有证据表明可能存在着一种推动婴儿主动关注某些环境因素的先天机制，而这些环境因素再次指向人。与视觉相比，新生儿的听觉系统的结构发展在很多方面已相当发达。事实上，从胎龄约7个月时起婴儿的听觉系统就已经在子宫中发挥作用。但是，婴儿在出生时或出生后短期内所具有的对某些声音的偏好的发展程度之高仍然可圈可点。这些偏好在多个层次上都有表现。

总的来说，最容易吸引新生儿注意力的就是人的声音。通常，听觉偏好的测试方法是检查婴儿的辨向反应，如扭头或生理指标。这些测试清楚地表明，就连早产儿对人声音的反应度也大大高于对任何非人的声音的反应度。因此，与对人脸的视觉偏好相似，新生儿的神经机制中似乎也存在着对人声音的选择性注意。

在各种人的声音中，新生儿最喜欢的是成年女性的声音。年幼的婴儿也会转向尖声说话的男性。无论如何，婴儿对女性声音的明显偏好很可能是由于出生前对母亲声音的熟悉。胎儿在产前进行学习的可能性，以及随后及早辨别出母亲声音并将其与其他女性声音区分开来的能力，是近年来的重大发现之一，更详细的介绍请见专栏3.4。

新生儿能辨别母亲的声音

无论是通过影像还是声音认识他人的能力本身就是一个很复杂的心理过程，而人们直到最近都以为几周大的婴儿不具备这样的能力。如今，我们已能清楚地看到，新生儿至少已具备辨别声音的本领。

在一项经典研究中，非进食性吮吸研究法被用于测试出生不到三天的婴儿是否能够在母亲和另一位成年女性朗读同一个故事时，区分出她们的声音。婴儿很快发现，当自己用两种不同方法吮吸一个假乳头时会产生两种不同的声音（妈妈的声音或陌生人的声音）。随后，婴儿持续性的用激发母亲声音的方式吮吸假乳头，从而显示出了其对母亲声音的偏好。很显然，年幼的婴儿已能分辨两种声音。

可能的解释有两种。一种是婴儿在出生后接触并认识了母亲的声音。但如果是这样，其必要条件就包括极其迅速地学习，因为这些婴儿住在与母亲分开的看护室，与母亲最多只有数小时的接触。另一种解释则会涉及（婴儿的）胎儿期学习。如前所述，婴儿在胎儿期的最后 3 个月里获得听力，而他们最常听到的声音就是母亲的。因此，婴儿很早就显示出分辨声音的能力也可能是长期学习的结果，尽管主要是出生前进行的学习。

研究之后又有多个相关探索，主要研究结果概括如下。

◇ 在出生前 6 周母亲大声朗读过的故事和一个从未听过的故事之间，出生 2～3 天的新生儿显示出对前者有明显的偏好。在测试中，无论是母亲还是另一位女性讲述这个故事，研究者都观察到了这个差异（DeCasper 和 Spence，1986）。

◇ 与不熟悉的旋律相比，新生儿更喜欢听母亲在胎儿期反复吟唱的旋律。当在胎儿期听过母亲所喜欢的音乐（一组古典音乐或爵士乐）的婴儿在出生后听到两种音乐时，他们偏爱较熟悉的一种（Lecanuet，1998）。

当说英语的母亲和说西班牙语的母亲所生的两天大的婴儿分别听到两种语言时，他们偏爱各自的"母语"（Moon，Panneton-Cooper和Fifer，1993）。

◇ 研究发现，即使经过 4 ～ 10 小时的产后接触，婴儿对父亲声音的喜爱程度并不高于对其他男性声音的喜爱程度。关于父亲和母亲声音的研究结果之差异，最可能的解释是婴儿产前与父亲声音缺乏接触（DeCasper 和 Prescott，1984）。

◇ 当新生儿听到母亲声音的两种录音版本——一个是空气传播的自然声，另一个是模仿婴儿在子宫中听到的声音——他们对后者显示出明显的偏好（Moon 和 Fifer，1990）。

这些研究不仅向我们展示了婴儿出生后立刻分辨声音的能力，也表明这种能力极有可能是婴儿在子宫中学习的。至少在某些方面而言，在产前和产后之间存在着的连续性。

更具体地说，幼小婴儿爱听的"妈妈语"——成人对儿童说话时会自动采用的，具有夸张的语气、高调的声音，以及大量起伏等特点的说话风格。比如，在一个实验中，当婴儿学会将头转向一侧激发一种正常的话语，转向另一侧则会激发"妈妈语"时，所有的婴儿都更多地扭头来听后者。这有可能暗示着母亲的话语使幼儿学习语言更容易；如果是这样，这将是另一个证明婴儿天生就具有应对成长中挑战的有效生物机制。

行为模式与大脑

婴儿可不是闲人。他们的时间不仅用在饮食、睡眠和哭闹上，而且用在大量自发的或是因外界刺激反应产生的行为上。这些行为中很多都是较原始的，诸如呼吸、吮吸、眨眼和小便等反应已能保证婴儿在某些方面的独立生存；但其他一些反应，如握拳和扭头，则发展出稍晚出现的更为复杂的功能。

经过细致的分析，就连普普通通的扭动也不是毫无目的的，而是有节奏的、有固定模式的，并服务于自我刺激这个最高目标的运动模式。我们强调婴儿从一开始就能够进行自发的行为，而并非完全依赖于外界刺激。

这种行为的基础工作早在胚胎期就已经开始。对胎儿的超声波记录显示，从胎龄 36 周起就可以观察到吮吸、呼吸和哭泣等动作，而尽管这些动作直到出生才有实际作用，他们的确表明婴儿的适应性系统中主管运动的部分早已成熟。从 26 周胎龄时已可能观察到胎儿具有明显的清醒和睡眠状态——大约每 40 分钟一次的周期，并将在随后数周变成更复杂的模式。到 32 周胎龄时，快速眼动睡眠（REM）和非快速眼动睡眠（non-REM）都已出现；随后几周里，各种其他的状态，如昏昏欲睡、安静和主动觉醒等也清晰起来。因此，到出生时，婴儿已经可能将时间分成介于高度兴奋和深度睡眠之间的多个休息和活动的状态（如表 3.5 所示）。

表 3.5　新生儿睡觉和清醒状态

状　态	表　现
非快速眼动睡眠（non-REM）（Quiet sleep）	眼睛紧闭，静止不动，呼吸规律，完全休息
快速眼动睡眠（REM）（Active sleep）	眼动急剧，呼吸不规律，自然地运动
周期睡眠（Periodic sleep）	缓慢呼吸和急促呼吸相交替
昏昏欲睡（Drowsiness）	眼睛一睁一闭，呼吸不同，活动增加
警觉的静止（Alert inactivity）	眼睛明亮、专注，呼吸规律，身体静止
主动的警觉（Active alert）	不断地移动，发声，呼吸不规律，不太关注环境
不安（Distress）	哭，身体不断移动

这些状态及其之间的周期性变化构成了婴儿和他们的看护者的日常生活状态。所以，警觉的静止状态是婴儿最容易对环境发生反应的时间段，因此也是进行社会互动和学习的最佳时间。然而，很多家长最关心的是婴儿什么时候睡眠，以及睡多少的问题。平均而言，新生儿每天睡 16～17 个小时，有的新生儿只睡 11 个小时，而有的睡多达 21 个小时。在头几周里，婴儿的睡眠由分布于全天的短暂睡眠组成，其间的间歇则是更短暂的清醒时段。但

很快睡眠和清醒的时段都会延长，并更有规律地分布于 24 小时内；当一个日常规律逐渐形成，疲惫的家长会发现婴儿长大了（如图 3.7 所示）。

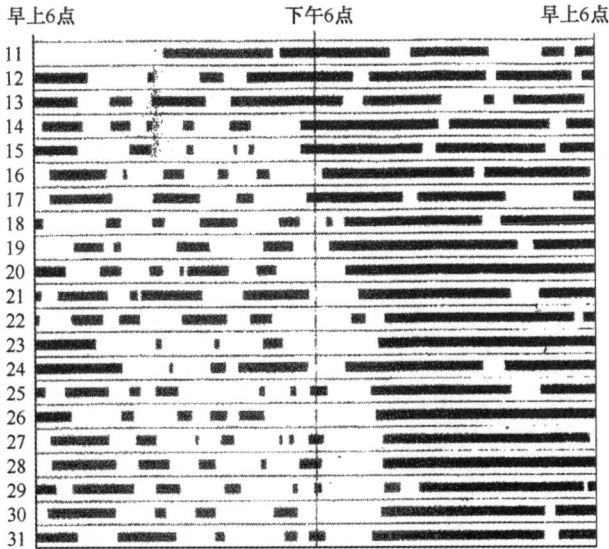

图 3.7　婴儿从出生 11 天到 31 天时每天睡觉和苏醒的阶段：实线代表着睡觉

（源于 Sander，Stechler，Burns 和 Lee，1979）

这些变化的发生是各种环境压力作用于婴儿的结果——尤其是家长所施加的使婴儿服从于他们的偏好的压力。同样的，婴儿的哺乳节奏从"自然的"状态变为服从母亲的方便或文化传统等因素的社会状态。婴儿带着某些先天的特性来到世界（例如，饮食的节奏、睡眠觉醒同期等），但这些特性必须适应外在环境的要求。所幸的是，这些特性具有一定的弹性，因此儿童社会化的第一步从生命的第一天就开始了。

婴儿的行为能力取决于大脑的发展。但是，大脑的发展也反过来在相当程度上取决于婴儿的行为：做什么，以及做多少。所以，一方面，大脑在胚胎期和婴儿期的发展有一定的速度，从而使婴儿显示出逐渐增多的行为能力，但另一方面，这些行为产生的反馈刺激也在推进大脑发育中起到重要作用。所以，在物质极度匮乏的条件下成长起来的儿童会成长滞后，因为（大脑）成熟本身不是行为变化的充分条件；如果各种机能缺乏锻炼的机会，儿童的神经发育会迟缓。因此，大脑、经验和行为是密切相关的。

让我们总结一些关于早期大脑发育的知识（van der Molen 和 Ridderinkoff，1998）。

◇ 早在胚胎期，大脑的发育程度就已超过了身体的其他部分。例如，在胎龄 4～6 个月之间，大脑的重量增加 4 倍。所以，新生儿的头与身体其他部分相比大得不合比例（如图 3.3 所示）。

◇ 胚胎大脑重量和体积的增加反映了脑神经细胞数量的增加。据估计，每天新增大约 25 万个神经元；最终总数达到数千亿个。

◇ 脑细胞会在出生后的数年内继续快速增长（如图 3.8 所示）。新生儿的脑重量约为成人脑重量的 25%，但在 3 个月内就会达到 40%。6 个月的婴儿的脑重量已经达到它成熟时重量的 50%，而儿童的体重直到 10 岁时才会达到成人的一半。

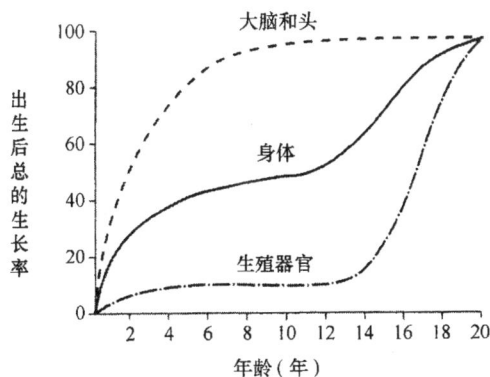

图 3.8　大脑的、生殖器官的和身体的相对生长率（Tanner，1962）

◇ 神经元的数量在出生后不再增加。出生后大脑的重量和体积的增长完全取决于突触和神经元之间建立的联结的多少。到 2 岁时，任何一个神经元可能与多达 1 万个其他细胞建立不同联系，从而创造了一个反映出儿童越发复杂的脑力活动的高度复杂的网络。

◇ 但是，突触的数量并不简单地随着年龄的增长而增加。大约 2 岁时，在一个仿佛"修剪"一样的过程中，那些个体所不用的突触会被去除掉，从而对脑中的路径进行重新组织以适应儿童的生活模式。

◇ 大脑各部分的发展不是均衡的，而是从低到高进行的。皮下组织——我们与其他哺乳动物一样拥有的"古老"结构——首先发展，而脑皮层——控制较高级的心理功能的部分——最后发育，并且在儿童期继续发育。

◇ 脑皮层内部的发育也是不均衡的。例如，与视觉有关的枕叶的发育比与注意力和计划有关的前额叶要早得多。

结构的发育带来的是功能的提高，细胞功能的专门化越发深入。要理解这个过程，我们需要注意区分新生儿脑内的两个神经系统（Greenough，Black和 Wallace，1987）。

1. 经验—预期系统，指那些出生时就已建立的、管理人类所共有的经验和行为的神经回路。他们主要负责像吮吸、呼吸和体温控制这样事关生存的反射和功能。婴儿必须生来就具备这些能力，因此可以说他们是"预装"好的，尽管有的功能可能需要一定的经验才能有效发挥，但是它们仍主要是人类所共有的基因程序的产物，并因此从一开始就"知道"自己的使命。

2. 经验—依赖系统，包括那些出生时没有专门功能的神经回路。它们会做什么完全取决于儿童所接收的感知输入，对于特定神经联系的反复体验会加强该神经回路。儿童获得这些联系是学习和经验的结果。经验—预期系统必须及早到位，而经验—依赖系统则会在一生中不断发展。只要个体间还存在不同的经验，经验—依赖系统就会反映出每个人不同的生活方式。

因此，大脑发展的某些方面是由基因决定的，而另一些则因个体的经历不同而不同——前面所提到的对面部识别的两阶段发展就说明了这一点。当然，这两个系统之间的差异不是绝对的，它们的区别是运作方式的倾向性不同。学习和经历的确会在建立经验—预期系统中发挥一些作用，但因为神经组织的准备工作，某些感知和动作的学习很快就能学会。而在经验—依赖系统中，细胞组合的设定则是一个缓慢的、需要与相关的视觉听觉刺激反复接触的过程。任何未被使用或者强化的组合都可能被抛弃。

然而，即使大脑的结构—功能关系非常的固定，一定程度的可塑性仍然存在，即大脑的不同部分可以承担起以前由其他部分所承担的功能。当大脑的某些部分由于外伤被损坏或因为其他原因而无法正常发挥其功能时，这一点就显得极其重要。但是，可塑性在相当程度上取决于年龄：有证据（详见专栏 3.5）表明，年龄越小，大脑的一部分对别的部分遭受的损坏进行补偿的可能性就越大。这说明年幼的大脑的运作方式还尚未固化。

专栏 3.5　脑损伤与大脑的可塑性

对大脑的伤害可能发生在任何情况下：孕期母体内的有害物质；在围产期生产过程无法顺利进行；婴儿期及后来所遭遇的事故、疾病或伤害都可能导致脑损伤。对这样一个重要器官的损伤必须非常重视；但由于脑细胞无法再生，唯一的希望就是一部分脑细胞可以担当受损部分的功能——但这样的可塑性究竟在多大程度上是有效的？

大脑的各个部分是否有各自专门的心理功能，这是一个长期以来备受争议的问题，而且至今没有定论。毫无疑问，某种定位的确存在；例如，语言主要依靠左脑的皮层，而空间能力依靠右脑皮层。那么，如果这些作为基础的皮层受到损害，这些功能会怎样呢？可能这个问题的答案在很大程度上——但不完全——取决于儿童的年龄，因为年幼儿童的脑损伤往往会比年长的儿童恢复得好。它还取决于脑损伤是双侧还是单侧，以及受到影响的具体心理功能本身。

大脑发育可以分为以下三个时期（Goodman，1991）。

1. 产前和婴儿早期。在这个时期即使是双侧损伤也可以得到相当好的恢复——至少就具体功能而言。未受损伤的部分会担当它们通常不会负责的功能。可塑性在这一时期最强，神经元的重大重新组合仍有可能。

2. 儿童期至青春期。单侧损伤的恢复仍很有希望，但双侧的损伤则不然。功能从一个半球到另一个半球的转移尚有可能。例如，当左脑受损，右脑可以"重修"语言功能。

3. 成人期。由于神经元的组合不再像以往那样富有弹性，此时单侧和双侧损伤都更可能产生永久性缺损。例如，在左脑受损后，多数成人都无法完全恢复语言功能。可以料想，这是因为右脑已经高度专职化而不能担负本职以外的功能。但某种程度的恢复仍然是可能的；即使在少年期以后，大脑也并未被完全定型，并可进行一定程度的重组（C. Nelson 和 Bloom，1997）。

一般来说，年龄仍是最重要的治疗依据。但是，在很大程度上治疗还取决于受到影响的究竟是具体的能力（如语言或视觉—空间能力）还是一般智力。尽管早期脑损伤比晚期脑损伤较少导致具体的功能缺损，它们对一般智力的影响恰好相反：早期脑损伤更容易导致总体智力水平下降。其原因可能是神经元重组过程中发生的错误或无用连接（Rutter 和 Rutter，1993）。

因此，与成年的大脑相比，成长中的脑损伤相对而言既是更坚韧也是更加脆弱的。恢复的程度取决于三种因素之间的复杂互动：损坏发生的年龄、被损坏的半球（单侧还是双侧），以及评估的对象效果（是特定功能还是一般智力）。

父母的适应

就像婴儿必须适应外部世界（如父母）一样，父母也必须适应他们的新生儿。多数情况下，这是一个充满喜悦的阶段；但是很多成人也会经历各种压力，尤其是面对第一胎的时候。压力的表现形式包括以下几种（Sollie 和 Miller，1980）。

1. 体力吃紧。无法连贯地睡眠是一个突出的问题，照料一个几乎无法自理的小生命所涉及的方方面面都能使人感到疲惫，当成人必须将照料婴儿的任务融入继续进行的日常生活之中的时候尤其如此。

2. 情感投入。新生儿带来的愉悦和满足可能是家长此时的第一感受。尽管如此，知道孩子的健康甚至生命都依赖于自己这一点仍可能比体力消耗更令人紧张。

3. 其他活动的限制。孩子的依赖意味着家长必须采取可能影响其工作和休闲的新的生活方式。母亲也许不得不放弃工作，从而对家庭经济造成影响；父母参与外界活动的机会可能减少。总的来说，家长的日常生活范围会比以前窄。

4. 婚姻关系紧张。尽管很多时候小孩的出生会拉近父母间的距离，但有时候它却会暂时造成婚姻关系的恶化。过去的两人世界如今变成了三人世界，嫉妒、性关系的波动，以及这些所产生的压力感都可能会造成夫妻间亲近感的流失。

5. 向父母角色的过渡中，不同夫妻的结果迥异（Heinicke，2002）。造成这样的差异原因很多：父母的年龄和成熟度，他们与各自父母的关系、他们的社会支持、生育前的婚姻满意程度，以及母亲可能经历的产后抑郁等（详见专栏 3.6）。婴儿自身也应当被看作是影响父母的角色过渡的因素之一。无论是由于先天的情绪特性，早产、疾患还是残疾，"困难型"婴儿的父母不仅会经历更艰难的过渡，而且在婚姻关系较脆弱的时候可能就此破裂（Putnam，Sanson 和 Rothbart，2002）。

专栏 3.6 产后抑郁及其对子女的影响

无论婴儿的降生给母亲带来了多少愉悦，产后忧郁是一种常见反应。超过半数的母亲在产后几天有情绪低落和"想放手不管"的经历。在多数情况下，这些症状都是短时间的，可能与疲劳有关。但是，有 10% ～ 15% 的女性产后抑郁持续时间更长，也较为严重。

这些女性表现出抑郁症的所有症状：无助和绝望感、莫名的焦虑、持续的情绪低落、易怒、注意力不集中和睡眠不好等。多数时候，这些症状在婴儿出生后 8 ～ 10 周逐渐消失；1% ～ 2% 的案例中，它们会持续一年以上，而且可能表现为精神紊乱。总的来说，产后紊乱常见于意外怀孕、缺乏伴侣支持，以及在近期经历了诸如失业或关系密切的人去世之类的重大变故的母亲。这些都只是外在因素，产后抑郁的原因尚不清楚，尽管它可能与生产后母亲身体向常态回归所导致的荷尔蒙变化有关。

产后抑郁对子女的影响如何？鉴于以上提到的抑郁症状，可以料想这样的母亲—子女关系常会出现波折（综述见于 Cummings 和 Davies，1994a；Radke-Yarrow，1998）。婴儿期的观察表明，母亲可能会心不在焉：她多是沉默寡言，对婴儿的状态反应冷淡，对婴儿的信号缺乏回应，缺乏情感的温暖，甚至有时会表露出敌意。婴儿对此的反应犹如抑郁母亲的镜像一般：它们会越来越少笑而爱哭、孤僻而缺乏活力，并对环境和游戏缺乏兴趣。他们表现出的情绪常常消极（如愤怒和哀伤）多于积极（如喜悦和兴趣）。即使是与他人（非母亲）在一起时，也可能表现出这些情绪，他们可能面临着发展成一种扭曲的社会交往关系类型／方式的危险。

对儿童的追踪研究，如默里及其同事所进行的（包括 Murray，Hipwell，Hooper，Stein 和 Cooper，1996；Murray，Sinclair，Cooper，Ducournau，Turner 和 Stein，1999；Sinclair 和 Murray，1998）研究发现，即使母亲的抑郁历时不超过数月，儿童发育的某些方面也可能受到长期的影响。这些影响多见于男孩（一般来说，年幼的男孩比女孩更容易受到生理和心理压力的影响），而且更常见于社会情绪方面而不是认知方面的发育。通过对幼儿 1 ～ 2 岁时日常生活的观察，默里发现，与那些母亲未经历产后忧郁的儿童相比，产后忧郁的母亲的子女出现行为问题，以及与母亲形成不安全依恋的概率较高。到了 5 岁时，他们对母亲的反应有所降低，破坏性行为增多，并倾向于机械运动，而不是更富有创造性的游戏活动。并且，老师也报告说，这些儿童往往显得更不成熟，更容易多动和分心。但在其他方面，他们与比较组的儿童无异。例如，他们与伙伴和老师的关系与其他 5 岁的儿童一样。尽管某些研究者称，在这类儿童中发现了认知障碍，但是默里在她的研究样本中并未发现。

这些研究结果指出，产后抑郁，即使它的发生仅限于儿童生活中的头几个月，也可能产生长远的影响。这些影响可能多见于男孩，可能多发于行为的某些方面。这表明儿童可能在母亲痊愈后的很长时间内需要帮助。

小结

一个孩子的生命开始于受孕而不是分娩。产前和产后的发育是连续的：儿童出生前的经历对后来有着深刻的影响。

这尤其适用于婴儿的基因禀赋，因为它对心理功能的方方面面都有影响。然而，除了某些基因紊乱的因素外，这种影响还非常复杂，因为所有已知的心理案例都不是由某个基因单独决定的。况且，几乎在所有情况下基因禀赋只是影响的因素之一。正如行为遗传学所示，发育进程是由先天和后天共同影响的。

出生前分为胚芽期、胚胎期和胎儿期；在各个时期里，特定的发育开始发生，而胎儿也容易受到不同危害的侵袭。尤其是胎儿期的开始，大脑发育最迅速的同时，婴儿也对畸胎剂的作用尤为敏感。畸胎剂是与吸毒、疾病和饮食相关的，可经由胎盘给胎儿带来长期生理和心理缺陷的有毒物质。由此可见，子宫不是一个提供绝对保护的环境；尚未出生的儿童已经受到外界的影响，虽然这些影响需要经过母体的中介。

儿童出生的形式有多种，但是除了婴儿的大脑受到器质性伤害的情况外，没有证据显示生产过程有长远的心理后果。相反，出生时尚未发育成熟的婴儿的头几个月的发育可能受到严重影响；当和经济贫困结合在一起时，早产对儿童的影响可以持续更长。

尽管新生儿曾被认为是彻底无能及心理空白的，但最近的研究已揭示他们来到这个世界的时候已具备一套惊人的本领。比如，他们的视觉和听觉已发育成熟，他们有能力转向他人。而早在胚胎期的后期，人们已观察到诸如吮吸、呼吸和哭泣等动作，它们所牵涉的动态模式显示出那时婴儿的大脑已经发育到足以管理一系列在外界生存所需的基本功能。因此，大脑不是一个等待经验填充的空盒，或只在外界刺激下才进行运作。事实上，大脑的发育是一个主动依赖的过程：新生儿寻求适应于他们大脑的性质的经验，而这种经验的获得又反过来激发大脑的进一步发展。

对家长而言，向父母角色的过渡是涉及重新调整家庭关系和改变生活方式的一大步，对多数家长来说适应它并不困难，但在一些家庭中，矛盾开始发生。在产后抑郁症的情况下，母亲和子女都有可能承受各种问题的困扰。

阅读书目

Bateson, P., & Martin, P.（1990）. *Design for a Life：How Behaviour Develops.* London：Vintage. 极富可读性的关于先天因素和后天因素如何共同产生独一无二的个体的论述——既有科学依据，又富有文学趣味。

Ceci, S.J., & Williams, W. M.（eds）（1999）. *The Nature-Nurture Debate：The Essential Reading.* Oxford：Blackwell. 这个论文集提出了一系列关于先天—后天论战的重要问题，指出了这一讨论对认识心理发育的广泛意义。

Kellman, P.J., & Arterberry, M. E.（1998）. *The Cradle of Knowledge：Development of Perception in Infancy.* Boston：MIT Press. 关于我们所了解的儿童对世界的感知，以及这样的感知如何随时间变化并创造出知识的论述。

Plomin, R., DeFries, J. C., McClearn, G. E., & Rutter, M.（1997）. *Behavioural Geneties*（3rd end）. New York：W. H. Freeman. 讲述我们已知的基因在心理学中扮演的角色。其目的是介绍行为基因学的研究方法和发现。对初学者虽有一定难度，但很值得一读。

van der Molen, M. W., & Ridderinkoff, K. R.（1998）. The growing and aging brain：Life-span changes in brain and cognitive functioning. In A.Demetriou, W. Doise & C.F.M. van Lie-shout（eds）, *Life-span Developmental Psychology.* Chichester：Wiley. 简要概述人一生中大脑的发育，勾勒出中枢神经结构和某些功能（诸如大脑的可塑性、神经元的互动，以及从出生前到成熟期的老化等）。

第四章
建立关系

INTRODUCING CHILD PSYCHOLOGY

成长是一个过程。我们可以把它看作是一系列在不同年龄，按特定顺序出现的发展任务，儿童需要在看护人的帮助下完成这些任务。表4.1列出了这些任务，是很多任务中的一个例子，这个表侧重在儿童期早期的发展任务，在这个时期发展任务层出不穷，后来的任何一个时期都不能与之相比（Sroufe，1979）。它们的出现主要取决于遗传的影响，但是它们的顺序在很大程度上受儿童看护者的影响。所有的心理能力都是在一个社会环境中发展的：强大的遗传动力是新能力的出现和功能转化到新水平的第一作用力，但是无论遗传动力是什么样的，如果没有看护者的支持、维护和促进，发展趋势就不可能变成现实。

表 4.1　早期的发展任务

阶段	年龄（月）	任务	看护人的作用
1	0～3	生理调节	合理的日常安排
2	3～6	调解紧张状态	敏感的、合作的交往
3	6～12	建立有效的依恋关系	及时有效地对儿童做出反应
4	12～18	探索和掌握	安全基地
5	18～30	自主性	坚定的支持
6	30～54	调节冲动，性别角色的认同和同伴关系	清楚的角色和价值，灵活的自我控制

资料来源：Sroufe（1979）。

因此，与他们建立关系是童年期最关键的任务之一，也是最早的任务之一。近年来，我们对儿童形成主要依恋（通常是父母）的方法、依恋显示方式的差异知道了很多。弗洛伊德很早以前就认为，早期形成的关系的性质对以后的（甚至到成年期）所有亲密关系都有影响。但是，这个影响是否像他认为的那么大，还是个悬而未决的问题。无论答案是什么，关系的形成是一个终生的问题。来看看儿童建立的种种关系：和父母、兄弟姐妹、祖父祖母、家中的保姆、朋友、同伴、各级学校的老师，还有青春期后和异性的关系，每一个关系都如此的丰富、复杂和微妙，以至于我们常常缺少合适的词汇来描述。可以肯定的是，关系提供了所有儿童心理功能发展的环境：正是在这里儿童第一次接触到外面的世界，学习重要的、值得去关注的东西，获得交流的手段，在这个过程中发展认识自我的方法。可以肯定的是，儿童与他人关系的不同性质对他们自己独特的发展道路有深刻的意义。因此，理解关系的形成是理解儿童发展的根本。

关系的本质

我们都是从个人经历中知道关系的，我们也都花了很多时间思考它。无法建立关系、误解、冲突和分离，这些都是许多苦难的源泉，就像快乐的、成功的关系提供了根本的抚慰和安全一样。对社会工作者、精神病医生和临床心理医师这样的专业人员来说，关系构成了他们帮助和支持等行为的焦点。但是直到最近，关系作为一门科学才开始发展起来。这使我们能够客观地分析人们之间发生了什么（Hinde，1997）。我总结一下我们知道的：

◇ 关系不是直接感受到的，而是被推断出来的。我们意识到的只是人们之间的交往：他们的触摸、亲吻、闲谈、吼叫、击打和其他可见、可听的接触。只有当这些交往随着时间形成了持久的模式时，我们才能确定有一种特别的关系存在。如果家长在多数接触的过程中不断打小孩，我们才能说他与孩子之间是一种虐待关系。人们只能从这些事件的整体中推断出一种关系，而不能只看其中单个的事件。所以交往只是此时此地的现象，而关系意味着时间的延续性。这是一个基本的区别。这两个观念经常被弄混、被互换。

◇ 虽然关系是从交往中推断出来的，但是它并不只是所有交往的简单相加：每一个概念都有自己特殊的性质（Hinde，1979）。以忠诚、亲密或者挚爱这些关系的性质为例，它们没有一个适用于特定的交往。同样，交往的特性，如频繁性、交互性、生长力，也无法用来定义关系。为了方便描述，把这两个不同层面上的东西区分开来是很关键的。

◇ 要想理解关系，交往层面的东西并不是唯一的相关因素。图 4.1 显示了根植于不同层面上的关系，从个体生理过程到社会整体按复杂程度排列。各个层面是相互联系的：在某一个层面上运作的东西会对另一个层面有意义。

所以，理想的话，要想完全理解一种关系，我们必须注意到其他所有层面：要注意到给这个关系提供直接场所的组群或者家庭，每个成员的个性，他们所属的社会，还有构成这个关系背景的自然环境和文化结构。但是实际上，所有这些太复杂了，我们通常无法全都考虑到。因此，我们总是把研究集中在最直接相关的方面。重要的是，所有的层面都要被看成是不同的，就像交往不能被看成是参与者个性特征的总和，也不能认为交往的总和就是关系。

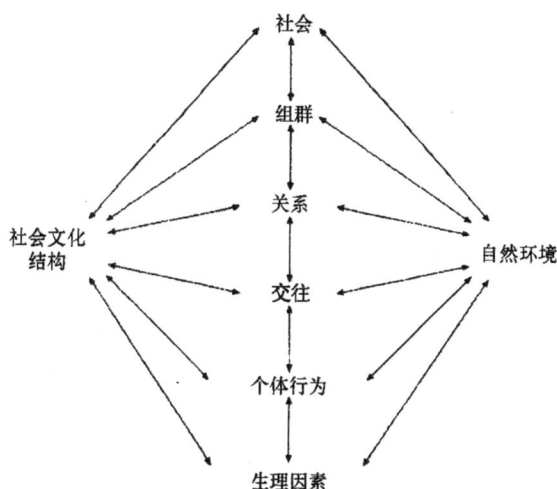

图 4.1　社会复杂性的连续层面

◇　关系是双向的。这个说法看起来是不言而喻的，但是，儿童心理学家们经常在研究父母和儿童关系时不由自主地忽略它。相反，他们把儿童的社会化看作是从父母到孩子的一个单向过程：就像捏泥人一样，父母可以把被动的儿童随意地捏成任何样子。我们现在清楚了，哪怕是涉及最小的婴儿的关系（或者交往）也是双向发展的。尽管是不同的影响，儿童对父母的影响同父母对儿童的影响一样巨大。即使是年长的、力量更大的一方，只研究这一方的特性并不足以解释儿童的发展。只有被看成是双向的过程，社会化才能被理解。

◇　一种关系并不是独立于其他关系存在的，每一个关系都和其他关系联系在一起。在下面讨论家庭的时候，我们会进一步说明这一点。在这里我只想简单地说，关系总是在网络中出现的：夫妻之间的关系对他们各自与孩子的关系有影响，兄弟姐妹之间的关系也会影响到母亲和她每一个子女的关系，等等。同样地，对婚姻冲突的研究生动地显示出，这种环境中的父母和子女之间的关系也总是要蒙受伤害：关系网络中的一部分发生的事件会影响到其他部分。

家庭

儿童经历的第一次关系通常是发生在家里的。这个亲密的小群体是大多数儿童接触社会生活的基础，在这里他们习得人际交往的规则，这里还是他们遭遇了外在世界的困惑时的安全基地。在过去的 50 年里发生了许多社会变化，包括离婚、单亲家庭、工作妈妈、夫妻的角色易位、同性恋家庭、再婚后的混合型家庭等。在经历了这些变化之后，我们清楚地看到家庭的定义不再像以前那样狭窄，家庭形式的变化对儿童发展的意义成为研究的一个重要领域。我们在后面会回到这个问题上，无论家庭的形式是怎样的，现在先让我们看看怎样才有益于我们对家庭的思考。

家庭作为一个系统

以一个由父母亲和一个孩子组成的家庭为例，如图 4.2 所示。这里涉及三个方面：每个家庭成员、他们之间的关系，以及作为整体的家庭组织。但是，家庭不仅是它组成部分的总和，也是一个凭自身资格而存在的有活力的实体。为了更充分地描述这个实体，使用系统理论这个概念来思考家庭是有用的。

系统理论可以运用到各种各样的复杂组织上，但是用在家庭上被证明尤其有效。这个理论是建立在以下的原则基础上的：

◇ 整体性（Wholeness）。一个系统是一个有组织的整体，比它的组成部分要大。所以，它的性质不能通过研究其每个组成部分而得到。就家庭而言，就是说家庭不能被看作是各个家庭成员或关系的总和。它有其自身的性质，如凝聚力或者感情氛围，这是其他层面所没有的。全面了解各个家庭成员及其在家庭中的关系并不能解释这个组织。

◇ 系统的完整性（Integrity of systems）。复杂的系统是由互相联系的子系统组成的。每个这样的关系都可以被看成是一个子系统，都能被单独研究。就家庭而言，关系不仅能被当作系统，还能当作关系之间的关系。夫妻关系与母子关系之间的联系就是一个研究课题。

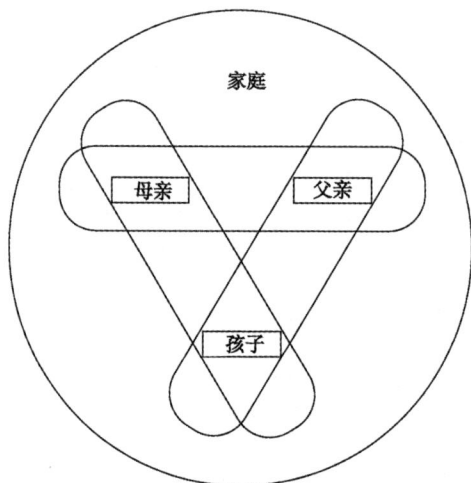

图 4.2　家庭及其子系统

◇ 影响的循环性（Circularity of influence）。一个系统的所有组成部分都是相互依存的，一个组成部分的改变对其他所有成分都有影响。"A 导致 B"这样的陈述是不充分的，因为各个组成部分都是以互动方式影响其他成分的。就家庭而言，这成为一个最重要的，也是难以掌握的结论。简单的因果陈述，尤其是用在父母和孩子之间的关系上，被看成一个常识，但是，在无数的例子证实了所有的社会交往都是相互影响的（包括孩子和成人的交往）之后，用循环思维代替线性思维就成为必需。图 4.3 表示了一些家庭功能的相互性：一个孩子的行为既被父母的行为影响，也影响父母的行为；更进一步，它被父母之间的关系影响，也影响父母之间的关系；而父母之间的关系反过来影响抚养行为的性质，同时也受它的影响。这样，这个系统的每一个部分都与另外的部分相互联系在一起。只讨论抚养对儿童行为的影响并不能给出一个完整的事实。

◇ 稳定性和变化（Stability and Change）。像家庭和关系这样的系统是开放的，就是说，它们会受外部因素的影响。一个成分的变化意味着其他所有成分的变化，以及它们之间关系的变化。一个突然的压力，比如父亲失去了工作或者孩子遭遇到意外，会影响到所有的家庭成员和他们之间的关系，还可能改变家庭作为一个整体的平衡。

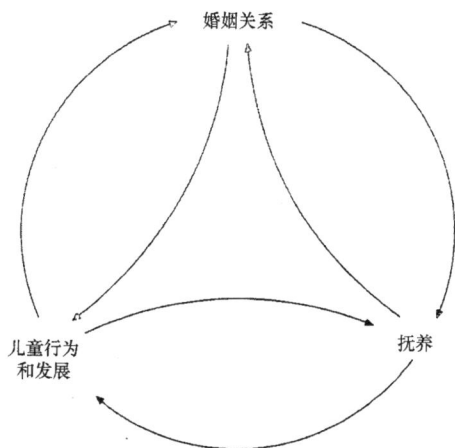

图 4.3　家庭影响的相互性（Belsky，1981）

让我挑出两个话题来说明"家庭作为一个系统"的方法。第一个与关系的相互联系有关：一个子系统发生的事情对家庭的其他子系统都有影响。绝大多数的研究关注的是父母的婚姻质量是如何影响孩子的。这些研究的假设是：好的婚姻关系可能与和谐的父母和子女的关系相关，这又促进了孩子的积极发展。另一方面，当父母关系不好时，他们与孩子的关系也可能会恶化。有证据证实了这些假设（Cummings 和 Davies，1994b）：婚姻质量与儿童发展的众多方面有关，如依恋的安全性、有效学习策略、冲动控制和情绪的成熟性。考虑到这些结果，人们当然要下这个结论：儿童令人满意的发展是因为他的父母关系不错，也就是说，父母的行为是因，儿童的发展是果。但是，这正是系统理论提醒我们要预防的单向线性思维，因为影响途径可能是相反的方向（从孩子到父母）和循环的。因此，儿童最初显示出来的特性，可能影响到他被抚养的方式和婚姻关系的质量。这在"难以"抚养的孩子（如残疾儿童）那里最明显。在有些例子里，抚养这样一个孩子的过度压力会影响婚姻关系，这反过来又制造出不利于孩子健康成长的家庭氛围。很明显，直接的原因—结果陈述无法公平对待这种状况中影响过程的复杂性（详见专栏 4.1）。

专栏 4.1 **有残疾儿童的家庭**

以前，对残疾儿童的心理学研究几乎完全集中在儿童的个人特征上：他们的智力、适应和情绪控制，等等。后来，研究者也开始关注这些儿童形成的交往和关系，尤其是母子交往及其与非残疾儿童的区别（Marfo，1988）。直到最近，另一种研究方法才被采用：研究者利用家庭系统的构架来理解他们的发现，思考对家庭的意义，以便能解释残疾儿童的发展（Hoddap，2002）。

一个孩子任何形式的残疾都会影响到其他的家庭成员，这是毋庸置疑的。母亲尤其会受到影响：她们出现的抑郁情形比非残疾儿童的母亲要明显得高。这也适用于父亲，他们患有抑郁症及其他症状（缺乏自尊、缺少主控感）的比率超过了对照组的比率。家庭中的其他儿童也会受到影响，哥哥和弟弟的情绪不安和行为失调的危险高于各自同龄组的正常值。

对家庭关系和角色也有影响。根据一些研究，这些家庭的离婚率高，而大家都认为的婚姻问题也更可能发生，尤其是当父母以不同的方式应对残疾儿的时候，比如母亲过分照顾孩子而父亲回避了。但是，一些父亲越来越多地参与照顾孩子，尤其是当孩子的残疾使他（她）一直处于生活不能自理的状态时。其实，兄弟姐妹在家庭中扮演的角色也受到了影响，因为他们可能会被要求为残疾儿童服务，或者（尤其是年龄大一点的女儿）承担一些母亲的家务责任。作为一个整体的家庭角色的性质和分配因此改变了，当残疾儿童的状况要求日常生活有极大变化时尤其如此。家庭外的社会活动受限制，娱乐活动和假期的机会减少了。

儿童的残疾因此成为家庭的问题，家庭如何应对这个问题反过来将影响儿童的发展。但是，让我们指出另外两点。首先，家庭的应对是各种各样的：不是所有的家庭受到的影响都是不利的，儿童残疾的严重性只是不稳定因素的其中一部分。另外一个因素也有作用，如家庭从别处得到的支持，家庭以前的凝聚力。研究者现在研究的主要问题之一，就是家庭如何才能以积极的方式迎接残疾儿童带来的挑战。另外一点就是要强调，家庭的反应远不是被动的；相反，如果父母有积极地四处寻找一个把残疾儿童带回正常世界的意图，无论他们将经历何种状况，它都将影响到他们如何行事。因此，与以客观的、中立的眼光看待残疾儿童相比，当父母的内疚感和责任感占上风时，他们的日常生活方式可能会以非常不同的方式调节。但是在某些例子中，个别的家庭成员赋予的意义不同，当这些差异很大时，困难会不断发生，以至于妨碍了整个家庭的运作（Gallimore，Weisner，Kaufman 和 Bernheimer，1989）。

在家庭功能的各方面之间还存在着其他联系。一个例子就是婚姻和兄弟姐妹的关系之间的联系。正如几项研究证明的（Dunn 等，1999），夫妻之间的敌意越强，他们对婚姻就越不满意，他们的子女之间就越可能有争斗和冲突。因此，一个关系的质量与其他关系的质量紧密相连。当然，有人也会以简单因果论来解释，一个有敌意的婚姻关系可以被认为导致了子女之间的敌意：要么是开了不好的先例，要么是制造了家庭中紧张的、不和谐的气氛，要么是改变了父母与孩子的关系使他们被忽视或发展不良。这样的影响当然是非常可能的，但是反方向影响的可能性也要考虑，也就是说，有可能是子女之间的冲突造成了父母之间正在发展的矛盾。这个矛盾的原因可能是处理问题的不同意见，也可能是子女冲突带来的争斗的家庭氛围。我们也别忘了另一种可能性，即每个家庭成员都有的遗传影响也会起作用：相似的遗传天性带来的是相似的行为模式，这与环境的影响无关。很明显，区分这些影响的每一个作用是很困难的任务，在我们能够完成这个任务之前，最保险的做法就是：在解释观察到的联系时，上面提到的所有影响都可能起到一定的作用。

第二个主题关注的是，一个开始只打击到一个家庭成员的事件对整个家庭的影响。以父亲失业为例。这个事件不仅影响到个人，而且对其他的家庭成员有影响：家庭中的各种关系改变了，家庭作为一个整体的平衡也打破了，这又对父亲的反应有更深的影响。这种局面在埃德（Elder，1974；Elder 和Caspi，1988）对大萧条（Great Depression）后果的经典研究中有非常好的说明。大萧条是 20 世纪 30 年代在美国发生的经济危机，造成了大范围的失业和经济困难。通过分析父母和青春期子女的反应，埃德跟踪了在父亲突然失去收入后家庭里发生的种种经济的和家庭的角色变化。父亲由于不再是养家的人了，变成了一个边缘人物，不知道该担当什么角色，情绪越来越低落。相反，责任转移到了母亲身上，尤其是那些找到了一份工作的母亲，她们成了养家的人。随着情况的恶化，青春期的儿童也变得有价值了，因为他们也被要求去帮助分担加重了的工作和家务事。因此，一些男孩努力去找一份工作，哪怕是临时的，女孩则担负起母亲留下的许多家务活。因为承担了许多额外的责任，这些年轻人迅速将童年的世界甩在后面，变得越来越独立，越来越趋向成人的价值，而不是他们那个年龄的价值。总之，作为一个整体的家庭变成了一个不同的组织，而变化的性质更深地影响到父亲对这段痛苦经历的情绪反应。

在试图解释一个个体的行为或者一个特定关系的过程时，人们习惯于专注在它本身，而把家庭功能其他的方面当作是外在无关的东西。系统理论与此不同，它认为所有这些方面都是密不可分的，要想得到全面的知识，就需要将它们都考虑到。所以，这种想法是有帮助的：家庭是一个不断变化的单元，总是在寻求某种平衡。发生的任何变化，如出生、死亡、疾病、失业、上大学、越洋打工，都会打破系统的平衡，需要采用新的角色、关系和内在模式。系统逐渐重新调整，最终达到不同的平衡。这些变化同时在个体的、关系的和家庭的层面上发生，正是它们之间的相互联系为家庭的调整提供了洞见。

家庭的多样性和儿童发展

什么是家庭？在从前，答案是很简单的：一个家庭是由被婚姻永久地联系在一起的一个男人（养家的人）和一个女人（做家务的人和养育者），以及他们的孩子组成的一个小组。这个传统的家庭被看作是一个社会稳定的基石，更被当作适应良好的儿童成长的基本环境。

从 20 世纪中期开始，西方社会发生的许多重大变化使这个传统的观念失效了。婚姻不再被认为是家庭生活的根本前提；离婚率急剧增长；单亲家庭很普遍；许多孩子经历了父母的再婚，生活在再婚的家庭中，很大一部分母亲在家庭之外工作，共同承担养育职责成为许多家庭生活的一部分，父亲参与照顾孩子，有些还是主要的养育人；同性恋家庭越来越被接受，成为"正常的"父母。这些变化有其自身的动力，发展极其迅速。同时，对在这种非常规的家庭环境中成长的儿童的心理发展来说，它们带来了相当大的不安。

现在有很多研究来解释这个问题。让我总结一下它们的主要结论（Golombok，2000）。

◇ 从统计上来说，母亲工作是最常见的不同于传统的准则，它引起了很大的争论，尤其是涉及家中有小孩子的情形。但是，从很多研究中得出的证据显示，对于母亲工作的后果没有清楚的、非好即坏的结论，因为有很多条件都对结果产生某种修正作用。比如，母亲应对社会角色压力的能力，来自父亲和亲属的帮助，母亲工作的动机及其对母亲精神面貌的影响，其他照顾儿童的措施的质量和持久性。所以简单因果模型（母亲工作是因，儿童发展是果）是不适用的：母亲工作是根植于一个环境中的，许多其他的家庭因素产生的影响不是直接的，而是通过一个改变了的关系模式，这也应该考虑进去。我们能下的结论是：在条件理想的话，与母亲不工作的孩子相比，由于在日托中与其他成人和同伴有更多的交往，母亲工作的孩子事实上可能受益更多，发展良好。即使在最初几年，母亲每天 24 小时的照顾也不能被当作健康心理发展的必要前提（Gottfried，Gottfried 和 Bathurst，2002）。

◇ 单亲家庭在近些年来增加了许多倍，这主要是因为离婚率增加，也因为许多妇女不再把婚姻看作是一个必需品。和父母中的一方生活在一起的孩子以后会在某方面出现问题吗？这种单亲儿童和与父母双方生活在一起的儿童相比，前者在许多测量中总是做得差，包括在情绪调节、社会能力、自我概念和学习成绩上。但是，这必然是单亲家庭造成的吗？单亲家庭的区别不只是在于缺少了父母中的一个，还在于经济状况更不好，所以这种家庭的孩子比同伴在物质条件上要更窘迫。事实上，如果不考虑低收入的影响，以及伴随而来的对母亲的压力，单亲和双亲家庭儿童之间的区别就消失了。和母亲工作的例子一样，许多其他的因素都必须考虑到。这些因素除了家庭收入外，还有造成单亲家庭的原因（寡妇的孩子比离婚妇女的孩子表现要好）、母亲的年龄（少女妈妈做父母的能力总是很弱，总是出现更多的问题）、与不居住在一起的父亲或者父亲式的人接触的次数、社会给母亲提供的帮助、母亲应对压力的个人能力等。因此，单亲家庭处在一个由其他的社会关系和个人环境构成的网络中。虽然与其他孩子相比，单亲家庭的孩子确实总是在某一方面有更大的发展不良的危险，但是，大部分都与单亲家庭之外的原因有关（Weinraub，Hornath 和 Gringlas，2002）。

◇ 尽管这只是少数现象，男人作为主要抚养者，不像以前那么稀罕了。父亲参与照顾孩子变得很普遍，越来越多的孩子生活在以父亲为主的家庭中。由于妇女很长时间以来都被当作"理所当然的"抚养者（她们从生理上就是为这个角色准备的，因此被赋予了母亲的天性），任何违背这种传统劳动分工的做法都会受到质疑，人们相信男人的抚养能力比母亲的低。事实上，不同的文化对父亲参与照顾儿童的程度有不同的要求。这说明，在这方面无论什么样的性别差异都是社会惯例的问题，没有一个不可改变的固定的男女角色。证据显示，男人带大的孩子在发展上与其他的孩子没有任何差别。而且，通过直接观察男人的抚养行为，发现男人在情感投入与敏感性上和女人一样合格。总之，儿童发展的结果似乎不受父母性别的影响，而是受到每个父母和子女之间关系的影响（Parke，2002）。

◇ 同性恋夫妇作为抚养者遭到的非议可能比其他的非传统家庭模式要大，大家害怕这种"反常的"发展环境对儿童的发展有害，尤其担心这会导致儿童性别认同的困惑。虽然这还是一个相对崭新的研究领域，已经发表的研究结果却是惊人的一致。把在同性恋家庭中长大的孩子与异性恋家庭中长大的孩子做比较，没有发现社会、情绪、智力的任何方面的差异。而且，通过跟踪研究他们，直到他们成人，没有证据显示他们的性别认同或者性取向受到同性恋父母的影响。对抚养能力的研究表明，他们和异性恋父母一样能干、投入情感和以孩子为中心。在一些研究中同性恋父母的能力甚至更强，这可能是因为面对社会的怀疑，他们有更强的动机。这些结果挑战了下面的论断：儿童的健康发展需要异性的父母（Golombok，2000）。

研究还包括了其他一些非传统家庭（专栏4.2详细介绍了最新出现的一种，即儿童是由现有的生殖技术"人工"制造出来的）。研究家庭特性对儿童发展的影响得到的所有证据都指向一个结论，即家庭结构的重要性远远低于家庭功能的重要性（Schaffer，1998）；结构方面的变量，如父母的人数、他们的性别、他们与孩子在血缘关系上的联系、他们的角色，对儿童的心理结果影响很小：天性是很灵活的，它可以在大范围的家庭环境中令人满意地发展。无论家庭是由什么样的人组成的，更重要的是家庭主导关系的质量。这些质量包括温暖、责任、相互理解与和谐，即所有标志着家庭运作得像家庭的特性（功能变量和结构变量的直接比较，Chan，Raboy 和 Patterson，1998；McFarlane，Bellissimo 和 Norman，1995）。任何提高家庭生活质量的努力，无论是大的政策层面还是具体的细节，都应该集中在功能方面，而不应该试图强加一个让所有的家庭都遵从的特定结构。

专栏 4.2 由新的生殖技术带到这个世界的儿童

由于生殖技术的进步，无法生育的父母可能会人工受孕生小孩。有许多技术可以达到这个目的：体外受精，就是精子和卵子由父母亲提供，但是精子和卵子在实验室里结合；异质受精，即母亲与其丈夫以外的人的精液受孕，孩子因此在遗传上只和母亲有联系；卵子捐赠，即父亲的精子与其他妇女的卵子结合，所以孩子只和父亲有遗传关系。此外，在某些情况下怀孕可能涉及一个代孕母亲，就是另外一个妇女怀胎，生下小孩，然后把孩子给其他的夫妇。

这些"非自然"方式对这样出生的孩子有什么影响呢？他们和他们的父母可能会遇到各种各样的潜在问题：由冗长的受孕治疗带来的压力，围绕着怀孕行为的秘密气氛，由于一方不孕而造成夫妻关系的紧张，夫妻一方的缺憾感和内疚感，孩子意识到自己与众不同，一些生殖技术造成父母双方或者一方与孩子缺少遗传关系。迄今为止，只有数量极有限的研究跟踪、评价这些孩子的发展，但是，苏珊·戈龙贝克和她同事的研究提供了极其有用的全面信息（Golombok，Cook，Bish和 Murray，1995；Golombok，Murray，Brinsden 和 Abdalla，1999；Golombok，MacCallum 和 Goodman，2001）。

戈龙贝克（Golombok）的研究涉及对几个组的研究，包括人工受精的孩子的家庭、卵子捐赠的孩子的家庭和异质受精的孩子的家庭。他们与两个对照组进行比较：自然生育的孩子和出生后即被收养的孩子。在研究时，所有的孩子都在 4 岁到 12 岁之间。研究者使用了大量测量方法来评估儿童的社会情绪发展和认知能力。此外，评价了父母在情感投入、与孩子的情绪交流、抚养过程中压力感受的次数等方面。

没有证据支持人们的这种担心：新的生殖技术对父母和儿童有消极影响。这个结论也为其他的研究所证实。这些父母和正常的父母一样有能力，而这些儿童和对照组的儿童一样适应良好。缺乏遗传关系和儿童受孕的方式都没有对家庭的安宁造成任何影响。特别是与对收养儿童的研究比较后，结果显示"血缘关系"并不是健康的父母和子女关系发展的必要条件。当抚养的角色由亲生父母和心理父母共享时，这点还可以被证实。确实，这些生殖技术还很新，儿童还没有被跟踪研究到他们的成熟期。但是，已有的发现没有显示由这些不寻常的辅助手段催生的儿童有任何一点心理缺陷的问题。

离婚及其影响

家庭处在不断变化之中，但没有比父母的分居和离婚更大的变化了。但是，一位被抛弃的母亲和她的孩子仍然是一个家庭，她们后来的经历很可能是一系列的家庭重组：当母亲再婚后，一个再婚家庭形成了，新的孩子出生，出现了新的生活安排，担当新的角色。重新获得平衡的努力后面紧随着不平衡，尤其是为了孩子着想，寻求新的调整是必需的。

父母离婚对儿童有什么影响呢？大量的研究得出了下列的结论（Hetherington，1999）。

◇ 离婚不是发生在某一特定时间的特定事件。这是一个冗长的过程，可能会在很长时间里影响孩子。它以父母之间的争吵开始，一直持续到夫妻中的一方离家出走，最后到法律上的分离。随着时间的变化，孩子反应的方式也随之变化。研究者要小心，不能把这个过程中某一时段的发现推广到其他时段。

◇ 大多数儿童在父母离婚之后的几个月出现问题。这些问题有很多形式，主要取决于孩子的年龄。没有更容易受伤害的特定年龄段：不同的反应是性质层面的差异而非数量的差异。

◇ 父母离婚的孩子出现显著调节不良的可能性比父母没离婚的儿童高2～3倍。但是，即使在前者中调节不良显著的孩子也是少数：70%～80%的孩子没有任何显著的或者持久的问题。

◇ 从长远来看，大多数儿童显示出相当大的灵活性。他们可以适应相当大范围的新的家庭环境。但是，在有些情况中，已经消失的问题会重新出现，尤其在青春期，或者以新的形式出现，如行为不良。

◇ 许多因素影响到调节的过程：孩子的年龄、性别、以前与父母的关系、父母协商的责任、单亲家庭的生活质量、父母的再婚，等等。能发现这么多不同的结果就毫不奇怪了！

◇ 如追踪研究所显示的（Chase-Lonsdale，Cherlin 和 Kiernan，1995；

O'Connor 等，1999），到了成年期，与其他人相比，父母离婚的孩子更可能出现诸如抑郁这样的心理问题，他们自己也更可能离婚。但是，危险的因素很小，因为仅仅一小部分人是这样受影响的。人们担心儿童的一生都有父母离婚的阴影，但是这没有被证明是放之四海而皆准的。

那到底是离婚中的什么导致了不良的后果？离婚本身是一个很大的概念，它包括了许多方面，其中的三个方面总是被挑出来当作可能的理由：父母中的一方不在家（通常是父亲）；生活在单亲家庭的社会经济后果；儿童从小长大到结婚之前或之后目睹了父母之间的冲突。

有证据显示，所有这三个因素对儿童出现的心理问题都有影响（Amato 和 Keith，1991）。但是，结果也很清楚，在这三个因素中，冲突被认为是最大的影响。首先，父亲逝世的儿童比因离婚而失去父亲的儿童更有可能受到长期影响。所以，与其说是父母的缺失，不如说是围绕着这个缺失而来的环境对孩子造成了影响。另外，如果研究者不考虑由离婚造成的社会经济水平降低的后果，无论是在统计上去掉这个变量，还是只研究生活富裕的有孩子抚养权的家庭，儿童发展的不利影响都是很明显的。最重要的是，几项跟踪研究显示，父母离婚的儿童早在离婚前 8 ～ 12 年就已经有心理不安的迹象（Amato 和 Booth，1996）。研究者相信，这是由于不断恶化的婚姻关系及其冲突的家庭氛围所造成的。

婚姻冲突可能是人们所发现的最能影响儿童心理发展的病原性因素之一（Cummings，1994）。它以直接的和间接的两种方式起作用。

◇ 直接影响涉及儿童真正目睹了言语的和（或）身体的冲突的场面。从很早开始，儿童就对他人的情绪高度敏感；愤怒的消极的情绪表现很可能产生有害的影响，当这成为家庭氛围的常态时更是如此。当儿童自己的情绪调节能力还在发展、还需要成年人帮助的时候，父母的情绪失控可能是一个非常令人恐惧的经历。父母无法提供一个榜样，使得儿童的发展停滞。

◇ 间接影响的发生是因为夫妻之间的冲突对他们的抚养能力有不良影响，这反过来又对儿童的适应产生不良影响。通过分析 68 项关于夫妻关系与父母和子女关系之间的联系的研究，伯曼认为它们之间的联系是一种"溢出"

关系，而不是"补偿"关系，即夫妻之间的关系越困难，他们在如何正确抚养孩子方面的问题就越大。并不是说，父母中的一方为了补偿对婚姻的不满，就给孩子更多的关爱。即使孩子没有被暴露在直接影响下，父母和子女关系的情绪基调也会受到影响。

我们再一次得出同样的结论：影响儿童适应的是家庭功能，而不是家庭结构。离婚后家庭的彻底重组可能会有明显的短期影响，但是，抚养环境的质量才是最具决定性的、最持久的影响。比如，这解释了为什么亲身经历了父母冲突的孩子，哪怕他们的父母并没有离婚，也比其他的孩子更容易出现不良行为，而父母没有什么冲突就分居或者离婚的孩子与其他人相比没有更大的危险（Fergusson，Horwood 和 Lynskey，1992）。这同样解释了为什么父母的死亡不是心理的危险因素，而父母的离婚是一个危险因素，尽管这两种情况都造成了父母之间的分离（Rodgers，Power 和 Hope，1997）。因此，离婚要在儿童的家庭关系这个更广阔的背景上来分析，因为家庭关系的性质可以减弱或者加强事变的影响力。

形成依恋

从几方面看，儿童形成的第一个关系（通常是与母亲）显得非常重要。首先，和其他随后形成的关系相比，第一个关系对儿童的健康更重要。因为它显示了保护、爱和安全，并影响到儿童所有的生理和心理能力。另外，这个关系通常来说是一个持久的联系，在整个童年期一直都起重要作用，甚至是青春期以后孩子的安慰源泉。还有，许多人认为，这个关系是其他所有亲密关系的原型，包括在成年期形成的关系。

一个小孩子就已经能够完成与他人形成关系这样复杂的工作，这是非常了不起的成就。关系是高度复杂的现象，它取决于关系双方的特性，因此要求把这些特性调和成一个行为流，交流和共同管理由交往引起的有时极其强烈的情绪。包括最主要的父母和子女关系在内，所有的关系都包含一系列的维度；但是，在过去几十年里，依恋维度受到了很大关注，我们了解得也最多。这主要是因为约翰·鲍尔比（John Bowlby）的著作。他的依恋理论成为理解早期社会发展的主导方法，指导了许多研究儿童亲密关系的形成的实验。

依恋的本质和功能

依恋可以定义为对特定的人的持久的感情联系。这种联系具有下列特征。

◇ 他们是有选择性的，即他们集中在某些特定人的身上，这些人引发的关系在方式上和程度上都是其他人所不具有的。

◇ 他们涉及寻求身体接近，就是要努力保持与依恋对象的接近性。

◇ 他们提供安慰和安全感，这是亲近接触的结果。

◇ 他们产生分离焦虑，如果这个关系受损，则无法获得接近。

根据鲍尔比，这种关系有进化的基础和生物的机能。它的形成是因为在人类的早期，当捕食的动物发现真正的危险时，孩子需要一种机制使自己与他们的养育者紧挨着。这样可以获得保护，提高生存的机会。作为自然选择的结果，婴儿发展出吸引父母注意力的方式（如哭泣），保持注意力和兴趣的方式（如笑和发声），以及获得或者保持接近性的方式（如紧跟着或靠着）。这就是说，婴儿从遗传上就被"连通了"，与可能保护他、回应他的关注的、在苦恼时能帮助他的个体接近。许多用于这个目的的依恋行为从最初的几个月开始就是婴儿反应的保留节目。最初，这些行为以自动的、固定的方式起作用，对很多成人都可以产生。但是，在生命的第一年中，这些行为开始集中到一两个人身上，被组织成一个灵活的、复杂的、有计划性的行为系统。依恋的生物功能就是生存，其心理功能就是获得安全感。当然，这个关系只有在父母回应儿童的行为时才能运作。所以，父母依恋系统的发展是在进化过程中以补充的方式出现的，它保证了父母这一方也被设计好了要回应儿童的信号。

鲍尔比认为，依恋的功能就像一个控制系统一样，也就是像一个自动调节器。它被设计成去保持一个特定的稳定状态，即和父母保持近距离。达到这个状态时，依恋行为是静止的：孩子不需要哭泣或者缠着父母，可以去追求其他的目标，如玩耍和探索。但是，当这个状态受到威胁的时候，比如说母亲从视线中消失或者陌生人走近，依恋反应就被激活，儿童积极努力地去重新获得稳定状态。随着年龄的变化，儿童的认知能力和行为能力不断增长，他们启动这项任务的方式会改变：6个月大的孩子只会哭泣，而3岁大的孩子能呼唤妈妈，跟随着她，或者在特定的地方找她。这种关系还会根据孩子的状况改变：假如病了或者累了，儿童的反应相当容易被激活，接近妈妈的要求也更强烈。同样，它还会随着外在环境而变化：与在陌生的环境中相比，儿童在熟悉的环境中更能容忍妈妈不在身边。但是，依恋由一个行动的、认知的和情绪的网络组成，其目的是为了满足人性最基本的要求，也就是生存。

发展过程

与他人形成关系是一个高度复杂的技巧，所以儿童的依恋关系经历了第一年的大部分时间后才出现，也就不足为奇了。对人脸和声音的选择性注意，辨认出熟悉人的能力，以笑脸回应他人，或者在有人用喂食或抚抱来安慰之前一直哭，这些都是依恋的基础，但是不能把他们看作是联系本身。甚至在它出现的时候，它也仅是一种多少有点简单的形式，要经过很多年才能成熟。为了说明这个发展，鲍尔比提出了一个四阶段框架来说明随着行为变得越来越有组织、灵活和有意识，依恋的本质是怎样发展的。这四阶段（如表4.2所示）描述如下。

表4.2　依恋发展的阶段

阶段	年龄段（月）	主要特征
前依恋	0～2	无区别的社会反应性
形成中的依恋	2～7	学习基本的交往规则
明确的依恋	7～24	分离抗议；小心陌生人；有意识的交流
目标矫正的伙伴关系	24以后	双方的关系；儿童理解父母的需要

在第一阶段的前依恋期（Pre-attachment），婴儿清楚地显示出他们来到这个世界时已经被赋予了与他人交往的能力。这种社会前适应（social preadaptation）有两种形式。

◇ 知觉的选择性（Perceptional selectivity），指视觉的和听觉的偏见使婴儿从一出生就预先倾向于注意别人。

◇ 发出信号的行为（Signalling behaviour），就是婴儿用哭和笑这样的手段吸引和保持别人的注意力。

尽管在生命最初的几周这些机制还是粗糙的、无差别的，但是它们保证了婴儿在非常依赖他人的时候能和他人接触，保证了婴儿的生存。

在第二阶段，形成中的依恋，从2个月到7个月，婴儿获得了与他人交往的基本规则。这首先包括注意力和反应性的相互调节，这些在面对面的交流中（妈妈和孩子都喜欢的活动）尤其需要。为了让交往"流畅"，交往双方的行为需要同步化，婴儿必须学会将自己的反应和他人的行为相互配合的技巧。让我们来看看轮流接替。这是某种形式的交往（如对话）的重要前提，在母婴的语言交流中就能发现。首先，这几乎完全是由母亲带来的：她听到婴儿发出的声音，就熟练地在声音之间的暂停中加入自己的行为。就是说，是母亲促成了轮换方式的建立，但这个做法也给了孩子机会去弄清这种交往是怎样进行的。所以在这个时候，婴儿知道了有的时候要出声，有的时候要倾听，让相互交流成为双方共同的责任。

在第三阶段，明确的依恋关系，一直持续到大约第二年，有明确的证据显示，婴儿的个人交往在这时已经形成为持久的关系。首先，从大约7或8个月开始，婴儿变得能够思念妈妈了：以前，婴儿对与妈妈的分离毫不在意，还愿意接受其他人的关注。现在，分离时的不安和不愿与陌生人接触表明，一个依赖妈妈现实存在的关系建立了，这个关系还有一个持久的性质。人们不再是可以互相替代的：婴儿拒绝陌生人是因为他们即使在妈妈不在的时候也朝向妈妈那里。一个集中在特定人身上的关系形成了。这是发展过程中一个极为重要的里程碑，它之所以重要是因为它在许多的文化中都发生在同一年龄，明显地与抚养行为无关。它是否一定要在这个年龄出现？它能否被推迟？如果能，可以推迟多久？这些都成了很重要的问题，当考虑到那些在被剥夺的环境中度过了前几年的孩子，他们没有机会形成在正常时间应该形成的对特定人物的依恋。现在有了对被收养的孩子的观察，结果显示在这方面有很大的灵活性（详见专栏 4.3）。

专栏 4.3 主要依恋关系的形成可以被推迟吗

儿童通常在第一年的后半段形成他们第一个长期的情绪关系。但是，如果因为缺少机会（比如，当他们在一个非人性化的环境中长大，那里没有一个持久的、情感投入的父母人物），他们不能形成这种关系会怎样呢？有没有这样一些关键的阶段，错过后依恋就停止发展，孩子以后再也不能形成永久的关系？鲍利相信是这样的，宣称"如果被推迟到 2岁半以后，再好的母亲抚养也没有用了"。假如这样的推迟确实发生了，这个孩子就只能发展成鲍利所说的无情人物，其标志就是无法和任何人建立依恋。

为了证明这个假设，研究者开展了两项研究，研究对象是早年的社会性被剥夺了的孩子，他们在 2 岁半以后被人收养。蒂泽德研究的一组孩子在出生几周后就开始在不同的养育院生活，不断变化着的员工以非人性化的方式看护他们，所以他们根本没有机会形成对任何人的依恋。这些孩子在婴儿期以后很久（有的甚至在 7 岁）被人收养，在 8 岁和16 岁时两次被研究者测量。在某些方面，这些孩子表现出不好的特性：比如，他们对陌生人过于友好，在学校表现出攻击性强，不受其他孩子的欢迎。但是，在大多数的例子中与收养家庭的关系良好：孩子很快就开始对养父母表现出真爱，形成紧密的依恋关系。甚至到了成年期，没有一个人像鲍利描述的那样有行为不良倾向。没有任何迹象表明，几年的推迟造成了完全不能够形成亲密关系。

第二项研究报告（Chisholm，Carter，Ames 和 Morison，1995；Chisholm，1998）涉及一组罗马尼亚孤儿。这些孤儿在高度被剥夺的场所度过了生命最初的岁月，后来在 8 个月到 5 岁半的时候被人收养。这项研究也没有显示出，早期经历造成儿童完全不能与养父母建立依恋关系：就是那些在四五岁前完全没有经历过正常家庭生活的孩子也能够形成情绪联系。另一方面，这些联系的性质确实有一些问题，因为它们缺少一种安全感，而典型依恋的儿童对他的父母有这种安全感。这些孤儿在痛苦的时候不容易平静下来。而且，和蒂泽德的例子一样，这些孤儿总是倾向于对陌生人过于友好。

这两项研究说明，没有这样一个限定在 2～3 岁的"关键阶段"：儿童要想发展依恋能力的话一定要在这时形成依恋。主要依恋在超过正常年龄后仍然可以形成，哪怕推后了几年。这并不是说儿童没有受到早年经历的伤害：他们对同伴、对陌生人和对养父母的行为都显示出许多令人担忧的特征。但是，一些说法，如发展必须依照一个固定的时间表，失去了某些经历的孩子以后再没有机会得到补偿，并没有从已有的证据中得到支持。

在第四阶段，目标矫正的伙伴关系，2 年以后，依恋关系发生了许多深刻的变化。特别是儿童的行为变得越来越有意图。以哭为例：当 3 个月大的婴儿疼的时候，为了回应疼，他会哭。2 岁的孩子哭是为了叫妈妈来处理疼。小一点的孩子对他行为的可能后果没有任何期待，而大一点的孩子可以预测到后果，因而通过故意哭来获得帮助。还有，大一点的孩子可以根据情境来调节自己的哭：比如，妈妈离得越远他哭得越大声。假如哭不起作用，儿童会使用其他的依恋反应来达到目的，比如叫喊或者跟随。同时，儿童开始理解他人的目的和情绪，并在设计自己的行为时把这些考虑进去。简言之，儿童变得越来越能够根据自己的和别人的目的设计自己的行为，这样，他们加入了鲍尔比所说的目标矫正的伙伴关系。在最初阶段，依恋主要是关于特定的环境引发和终止外在的反应。后来，它变得越来越受内在情绪和期望的指引，这个过程鲍尔比认为是内部工作模式的形成。这些模式是心理结构，具体表现了每天都体验到的与依恋对象的交往和情绪。一旦形成之后，这些模式将指引儿童在以后所有亲密关系中的行为。我们下面会详细讨论这些。

安全性—不安全性

如果儿童早期人际关系的经历对他们的心理发展至关重要，我们需要确定不同的经历是怎样产生了不同的后果。依恋是多方面的，能够以各种各样的方式影响儿童。但是，其中的一方面总是首先受到大家的关注，那就是儿童从关系中获得安全感的方式。这主要是安斯沃思和她同事的研究。他们设计出了评价依恋安全的方法和描述不同安全类型的分类手册。

评价是建立在一个叫"陌生环境"的程序上的。陌生环境由一系列简短的、标准化的情境任务组成，这些情境在一个对被测试的儿童来说陌生的观察室里进行，包括与母亲在一起、遇到一个陌生的成人、母亲离开后与陌生人一起、完全一个人待着、与母亲重聚。这种环境中的压力会激活儿童的依恋行为，安斯沃思认为，儿童因此会表现出他们是怎样把母亲当作是一个安全基地的。因此，这种手段可以被当作一个标准化工具来评价儿童早期依恋的本质，表现出儿童与母亲形成依恋的不同方式。

根据四种基本的依恋模式，这些差异被分门别类（如表 4.3 所示）。它们被看作是代表了社会关系初次形成的本质差异，显示了儿童基本关系内在工作模式中的安全程度。大部分儿童被归到安全依恋这一类：由于最初的积极经历，他们可以与父母和同伴形成自信的关系，然后能形成一个自信的自我形象，这又反过来使他们在应对认知任务（比如，那些在学校和游戏中遇到的）时表现良好。不安全依恋的儿童就没有这种优势：他们以后发展出的关系常处于危险境地，对生活中许多方面的适应也没有安全依恋的儿童那种健康的基础。归到混乱型的那一小部分儿童尤其可能在以后的心理发展中会有危险。

如果这种预测是真的话，早期依恋模式的分类就十分有意义。

表 4.3　依恋的类型

类型	陌生环境中的行为
安全依恋	儿童显示中等水平的寻求接近母亲；母亲离开后不安；重聚时积极迎接母亲
不安全依恋：回避型	儿童躲避与母亲的接触，尤其是分离后重聚时；和陌生人在一起时不是很不安
不安全依恋：矛盾型	与母亲分离时很不安，母亲回来后不容易被安抚；既寻求安慰又抵制安慰
混乱型	儿童没有显示出应对压力的一致性方法；对母亲显示出矛盾的行为，如在躲避后又寻求接近，表现出对关系的不解和害怕

我们能否自信地说陌生环境确实揭示出这么多？这个方法受到了一些严格的批评（Clarke-Stewart，Goossens 和 Allhusen，2001）。其缺点包括：只能适用于很窄的年龄段（12 ～ 18 个月），是人为制造的很小的样本。分类是建立在更小的样本上的（与母亲重聚后儿童的反应），对于其他一些儿童（如上托儿所的儿童，来自传统的西方文化之外的儿童）结果是不确定的。现在已经完成的大量研究并没有对此提供一个肯定性的答案，尽管解释了一些关于陌生环境的问题，包括以下这些（详见 Goldberg，2000）。

◇ 从一个年龄到另一个年龄时，这些分类有多稳定？早期依恋模式的重要性是建立在这样一个假设上的：一旦某个模式建立后，它就是自我永存的。现在变得清楚了（Thompson，2000），短期的稳定性很高，比如说 6 个月，但长期的则不那么明显。当然，把婴儿和年龄大一点的孩子做比较会牵扯到变换不同的评价方法，因为大的孩子不适用于陌生环境，这会引入一个复杂的变量。但是，我们清楚地看到，两次评价之间隔的时间越长，儿童的分类出现的改变越多。依恋行为所依赖的内部工作模式呈现出某种程度的连续性，但它们绝不是没有变化的：当父母照顾的性质因为某些原因发生变化时，或者当儿童的家庭环境因疾病、离婚或虐待等压力改变时，这点尤其明显（Waters，Merrick，Treboux，Crowell 和 Albersheim，2000）。在这些情况下，稳定性很不可能。

◇ 对母亲的依恋和对父亲的依恋有多大的可比性？以前的大部分研究只

关注儿童与母亲的依恋,这维持了多数人的有关父亲相对不重要的信念。现在,注意的范围扩大了,许多研究发现使我们能够把母亲的依恋和父亲的做比较。结果显示,分类往往是一致的,这可能反映了父母两人对待儿童的一致性。但是,不同的抚养人也确实存在不同的模式,这表示分类是对特定关系的描述,不是儿童固有的东西。

◇ 是什么造成了儿童在依恋分类中的差异?安斯沃思认为,儿童是安全依恋还是不安全依恋的主要原因在于,母亲在最早的几个月里对儿童反应的敏感性。就是说,如果母亲在喂食、游戏或者有压力等情境中以灵感的方式回应孩子,就表达出一种关爱和在意的态度,让孩子对作为安全基地的母亲的有效性有信心。相反,如果母亲没有提供这种敏感性,就可能无法让孩子形成这种早期的安全性。但是,母亲的敏感性和儿童的安全性之间的关系并不像安斯沃思认为的那样坚固:调查有关这种联系的研究(DeWolff 和 van Jzendoorn,1997)表明,敏感性是很重要的,但绝对不是安全依恋的唯一条件,其他的抚养质量也起同等重要的作用。其实,即使在一些极端不正常的抚养行为中,如虐待,并不一定导致孩子形成不正常的依恋(详见专栏 4.4)。

专栏 4.4　受到不良抚养的儿童的依恋形成

依恋的基本功能是保护:在一个相对来说无助的、依赖他人的状态下,儿童需要从抚养人那里得到保护。但是,如果抚养人没有满足儿童的这个要求,比如在情绪虐待、身体虐待、漠不关心和其他形式的不良照顾中所见到的,会发生什么呢?这对儿童的依恋形成有什么影响呢?

许多研究都在婴儿期和以后的发展中调查了这样的儿童,评价了他们形成关系的能力(Barnett, Ganiban 和 Cicchetti, 1999; Cicchetti 和 Barnett, 1991; Crittenden, 1988)。结果一点也不让人吃惊:大多数有不良抚养史的儿童明显表现出失调的关系类型,这从很早就能看出,而且一直持续下去。在陌生环境中观察,与其他儿童相比,受到不良抚养的儿童极少能被归类为安全依恋（大约是15%，而其他儿童是65%），大部分都是混乱型的。混乱型可能是所有不安全类型中最让人担心的，因为它体现了与看护人关系中最复杂的一种。这样的孩子似乎在关系中不能发展出持续一致的策略，他们一会儿表现出寻求接近父母，一会儿又表现出躲避和抵抗，恐惧和不解交织在一起，并且根本没有任何积极的情绪。对与父母后来形成的依恋关系的评价显示，关系失常在许多情境下都会出现，而且还影响到了其他的关系。比如，与同伴的关系总是一种"不是打就是跑"的类型，即要么是高水平的攻击性，要么是高水平的躲避和退缩。这些发现中最值得关注的是：受虐待的儿童很可能在成年后去虐待别人，把情绪失常传到下一代。另外，有许多证据显示，早期的不良抚养导致后来的心理疾病，如抑郁、压力失常、行为混乱和行为不良在这些儿童中很常见。

受到不良抚养的儿童明显是危险的一群人。毕竟，虐待人的父母激发的恐惧，以及缺乏基本的信任剥夺了儿童的安全感，使儿童很难发展情绪调节的方法和建立以后的关系所需要的社会技巧。而且，当（在虐待儿童的例子中经常发生）家庭中的其他关系，如父母之间的关系，也充满了暴力时，恐惧的成分被加重了。这些家庭通常还会有其他问题，如贫穷、酗酒、精神疾病，对儿童不利的影响就更严重了。

然后，在所有这些阴暗面中，有两个令人惊奇的积极特征。第一，照顾不良的儿童通常会对施虐的父母表现出一些依恋的迹象。他们可能是以让人疑惑的矛盾的方式表达的，但是，这种依恋强到足以让儿童在没有持续的爱和温暖的情况下，仍然一直试图依恋父母。第二，在所有的研究中总是有一些儿童（虽然是很小的一部分）跟随着正常的发展模式。大约有15%的安全依恋出现，有些孩子可以和同伴，以及长大后和别人形成良好的关系，并不是所有受虐待的儿童成年后都虐待人。我们现在对这些例外知道的还很少，但是了解他们能逃避大多数人的命运的原因，最终可以帮助其他人。

◇ 早期的依恋差异会导致以后的心理差异吗？这是一个特别重要的问题，它追问的是婴儿期的经历是否对长期的发展起作用。研究者提出了许多观点，因为与其他三类中的任何一类相比，在婴儿期被归类为安全依恋的儿童被认为以后在许多社会行为中（认知的和社会情绪的）更有能力、更成熟。确实有证实这个看法的发现，尤其是把早期安全依恋和后来的社会能力联系在一起，比如，安全型儿童更可能成为受同伴欢迎的孩子。但是，这个联系（尤其在认知方面）并不是十分的牢固。一部分原因是儿童的分类在研究期间变了，一部分原因是与不同的看护人有不同的分类，但主要原因是研究的许多结果（如游戏的成熟性、独立性、自尊、反社会行为等）可能由别的因素影响决定，这些因素也要考虑进去。只有在稳定的家庭和抚育的环境中进行研究获得的结论才有预测性。儿童早期在这种环境中受到的照顾和以后所得到的可能多多少少是一样的。因此，一个更简洁的解释就是：是当前的而不是早期依恋类型导致了儿童的行为。在我们知道早期关系对以后发展提供基础的程度和方式之前，我们需要更多的证据。

内部工作模式

长期以来，陌生情境实验法几乎把所有的注意力都集中在早期儿童依恋的行为表现上。直到最近，新的评价手段使我们可能把注意力扩展到包括成年人在内的其他年龄段。鲍尔比最有前景的概念，即内部工作模式的概念，也因此凸显出来。

我们前面提到，鲍尔比认为这种模式是心理结构，建立在儿童以前与依恋对象的经历之上。通过这些结构，儿童可以内部表征每一个依恋对象和每一种关系的相关特征。从生命的第一年末开始，儿童变得越来越有能力以象征的形式表现心理世界，就是说，他们可以思考依恋对象，思考自己，思考他们之间的关系，思考他人。他们能够因为妈妈不在身边而哭这个事实说明，他们的行为受到一个关心妈妈的内在模式的引导，而且这些模式对儿童的行为施加了越来越大的影响。这样，有温暖的和能接受的妈妈这样的经历会在儿童身上产生出一个内部工作模式，把妈妈描绘成一个安全和支持的源泉。其结果就是，对妈妈能够在需要的时候出现，儿童会非常自信，会把妈妈当作安全的天堂。还有，儿童对自己的模式会反映出他与母亲建立的关系：假如这个关系是满意的体验，孩子会感到安全和被接受，因而更可能形成一个积极的自我形象；相反，一个虐待性的关系会对孩子的行为产生不利的影响。最初形成的模式可能会普及到其他人和其他关系那里：认为自己很可爱的孩子可能会期待与他人的积极交往，认为自己被排斥的孩子可能会带着消极的期待去接近任何新的关系。所以，一方面，内部工作模式是对过去的再现；另一方面，它们被用来指导未来的亲密关系。这些模式在新经验面前绝对不是僵化不变的，但是鲍尔比相信，最早形成的模式更可能会被一直保留。这主要是因为它们总是在意识之外存在，不那么容易接近。对内部工作模式最突出特点的总结见表 4.4。

表 4.4　内部工作模式的特性

- 内部工作模式是精神的再现，并不仅仅是其他人和关系的"图像"；它也指由关系引发的情绪

- 一旦形成之后，这些模式主要存在于意识之外

- 模式的发展是由儿童的寻求接近经验，以及这是如何被满足所塑造的

- 内部工作模式性质的基本差异在于有些人的寻求接近的意图被不断满足，而有些人的却被阻断或者断断续续地被接受

- 在发展过程中，内部工作模式变得稳定，但并不是不受以后的关系的影响

- 这些模式的功能是给个体提供规则，指导他们与其他重要人物交往时的行为和情绪。模式使预测和解释他人的行为成为可能，以便个体能够计划自己的反应

资料来源：Main，Kaplan 和 Cassidy（1985）。

这些模式强调了这样的事实：依恋是一个终生的现象，并不仅仅局限在生命最初的几年。尽管依恋的外在显现很容易被观察到，但要接触内在的现象却很困难。很多人一直努力发展适用于不同年龄组的工具，尤其是适用于成人的（Crowell 和 Treboux，1995）。在这些工具中，成人依恋访谈使用得最广。它由一系列半结构访谈的问题组成，目的是为了激发儿童早期依恋关

系的经历，以及被访者考虑这些经历影响以后的发展和当前行为的方法。事实上，与其说是这些回忆的内容，不如说是传达这些内容的方式才是最重要的，尤其是在方式的一致性和情绪的开放性方面。经过一系列的评价后形成一个分类，总结出个体在依恋方面的思维状态。分类包括下面四类。

◇ 自主型：这类个体坦率地、流畅地讨论自己的童年经历，承认既有积极的也有消极的事件和情绪。所以，他们可以被认为是安全的，不像其他三组。

◇ 排斥型：这些个体似乎和童年的情绪割裂开来了，尤其是否认自己的消极经验或者去掉消极经验的意义。

◇ 执迷型：这些人过于沉迷在自己的回忆中，表现得如此受不了，以至于在访谈中变得不流利和迷惑。

◇ 混乱型：在痛苦的经历（包括失落和创伤）之后，这些人表现出他们无法成功地重新组织自己的精神生活。

初步的证据说明，这四个分类分别与儿童依恋关系中的安全型、回避型、矛盾型和混乱型相关。也就是说，母亲归到哪一类，她的孩子就可能归到对应的那一类。假如这是真的，这就意味着母亲在童年期建立起来的内在工作模式会影响到她与自己孩子的交往，这使得孩子会与自己的母亲建立起一种特殊的依恋。代与代之间的延续性就这样出现了。甚至有证据显示某些程度的延续性会经历三代，祖母、母亲和孩子（Benoit 和 Parker，1994）。

同伴之间的关系

随着儿童不断长大，他们形成越来越多样的人际关系。在这些关系中，和同龄人建立的关系在儿童的生活中有特别重要的作用。只有父母（甚至只是母亲）在心理发展中有意义，这是一个不能被证实的陈旧的假设：在所有的文化中，儿童花了很多时间和他们的同伴在一起。还有，从很早开始他们就更多地和小同伴在一起，而不是成人伙伴（如图4.4所示）。这一点就说明同伴关系对行为和思想的形式有很大的影响。事实上，很多研究者，如朱迪斯·哈里斯（Judith Harris，1989）和史蒂文·平克尔（Steven Pinker，2002），提出一个发人深省的想法：社会化主要发生在同伴之间，父母的影响完全被夸大了。这也许有些夸张，更可能的结论是：父母和同伴实现了不同的功能，每一个关系在满足儿童生活的某些需要上起不同的作用。

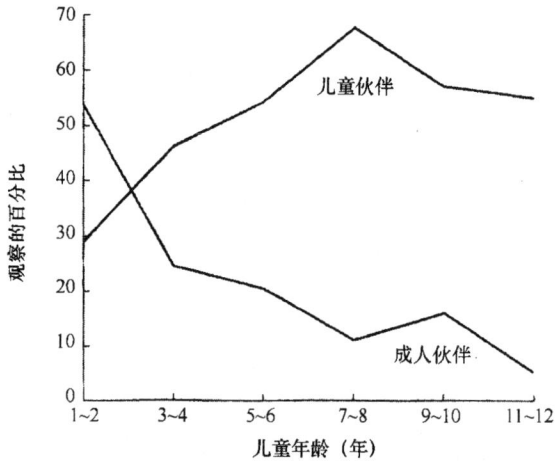

图 4.4　在不同年龄段花在儿童伙伴和成人伙伴上的时间

（Ellis，Rogoff 和 Cromer，1981）

水平的和垂直的关系

把关系分成这两类是有意义的（Hartup，1989）。

◇ 垂直的关系是与比自己有更多知识和更大权力的那些人形成的关系，所以主要涉及比自己大的人，如父母和老师。建立这种关系的交往总是补充的性质：成人控制，儿童服从；儿童寻求帮助，成人提供帮助。垂直关系的主要功能是给孩子提供安全和保护，使他们能获得知识和技巧。

◇ 水平的关系是社会权力相当的个体之间的关系。这种关系在本质上是平等的，交往总是互惠的，而不是补充的：一个孩子藏起来，另外的孩子去找；一个人扔球另一个人去接。角色可以颠倒过来，因为双方有相似的能力。

水平关系的功能是为了习得只有在平等的人中才能学习到的技巧，比如那些与合作、竞争有关的能力。

在某些方面，水平关系比垂直关系更难维持。父母总是把交往"施加给"孩子：他们也许会让孩子决定谈话的主题，他们把孩子的话补充完整，他们解释孩子的愿望，哪怕愿望没有被清楚地说出来。这样的殷勤在同伴交往中找不到。在同伴交往中，每个孩子都有自己的日程。虽然随着年龄的增长，这些日程会越来越重合，孩子获得共同交往技巧的压力在很多方面都大得多。这样，孩子从自己的伙伴那里学到他们无法从大人那里学习的技巧：领导的品质、解决冲突的技巧、分享的作用、服从的使用、如何对付敌意和威胁，等等。而且，一旦形成之后儿童的圈子很快就产生出自己的价值和习惯：从衣着、发式到世界应该如何被管理。儿童以一种与父母的社会化很不同的方式社会化。

但是，无论家庭和同伴在提供的经验上多不一样，这两套关系都不是互不联系的。在一个领域发生的事情对另一个领域有影响。这点可以从父母—子女关系对同伴关系的两种影响中看到（Ladd，1992）。

◇ 直接影响指父母做得像儿童社会生活的"设计师"。通过选择住在一个拥有安全环境的特定的生活区，或者选择一个特定社会圈子的潜在成员，他们达到其目的。他们邀请他们自己认为"合适的"孩子来家里玩。为了保证自己的孩子有"正确的"经验，他们可能直接介入同伴的活动。这种行为在年幼的孩子中比在年长的孩子中发生得更多，尽管在学前期有迹象表明，父母的高强制性会产生与愿望相反的效果，导致孩子的社会能力低下。

◇ 间接影响不是有意的行为，而是指儿童的家庭经历对他与同伴交往的影响。比如，安全依恋通常能提高社会交往能力，尤其是对同伴关系有积极的影响。另外，某些类型的教养方式与同伴关系的质量相关：冷酷的、拒绝型的父母比温暖的、支持型的父母更可能培养出攻击性强的孩子；孩子的父母如果是高度控制型的，孩子社会技巧的储备库一般总是不足的。不设限制的溺爱型父母培养的孩子在与别人的交往行为中总是表现出低控制力；包容的、敏感的父母会给孩子传达一种对关系的自信感，这会帮助孩子参与家庭之外的社会活动。所有这些假设都是在一种环境中发生并会带到另一个环境中，家庭是孩子的主要环境，在这种情况下，影响主要发生在从家庭到同伴的世界。

我们可以总结一下上述理论提出的影响流程，请看图 4.5 中的实线箭头。父母的个性决定了他们采用的抚养方法，这反过来会影响儿童的气质特征，而儿童的气质在他们与其他的孩子建立的关系中起到一定的作用。但是，虚线箭头说明一个单向的因果解释过于简单了：儿童与同样的关系对自我概念，以及个性特征有影响，这些特征又影响到父母是如何对待孩子的。父母和儿童的特征以很多方式联系在一起，不只是通过基因。这又对会出现哪种同伴关系有影响。家庭关系和同伴关系毫无疑问是有联系的，但这种联系绝不是简单直接的（Parke 和 Ladd，1992；K.Rubin，1994）。

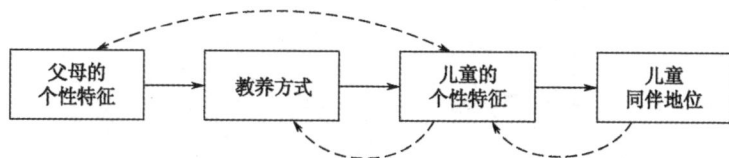

图 4.5　家庭和同伴系统的关系

同伴关系对儿童发展的作用

即使是很小的孩子都会对别的孩子感兴趣，尽管最初的时候只表现为盯着看、触摸、有时会争夺玩具。但是从幼儿期开始，交往变得越来越复杂：特别是孩子能够在一起玩耍，而不是在旁边独自玩耍。这样，互相联系的行为变得越来越频繁；合作性的和交互性的游戏出现；儿童对玩伴的选择性也越来越高。这可以体现在同伴圈子的性别区别越来越明显：大约从 3 岁开始，男孩喜欢和男孩玩，女孩喜欢和女孩玩。这个倾向贯穿于整个童年期（Maccoby，1998）。儿童对特定玩伴的倾向性也可以看出来：友谊成为极其有意义和值得珍惜的东西，儿童于是主要和他们喜欢、看重的人交往，并且主动去寻求这种关系。同伴关系的大部分来自有意选择的同伴，他们成为儿童日常生活中越来越重要的特征。

同伴关系对儿童发展的作用有两种形式，即社会的和智力的。说到前者，儿童期的重要任务之一就是要建立一种认同感，就是要试图找到一个至关重要的答案：我是谁？（我们在第十章会讨论这个问题）。自我感觉主要是在关系的情境中建立起来的：最开始是和父母，然后是和同伴。从学前期到青春期，其他孩子对自己的看法和做法对孩子关系重大。这就是友谊在儿童期如此重要的原因：它代表着受尊重、被接受，因此能够帮助孩子形成一个积极的自我感。（"他们喜欢我，所以我不错。"）在同伴的圈子里，孩子还能找到最适合自己的那一类社会角色：是领导者还是追随者，是小霸王还是被欺负者，是小丑，是军师，是施舍者，或者是任何一个圈子自然赋予的可能的身份。另外，孩子属于一个圈子这个事实说明，某种穿着和行为的准则，后来还有道德价值的准则，融入孩子的自我感觉中，决定了什么是可以接受的，什么不能。儿童的圈子通常都会有某种程式和习惯，每一个成员都被期待着要服从：他们可能有自己的问候和衣着方式，自己的笑话和语言游戏，自己喜欢的流行人物，自己对老师或公众人物的评价，以及自己日常生活中的是非观。一个同伴文化就这样形成了，它可能不同于孩子和成人分享的文化，但是，儿童有很强的动机去认同这个文化，所以它强有力地影响了儿童对自己和他人的看法。因此，同伴一方面可以帮助给每一个孩子分配一个独特的个性，但另一方面，通过服从圈子的准则的压力，使每个成员都相似。

同伴对儿童智力发展的影响也是值得一提的。一些假设都过于简单了，如儿童只从成人那里获得知识，教育完全是父母和老师把他们知道的传授给孩子。以对同伴合作的研究为例：有很多证据显示，天真的孩子在一起弄清一个问题，比他们单独学习要进步得快。这些证据包括许多领域的技能发展，如数学、音乐、物理、道德推理和计算。给两个孩子一个需要他们解决的智力问题，他们都不知道答案。前提是没有老师在场指导；关系是建立在共同的兴趣之上，而不是建立在权威之上。但是，经过积极的讨论和交换意见，通过分享各自部分的和不完整的意见，他们最终找到了答案，而这是不能靠他们独自的研究达到的：学习因此是一个共同发现的事情：两个脑袋就是比一个要好。与一个和自己看法不同的孩子交流，可以挑战自己去验证自己的看法。这样做的结果是，一个新的、比各自的看法更适合作为答案的方法产生了。为什么同伴合作（至少在某些情况下）是一种有效的学习工具？是因为这个过程涉及儿童的合作，或者涉及他们想法的冲突？我们现在还不清楚。可以肯定的是，当地位平等的儿童相对自由地讨论他们都不知道答案的问题时，从他们可能采用的各种不同解决方法中可以产生出新的见解，这促进了每个参与者的学习。同伴的合作似乎能够推动认知发展和社会发展（Howe，1993）。

同伴群体中的地位

在智力、渴望或者艺术才能等方面，儿童可以被作为个体来评价。而说到他们在同伴中的地位，儿童还可以被当作圈子的成员来评价。是否受欢迎？是领头的还是随从？被接受还是被排斥？被追求还是没有朋友？考虑到同伴意见对他们的重要性，这些特性对孩子来说很重要。但是还有一点也很明显，即这些特性可以告诉我们一些这个孩子未来的心理调节模式和行为模式。

现在已经有了许多评价儿童社会地位的实验，其中社会测量法使用得最为广泛。比如，要评价受欢迎程度，会给儿童一个小伙伴的名单，然后问他们问题："你最喜欢和谁玩？"和"你最不喜欢和谁玩？"或者，要求他们回答有关小伙伴的问题，比如"你有多喜欢和这个小孩玩？"这样，我们得到每个孩子在喜欢—不喜欢排行榜上的排名。这些同伴提名可以被用来评价任何一个孩子的受欢迎程度。另外一个做法是（比如在操场上）观察儿童，记下谁和谁玩，每个孩子被同伴找的频率。这样，这个圈子的社会结构图就建立起来了，它可以显示出特定孩子的受欢迎程度。

通过这些方法，我们根据儿童在积极的和消极的同伴提名中的排名，得到了5种社会测量地位类型，即受欢迎的儿童、被排斥的儿童、被忽视的儿童、有争议的儿童和普通儿童。前三个类型是最有趣的：有争议的儿童是那些受一些人欢迎又被另一些人讨厌的儿童；而普通儿童在同伴排名中处于中间位置，因为他们不能吸引别人的强烈感觉，如表4.5总结的；受欢迎的儿童、被排斥的儿童和被忽略的儿童是非常不同的人。受欢迎的儿童是外向的、友好的，是天生的领导者。被排斥的儿童不受欢迎是因为他们通常制造分裂、攻击性强，所以他们的提议总是被抵制。被忽视的儿童在社交上总是懒惰的，因为害羞和内向，他们总是自己玩儿，或者徘徊在圈子的边缘。

表 4.5　受欢迎的、被排斥的和被忽略的儿童的特征

受欢迎的儿童

- 积极的、快乐的天性
- 外表上吸引人
- 很多互动的交往
- 高水平的合作性游戏
- 愿意分享
- 被认为是好领导
- 很少有攻击性

被排斥的儿童

- 很多破坏性的行为
- 好争辩和反社会
- 极其活跃
- 好说话
- 经常试图接近他人
- 很少有合作性的游戏，不愿意分享
- 很多单独的行为
- 不适宜的行为

被忽略的儿童

- 害羞
- 极少有攻击性；在别人的攻击面前退缩
- 很少有反社会行为
- 不果断
- 很多单独的活动
- 避免两人之间的交往，更多是和一大群人在一起

　　追踪研究发现，早期的同伴地位和以后的适应有关。也就是说，儿童对同伴的评价可以让我们知道这些同伴可能的发展结果。与其他儿童相比，受欢迎的儿童在随后的日子里总是表现出最强的社会能力、更多的认知能力。他们也有最小的攻击性和社会退缩。也许让人吃惊，被忽视的儿童以后也没

有发展困难的危险。部分的原因是，与其他类型的儿童相比，他们的同伴社会测量地位不稳定，更多地取决于研究时他们正好属于的那个圈子。他们的社会交往总是较少，可能有点被动，但这些特性很少发展到病理的程度。

被排斥的儿童受到最大的关注，也被研究得最全面。为了更好地进行预测，事实上我们最好把他们划分为两组：因为破坏行为和攻击性而被排斥的（这占大部分）与因为社会退缩和自闭而被排斥的。两组以后都有心理失调的危险：受排斥/攻击性的儿童是因为外显的问题，而受排斥/退缩儿童则是因为内向性问题。外显的问题包括这些特征：人际的敌意、破坏性、缺乏冲动控制和行为不良。这一类儿童会参与大范围的粗野的反社会行为，可能会变成小霸王和逃课的人，在学校中表现出各种各样的适应不良，如学业不良和辍学。成年后，他们继续表现出病态的行为迹象。内向性问题包括焦虑、孤独、抑郁和恐惧。这些人很容易成为牺牲品，会发展成与社会隔绝的人，很少和别人交往，缺少建立关系的技巧。与其他人相比，这两类被排斥的人以后更可能有发展困难，因此必须被看成是危险的儿童。我们可以得出这样的结论：儿童与同伴形成的关系，可以告诉我们孩子应对外面世界的机制；这些机制有长期的稳定性，因此可以帮助我们预测未来他们可能出现的适应问题（K. Rubin，Bukowski 和 Parker，1998；Slee 和 Rigby，1998）。

儿童后来形成同伴关系如同在童年期形成的依恋一样，形成关系的性质可以对未来提供一些有趣的预测。应当承认，做预测需要很谨慎；后来的经历可能会改变预期中的发展过程，预测总是需要环境的稳定性。但是，正如不安全依恋的儿童被认为以后有发展困难的危险，被同伴排斥的儿童也有这个危险。我要强调的是，"有危险"并不一定会出现。它只表示，从统计上说，这样的人更可能以与众不同的方式发展。就此而言，我们在依恋类型和同伴关系地位之间建立的联系就是这样的：有限的证据显示，不安全依恋的儿童更可能在形成同伴关系时发生问题，因为与早期安全依恋的儿童相比，他们更不受欢迎，很少有朋友，在同伴情境中更不自信（Sroufe，Egeland 和 Carlson，1999）。在不同的年龄之间建立连续性，在方法上是非常困难的，但是有足够的证据显示，无论什么年龄段，关系的质量都是预测未来适应性的最好方法之一。

小结

儿童的发展是在人际关系的环境中发生的，关系主要是在家庭环境中出现的。

家庭有很多形式，不仅仅是传统的夫妻＋孩子这种形式，但是并没有证据显示，儿童在非传统的家庭中受到任何不利影响。研究表明，不是家庭结构而是家庭功能，即人际关系的质量决定了适应。对所有类型的家庭而言，一个"系统"的观念是最适合的。因此，家庭被看作是一个动态的实体，组成部分包括各个家庭成员和他们之间的关系。这三个部分是各自独立的：一部分发生的事件会影响到其他部分。比如，离婚不仅影响家庭作为一个整体的平衡，而且在其他两个层面上也有影响。但是，就对儿童的影响而言，离婚最具有破坏的地方是父母之间的冲突。这是病原性的，即使离婚没有发生，冲突的破坏性也存在。

从出生开始，儿童就预先被训练成要与他人形成关系。依恋关系在婴儿期出现，在随后的几年里从反射式的行为模式发展到高度选择性的、有计划的和灵活的反应系统。随着关系中"内部工作模式"的发展，儿童逐渐能够容忍与父（母）亲的长时间分离。他们能够慢慢地考虑到别人的意图，结果是他们变得更平衡、更灵活。

在依恋的性质上存在着很大的个体差异。这尤其可以从安斯沃思的"陌生环境"发现的安全—不安全依恋中看出。按照婴儿在这个环境中的行为可以将他们分为四类。这个分类据说可以预测未来很多方面的心理功能，包括儿童的社会能力、自我形象和情绪发展的许多方面。但是，这个联系并不牢固：早期经验可能会打下一定的基础，但是后来的变化可以改变发展的过程。

发展与同伴形成的关系也很重要，但是这和他们与父母的关系不一样。与其他儿童的交往促进习得许多社会技巧，促进形成儿童的社会身份。同伴合作也能促进智力发展。建立在受欢迎的、被忽略的和被排斥的这样的分类之上，儿童同样地位的分类能够预测以后的发展，被排斥的儿童尤其有以后出现心理问题的危险。

阅读书目

Dunn, J.（1993）. *Young Children's Close Relationships*. London：Sage. 对儿童与父母、兄弟姐妹、朋友和其他儿童形成的关系做了一个描述。尤其关注这些关系性质和意义的个体差异。

Goldberg, S.（2000）. *Attachment and Development*. London：Arnold. 对依恋的性质和发展做了全面的描述。理论和实验都有，尤其注意塑造早期依恋的因素、内部工作模式的发展和不同的依恋类型对心理和身体健康的影响。

Hetherington, E.M.（ed.）（1999）. *Coping with Divorce, Single Parenting and Remarriage：A Risk and Resiliency Perspective*. Mahwah, NJ：Erlbaum. 包括有影响力的专家撰写的有关家庭功能和功能不良方面的文章。特别关注儿童对离婚、再婚后的抚养和在不同家庭环境中生活的适应，还关注父母和儿童在灵活性和软弱性方面的巨大差异的原因。

Hinde, R. A., & Stevenson-Hinde, J.（ed.）（1988）. *Relationships Within Families：Mutual Influences*. Oxford：Clarendon Press. 收集了关于家庭关系不同方面的文章，都强调这些关系的关联性，以及它们如何影响儿童的发展。主题包括系统理论在家庭上的适用性、婚姻和父母子女关系的相互影响、新生儿对家庭的影响、跨代的行为连续性，以及家庭冲突和离婚的后果。

Schaffer, H.R.（1998）. *Making Decisions about Children：Psychological Questions and Answers*（2nd edn）. Oxford：Blackwell. 提供了有关领域研究的信息，这些信息可以指导家庭实践，包括母亲工作和离婚的后果、不同家庭类型的意义，以及作为父母的男人和女人的相对适合性。

Slee, P. T.,& Rigby, K.（eds）（1998）. *Children's Peer Relations*. London：Routledge. 收集了对同伴关系的最新研究，包括文化、家庭和父母对儿童社会能力的影响，性别和种族对同伴关系性质的影响，残疾和疾病的意义，提高儿童之间和谐关系的有效性。

INTRODUCING

CHILD

PSYCHOLOGY

　　儿童主要是从各种关系情境中学习情绪。亲密的人际关系一定是有情绪的，充满了爱和恨、骄傲和羞愧、伤心和快乐。只有在与他人的交往中，孩子才能有机会观察别人是怎样处理情绪和感情的，以及自己的情绪行为是怎样影响别人的。为了适应社会和心理健康，有些重要的经验是可以让儿童获益的。

　　更准确地说，儿童应该学习什么？让我们挑选出下面三个最重要的方面。

　　◇ 要意识到自己的情绪状态。儿童需要知道在有些情况下他们会生气（或是害怕、害羞等），那么在哪些情况下呢？内心的情绪感受是怎样的？怎样表达这些情绪？谈论它们时应该如何称呼？所有这一切都涉及不同程度的自我意识，它能使个体和自己保持距离、审视自己的情绪和行为。这是一种发展成熟后才具有的复杂能力，但它的起源是在人生的早期阶段。

　　◇ 控制情绪的外在显露。所有的社会都有自己可以接受的情绪表现的规则。这明显适用于攻击性，因为为了不扰乱社会秩序，攻击性需要限制和疏通。但是这点同样适用于高兴和骄傲等积极情绪上。在一些文化中，明显地表露这些情绪是会招人白眼和受打击的。因此，儿童需要学会把内在情绪和外在显现区分开来，这是儿童社会化的重要部分。

　　◇ 看出他人的情绪。从他人外在行为中"读出"他的内在情绪的能力是社会关系的本质要素。从外在表现认出其情绪，以及学习他人如何解读某种特定行为代表的情绪，能够让孩子做出相应的反应。因此，根据一些痛苦的经验，他们发现了一些规则：如果爸爸下班回家时皱着眉头，嘴角下撇，不说话，不看你的眼睛，这代表了愤怒和挫折，孩子这时要老老实实的；妈妈的微笑、放松和温柔说明她很高兴，孩子这时可以去找她得到安慰、帮助和糖果。一个社会里的情绪表达方式是相当有限的。尽管仍然需要做一些调整来适应他人独特的情绪方式，然而从家里学到的这些经验已可以用在其他场合。

　　我们会讲到上述所有的方面，尤其是儿童早期情绪发展的性质，以及影响这个发展的生理和社会因素。人们希望儿童能获得情绪能力。这个概念是用来指儿童处理自己的情绪、理解和应对他人情绪的能力。不能获得这种能力有时会造成灾难性的后果，这是我们需要研究情绪发展是怎样产生的另一个迫切原因。

什么是情绪

从表面看来这个问题很可笑，因为我们都很熟悉情绪。尽管情绪一直是人们日常经验的一部分，但在科学领域很晚才把它置于显微镜下研究。其中一方面的原因是过去对情绪的看法都是负面的：人们相信情绪是破坏性的、杂乱的精神事件，干扰了人类认知活动的效率。认知功能是建立在中枢神经系统的基础上的，而情绪主要与自主神经系统有关系。它是人体的原始组成部分，将我们与动物联系得更近，以至于不能把人类看作是进化得最好的物种。直到最近，对情绪比较正面的看法才盛行起来。情绪不再被看作是系统里的噪声，而被认为在促进发展和适应时有重要的作用。儿童的情绪发展现在是一个活跃的研究领域，我们关于这方面的知识也随之迅速增多（Denham，1998；Saarni，1999；Sroufe，1996）。

性质和功能

尽管是大家熟悉的东西，情绪这个现象却是如此的模糊，我们最好从一个定义开始。

情绪是对一个特殊事件的主观反应，可以从生理的、经验的和外在行为的变化等几方面加以描述。

（Sroufe，1996）

这是许多定义中的一个，反映出无法确定怎样才能最好地了解情绪的本质。但是这个定义有它的好处，就是注意到任何一个情绪事件都是由许多成分组成的，包括：

◇ 总是与某一个情绪相关的诱发事件有关。比如，惊奇是由意想不到的

115

事件引发的，愤怒是因为目标被干扰，恐惧是危险的场景引发的，羞愧是因为自尊受到打击。

◇ 生理成分，比如变化的心跳频率和脉搏、加速的呼吸、出汗、皮电反应，以及其他一些由自主神经系统控制的功能。

◇ 经验的成分，即从内心产生的真正的感情。这是我们在个人经历里最熟悉的一个方面。它的一部分是意识到生理变化带来的觉醒，另一部分与我们对诱发情景及其影响方式的认知评价相关。儿童期年龄增长最大的一个变化，就是认知因素起到了越来越重要的作用；受惊吓的婴儿做出的反应都是恐惧，大一点的孩子就会采取一些行动，比如逃跑，所以他们不只是表现出恐惧，而是要控制恐惧。

◇ 外在行为变化是在观察他人的情绪状态时认识到的东西。最明显的标志就是面部表情，下面我们就会发现，这是情绪表现和再认研究的主要对象。声音变化（尖声表示恐惧）和特殊姿势（愤怒时会晃动拳头）是其他的外在信号。所有这些不仅让其他人知道此人情绪激动，而且让他们辨别出这种特定的情绪。

让我再强调一遍前面说过的一点：情绪并不只是起到破坏作用，它还有积极的功能。例如，害怕陌生人，这个现象从个体出生后第一年的后半段开始出现，婴儿越来越可以有区别地对待抚养者之外的其他人（Schaffer，1974）。结果是，婴儿对陌生人的任何行为都以焦虑和不安来反应，但反应的强度不同，这种不同是因为陌生人的行为不同，以及婴儿的气质不同。这种情绪反应有明显的作用：它和反抗、退缩、寻求父母帮助这样的适应性反应有关。另外，婴儿的啼哭是一种交流手段，可以提醒母亲采取相应的措施。在婴儿能够使用语言之前，他们使用情绪反应和信号来告诉别人他们的需要和要求。因此，恐惧情绪可以保证婴儿只和值得信任的人在一起，不会随便被任何陌生人带走。毫无疑问，在最初将这种反应模式保存在人类的遗传库中有着十分重要的意义。所有的情绪都有某种适应价值，都有调节个体和人际关系的功能。

生理基础

儿童不需要教就会发怒、害怕、高兴。这些情绪是自然表露的，是人类遗传的一部分。当然，这并不是说婴儿是带着所有的情绪来到这个世界的。我们刚才说到，害怕陌生人直到第一年的后期才出现。而像骄傲、羞愧这样的复杂情绪就出现得更晚。但是，还没有证据表明，儿童需要特别的经历才能产生这些情绪。似乎有一种基因控制程序确保不同的情绪在不同的年龄出现，这对所有人都一样，与社会和文化无关。

这当然是达尔文的观点。他在 1872 年出版的著作《人类和动物情绪的表达》中第一次尝试在很多方面科学地记录儿童的情绪表达，并解释其起源。书中的大部分数据来源于达尔文对儿子 Doddy 的细心观察。比如，达尔文是这样记录 Doddy 第一次表现出愤怒时的情形：

> 很难确定他什么时候才能感到愤怒；在第 8 天，他哭之前皱眉头，眼睛四周的皮肤也皱了。但这可能是因为疼痛或者悲伤，不是因为愤怒。大约 10 周的时候，有一次给他喂很冷的牛奶，他吸的时候前额皮肤一直皱着。那个样子就像大人被强迫做自己不情愿做的事情一样。快到 4 个月的时候，也许更早些，从涨红了的脸和头顶的样子判断，他无疑很容易有激烈的情绪。
>
> （Darwin，1872）

这个例子说明，达尔文把注意力都放在情绪的面部表情上。他认为，这个特点是我们遗传的一部分，它是从求生的斗争中演化而来的反应模式，其他的灵长类动物也是这样。因此，"有些表现，比如在极端恐惧时毛骨悚然、在勃然大怒时露出牙齿，除非我们相信人类曾经生存在一个很低级的、动物般的状态中，不然很难理解这些"。

人们一直试图勾画出情绪发展的阶段，尤其是想确定在新生儿那里就能辨别出的基本情绪。情绪的表现是短暂的现象，早期的大部分研究只能依靠印象。近年来，出现了一些高度精密的手段来客观、可靠、细致地描述面部表情 [有关面部动作编码系统（Facial Action Coding System，FACS），见

Ekman 和 Friesen，1978；有关最大限度辨别面部肌肉运动编码系统（Maximally Discriminative Facial Movement Coding System，MAX）， 见 Izard，1979]。虽然专家对情绪在生命最早几周时出现的精确方式还有不同意见，但大多数人相信有六种主要的情绪在新生儿那里能分辨出来。分别是愤怒、恐惧、惊奇、厌恶、高兴和悲伤。每一种情绪都有特定的神经基础，以自己独特的方式表现，有自己特殊的适应功能。当然，只有行为的表现能让人们发现儿童情绪的线索。在一个实验中（Lewis，Alessandri 和 Sullivan，1990），2 个月的孩子坐在婴儿椅上，胳膊上系着一根线。孩子很快发现，胳膊一扯就会放出一小段音乐。他们对这会报以各种高兴的表现：张开嘴、睁大眼、大笑。当试验员关掉音乐，扯胳膊不再有想要的效果后，孩子们清楚地表现出各种愤怒的样子：咬牙切齿、噘嘴、皱眉。各种表情的显现总是带有一些特殊的适应价值，比如，婴儿吃了难吃的东西时会有厌恶的表情。这是想要排斥这个东西的一部分反应，哭是为了提醒看护人采取相应的行动。

如果情绪表现是由生物性决定的，它们就应该是普遍一致的。达尔文因此在其他文化中收集相关的材料，希望知道世界上的其他人种是不是以相似的方式表达情绪。从他那个时代起，许多社会的，尤其是与世隔绝的没有文字的社会材料都收集到了（如表 5.1 所示），我们从中发现全世界的人确实以很相似的面部表情，以及声音和动作表达情绪（Mesquita 和 Frijda）。比如，当听到死亡的消息时，或是遭遇到危险的动物时，或是遇到别人的语言挑衅时，所有人的情绪表达完全一致。这也就是说，辨别他人的情绪的能力也是普遍一致的：当看到各种表情的照片时，各种文化中的成员毫不费力地认出每个所表达的情绪（如表 5.2 所示）。事实上，3 个月大的孩子好像就可以分辨出人的一些情绪，因为他们对笑脸、面无表情和面带怒色的表情反应非常不同。

应当承认，普遍性并不一定表示有一个先天的起源：相同的行为模式可能是来自共同类型的典型学习经验。因此，更重要的发现是没有这种经验的儿童，如天生的聋子、哑巴，也有和其他正常人一样的情绪表达方式（Eibl-

Eibesfeldt, 1973）。从一开始他们就以同样的方式、在同样的情境中大笑、微笑、皱眉、吃惊、啼哭。所以，发怒时他们握紧双拳，伤心时双肩下沉，尽管不能听到别人的声音，他们伴随发出的声音也是恰当的、"正确的"。虽然在儿童期受到社会的影响，比如确立情绪表达程度和情境的标准，但是情绪具有的先天起源应该说是肯定的。

表 5.1　六种基本情绪及其表现

情绪	面部表情	生理反应	适应性功能
生气 / 愤怒	眉毛向下连在一起；张大嘴，或者嘴唇抿在一起	心跳加速；体温升高；脸红	克服困难；达到目的
恐惧	眉毛朝上；眼睛大睁，紧张，直盯着刺激物	快而稳定的心跳；体温低；呼吸急促	学习恐吓人；回避危险
惊奇	眼睛睁大，眉毛挑起；嘴巴张开；持续看着刺激物	心跳减弱；呼吸暂停；肌肉紧张消失	准备好去吸收新经验；扩大视觉范围
厌恶	眉毛向下；鼻子皱着；抬高两颊和嘴唇	心跳慢和体温低；皮肤发紧	躲避有害物
高兴	嘴角朝上朝后；两颊升起；眼睛眯成一条线	心跳加快；不规则呼吸；皮电反应提高	表示已经准备好进行友好的交往
悲伤	眉毛内端朝上；嘴角向下，下巴朝上	心跳慢；体温低；皮电反应差	鼓励别人给自己安慰

表 5.2　各种文化的成员辨认图片上人脸情绪的正确率（百分比）

情绪	美国	日本	巴西	苏格兰	新几内亚
高兴	97	87	87	98	92
悲伤	73	74	82	86	79
生气	69	63	82	84	84
厌恶	82	82	86	79	81
惊奇	91	87	82	88	68
恐惧	88	71	77	86	80

资料来源：改编自 Ekman（1980）和 Fridlund（1984）。

专栏 5.1 研究新石器时代社会中的情绪

情绪表达是天生的还是学习的？如果是天生的，那么不论在什么文化中，人类的情绪表达都是完全一致的，哪怕是在与世隔绝的社会中。

保罗·埃克曼（1980；Ekman，Sorenson 和 Friensen，1969）完成了这方面最全面的跨文化研究。他和他的同事研究了在偏远的新几内亚、还处在新石器时代的弗瑞(Fore)部落，埃克曼等人到达那里之前，那里的居民完全不与外人联系。这项研究采用了多种研究方法。比如，让弗瑞成年人先听几个故事（这些故事翻译成他们的语言），故事内容包括，一个人单独碰上野猪、有好朋友来访等。每个故事听完以后，要求他们从一堆不同表情的西方人的照片中挑出最合适的表情。大多数情况下他们都是成功的：比如，辨认高兴的表情他们的正确率是 92%，愤怒是 84%，厌恶是 81%，悲伤是 79%。弗瑞儿童的成绩和这差不多。另一种研究方法是，事先准备一些照片，上面是西方文化和东方文化的人都认同的一些情绪。然后把照片拿给弗瑞人看，让他们编一个关于所看到的表情的故事，描述正在发生什么，以前发生了什么，以及将来会发生什么。这个任务相对困难，但是结果依然显示，弗瑞人对照片上表情的认识和其他文化背景人的认识相同。还有另外一个研究方法，就是让弗瑞人做一些表情，比如，他们愤怒到要与对方打架，或者因为朋友来访很高兴。事后对这些表情的录像进行分析后发现，在做表情或者试图模仿表情时，弗瑞人的脸部肌肉和其他文化中的人一样。还有，当把这些录像放给西方人看的时候，他们能准确辨认出大部分表情。

埃克曼坚信，他的研究说明某些情绪的表达是普遍一致的。他先认定高兴、惊奇、悲伤、愤怒、恐惧和厌恶属于一个共同的、与文化无关的系统，后来又把蔑视加进了这个系统中。但是并非所有的人都认同埃克曼的结论（Rusell，1994），一个原因是他的研究方法并不简单，另外的原因是用其他理论也能解释他观察到的现象。但是，结合其他一些证据，全人类具备一套表达基本情绪的特殊的固定模式是可信的。

发展过程

在发展中，情绪随着成熟和社会化而改变。新情绪出现了，比如在第二年和第三年，儿童开始表现出内疚、骄傲、羞愧和难堪。多种情绪交织在一起：恐惧和愤怒同时出现。当然，基本情绪会终生保留在人类的情绪系统中，但是它们出现的场景会随着年龄而变化。特别是从第二年开始，不仅是情境本身，情境的符号表征也会引发情绪。即使孩子安全地坐在家里的椅子上，但是听着或者只是记起一个恐怖故事，他也会感到恐惧。另一个值得提到的变化是：当孩子能够控制自己的行为并学会社会认同的反应方式后，情绪也会通过越来越微妙的方式表达出来。所以，当孩子学会"礼仪"后，情绪及其外在表现逐渐变得更加超然：别的孩子得到了自己垂涎已久的一等奖时也不表现生气，得到的礼物是自己根本不想要的也不表露出失望，甚至要表现出一种比真实的感情更"礼貌的"情绪来掩饰自己。

情绪发展和认知发展是紧密相连的。被称为自我意识的情绪，如骄傲、羞愧、内疚和难堪，通常在第二年前出现，正好说明了这一点。因为儿童要想体验到这些情绪，必须先要有自我意识，而自我意识大约在 18 个月时才出现。恐惧和愤怒这些情绪并不要求自我意识，所以出现得早。但是，孩子感到骄傲或羞愧就是"自我评价"的问题了（Lewis，1992）。这就是说，个体必须要有某种程度上的客观的自我意识才能进行自我评价。这是一种婴儿还没有发展出的相对复杂的能力（详细讨论在第十章）。所以，儿童只有在认知上能够客观地认识自我以后，才能评价自己的行为，将之与他人或自己制定的标准做比较，得出"我做得很棒（或很差）"的结论，然后才对自己的表现感到满意（或者不满）。

专栏 5.2 研究骄傲和羞愧

愤怒和恐惧这些基本的情绪在儿童身上很容易区分出来：它们的外在表现展示得很清楚，呈现的形式也或多或少的相同。后来出现的自我意识情绪，如骄傲和羞愧，就不同了，并没有产生出独特的面部表示。要研究这个现象，研究者首先要抓住测量的问题（Lewis，1992；Stipek，Recchia 和 McClintic，1992）。

骄傲和羞愧都是"全身的"情绪：它们也许不能从特定的面部表现中看出来，但是它们显示在个体的整个姿态上，尤其是儿童，因为他们不会控制自己外在的、全面的表现。把儿童置于一个他们可能会成功或者会失败的环境中，研究者收集了足够的用来给骄傲和羞愧进行编码的数据。大家的共识是骄傲本质上是身体的"膨胀"：儿童摆出开放的、挺直的姿势，肩膀后绷，头扬起，两臂高举，眼睛抬高，带着笑容，有时还会说积极的语句，如"我做到了"或者是"好"，与此相反，在羞愧的时候身体是"垮掉了"：肩膀下垂，双手垂下紧贴着身体，或者放在脸前，嘴角下撇，眼睛低视，一动不动，也许还会说点消极的评价，如"我不擅长这个"。通过使用这些指标，研究者在记录孩子的体验上可以取得很好的一致性，这使得客观地研究这些现象成为可能。

以刘易斯·亚历山德里和沙利文（1992）的研究为例。3 岁的男孩和女孩完成简单的和复杂的任务（如拼 4 片的或 25 片的拼图，照着画直线或三角形），他们骄傲和羞愧的情绪反应被录像。研究的目的是要看儿童骄傲和羞愧的情绪反应与任务困难程度之间的关系，以及儿童的行为是否有性别差异。结果清楚地显示，儿童表现出的骄傲和羞愧是不同的，并且是恰当的：没有孩子在失败时骄傲，也没有孩子在成功时羞愧。但是，孩子确实会根据任务的困难程度现实地评价自己的表现。与完不成困难任务相比，在完不成简单任务时，更多的孩子感到羞愧。简单任务的成功或者失败并不足够说明儿童的反应，即使才 3 岁大的儿童，他们就能够根据要达到的目标来评价自己的行为。说到性别差异，男孩和女孩在表现骄傲时没有区别，但是在失败时，尤其是简单任务失败时，女孩明显地比男孩更羞愧。这个结果与对成年人的研究结果相似。

儿童的情绪概念

一旦儿童能够说话了，情绪就从一个全新的维度开始发展了。现在，情绪成了反思的对象：因为能够对自己体验的情绪命名，儿童可以不用对它进行思考，以这种方式把内心的经验客观化。把各种情绪命名后，儿童就可以讨论它们：他们一方面可以把自己的情绪传达给别人，另一方面可以倾听他人对情绪的描述。情绪因此可以分享，在语言层面上了解它们的性质（情绪的原因、后果和应对的方法）变得非常容易。

情绪语言的出现

儿童在1岁半时开始用词语（比如，高兴、伤心、愤怒和害怕）来指称内在的情绪（Bretherton 和 Beeghly，1982；Dunn，Bretherton 和 Munn，1987）。谈话中最常见的主题是快乐和疼痛，这种谈话最常见的功能是可以评价一下自己的感受（"我害怕""我高兴"）。在3岁时，情绪词使用的数量和范围会迅速扩大，到了6岁，大多数的孩子已经习惯说兴奋、愤怒、烦人、高兴、不高兴、轻松、失望、着急、不安和快乐。还有，最初儿童谈论的完全是自己的情绪，到了大约2岁半的时候，他们也谈论别人的情绪。儿童在自然场合的闲聊录音中，我们听到有这样的评语：

"天黑了，我害怕。"
"凯蒂不高兴了。凯蒂伤心。"
"抱抱我。宝宝高兴。"

这些评语的重要性在于，它们说明孩子很早就能够推断内心的状态。到3岁末，儿童不是只谈论外在行为（哭、吻、笑，等等），他们转到了心理的层面上，不仅能够指明自己的内在感受，还能指出别人的。更有甚者，他们的推断基本上是正确的：给3岁的孩子看各种表情的脸的照片，让他们说明这些人的感受，至少在辨认基本情绪上，他们很少出错。"她的眼睛在哭。

她伤心。"这样的评语很好地说明了推理的类型。

在学龄前期间，有关情绪的谈话在准确性、清晰性和复杂性上，尤其是在推测别人情绪的可能的原因方面发展迅速。孩子的评论清楚地显示出情绪不再被看作单个的事件。如"天黑了，我害怕""我在墙上写字，奶奶生气"和"我害怕'绿巨人'，我闭上了眼睛"。小孩子们已经不断地推测人们为什么会有某种情绪：对看到的别人情绪的外在表现他们能做出合理的解释，将外在表现和人际间的事件（如父母吵架、妈妈教训孩子）联系在一起，并谈论应对情绪的方法（"我生你气了，爸爸，我走了，再见。"）。一旦他们知道了情绪是怎样产生的，他们就开始试着操纵别人的情绪："爸爸，如果你生气，我就告诉妈妈。"

有能力谈论情绪，意味着儿童能够对自己的或是别人的情绪有一个客观的看法。这个能力在儿童期会不断提高，使得儿童可以讨论过去的情绪事件，预测将来的情绪，分析情绪的起因和后果，体会情绪是如何影响行为的，斟酌各人不同的情绪以决定自己的情绪反应。因此，能够思考内在感受并与他人讨论。这一方面意味着儿童能够理解自己的情绪，另一方面也说明他们可以倾听别人对情绪的描述，学习别人对各种情境的解释。这就是说，谈论情绪对情绪发展有重要的意义，极大地增加了儿童理解人际关系的机会。

有关情绪的对话

正如从孩子和父母之间的交谈所知，儿童对情绪的兴趣和理解是在社会交往中发展的（Dunn，1987；Dunn 和 Brown，1994）。这些实验清楚地表明孩子自己主动去了解情绪：即使他们谈论情绪的能力很有限，他们仍对别人的行为充满了好奇心。下面举个例子（Dunn，1988），是一个 2 岁半的孩子和妈妈谈论一只死老鼠。

孩子：什么让你这么害怕，妈妈？
妈妈：没有什么。

孩子：什么让你害怕？

妈妈：没有什么。

孩子：是什么？下面的什么，妈妈？让你害怕？

妈妈：没有什么。

孩子：那个没让你害怕？

妈妈：没有。没让我害怕。

孩子：那是什么东西？

这里我们看到，孩子相信一定有什么原因造成了妈妈现在的情绪表现，所以他要打破砂锅问到底。这个孩子并不满足于指出妈妈的外在行为表现，他想用内在情绪来解释，找出造成这个情绪的情景原因。

最开始的时候，有关情绪的对话主要是为了帮助孩子理解他们的情绪，获得安慰。这点可以从下面这个例子中看到，一个 2 岁的孩子看到了有魔鬼照片的书（Dunn 等，1987）。

孩子：妈妈，妈妈。

妈妈：出什么事了？

孩子：害怕。

妈妈：这本书？

孩子：是的。

妈妈：它现在没吓到你！

孩子：是的。

妈妈：它刚才吓到你了，是不是？

孩子：是的。

交谈有很多作用：

◇ 它使孩子能够直面自己的情绪；

◇ 它帮助解释别人的行为；

◇ 它扩展了孩子理解情绪的范畴；

◇ 它可以洞察人际关系的实质和背景；

◇ 它使孩子能够与他人分享情绪经历，将之纳入人际关系之中。

在早期，孩子和父母之间这种对话的频率不断增加，这与他们不断提高的语言能力和理解能力有关，从表 5.3 中可以看到，儿童谈论情绪原因的次数在 2、3 岁时有显著的增加。同样增加的还有母亲与儿童谈论情绪的次数。事实上，他们是同步发展：最开始他们只说孩子自己的情绪，随后才提到别人的；随着孩子不断长大，谈论到的情绪的数量和种类与孩子情绪的数量和种类一致；同样，母亲越来越多地谈论到情绪的原因和后果。到底是母亲因此促进了孩子谈论情绪的能力，还是她们只是与孩子不断增长的表达和理解能力保持一致？我们还不知道答案，但是，如果两种解释都对的话也不足为奇：双方相互影响。

表 5.3　1 岁半到 2 岁半的孩子及其母亲提到情绪的频率

	1 岁半	2 岁	2 岁半
孩子	0.8	4.7	12.4
母亲	7.1	11.1	17.4

资料来源：Dunn 等（1987）。

在性别差异上也有同样的因果问题。邓恩（Dunn）等人发现，母女之间的交谈比母子之间的交谈更多地涉及情绪问题。一方面，女孩比男孩更多地谈论情绪（这个差别在 2 岁时就很明显）；另一方面，女孩的母亲比男孩的母亲更多地谈论情绪。母亲只是在回应孩子内在的、与性别相关的本性，还是她们引发了这个差别呢？邓恩等人发现，与男孩相比，他们的哥哥姐姐也更多地与女孩谈论情绪，这说明前一个解释是正确的，但这不是绝对的答案。

各个家庭谈论情绪的多少相差极大。邓恩等人在记录 3 岁儿童的家庭中的自然交谈时发现，有的家庭每小时只谈到 2 次情绪，而有的家庭谈到 25 次之多。儿童参与这些有关情绪的交谈的频率对其发展似乎有长期的影响：邓恩等人跟踪研究那些孩子到他们 6 岁，结果发现，与较少参与情绪交谈的孩子相比，更多参与情绪交谈的孩子在理解情绪的各方面有更多的技巧。谈论情绪似乎从很早就开始让儿童注意到人类行为的这个特殊方面，这使孩子对情绪表达的微妙之处更敏感，使他们形成有关情绪行为的原因和结果的稳固知识框架。

思考情绪

儿童不只是体验情绪，随着年龄的增长，他们也逐渐思考情绪。他们试图去理解，对自己和对他人来说参与到情绪事件中意味着什么。相应地，他们建构出一套有关情绪的本质和原因的理论。

最初的理论是很原始的，但是，它们很快就有了更复杂的形式。这体现在孩子可以认识到情绪不仅仅是外在表现，还与内在的感情状态相关。举上面一个例子，一个小女孩在看到一张照片后说："她的眼睛在哭。她伤心。"她不仅注意到相关的情绪线索，还用这个线索推断造成这个行为的内在心理状态。在某种程度上，随着年龄的增长，儿童的思维才从行为性的概念转到精神性的概念。但是从很早开始，儿童就认识到情绪是人类内在生命的一部分，与对外在环境的反馈不同，情绪对个人来说更重要。因此，他们对情绪的评价和对导致情绪的原因的理解变得准确得多。

我们可以从儿童解释他人的情绪表现中看出这一点。在费伯斯（Fabes）等人的一项研究中，他们观察了一个幼儿园中 3 ~ 5 岁的孩子，记录下发生的每一个情绪事件（抢玩具、争顺序、回应他人伤害性的评价等）。在每一个事件中，观察人员不仅记录下孩子是如何反应的，而且让一个在附近目睹了整个事件发生的孩子描述出现了什么样的情绪及原因。结果显示，3 岁的孩子就能够相当准确地命名出现的情绪，尤其是愤怒和伤心等消极的情绪。结果还显示，即使更小的孩子也能够确认导致这些事件的特定的原因。在分析给出的原因的类型时，研究人员发现年幼的孩子倾向于指出外在的原因（"他生气是因为她拿走了他的玩具""她生气是因为他打了她"），而年龄大一点的孩子更多指明内在的状态（"她伤心是因为她想妈妈了""她恼怒是因为她觉得该轮到她玩了"）。内在的解释更可能用来解释强烈的情绪，而且更多用在解释消极情绪。所以，随着年龄的增长，儿童的解释从看得见的原因转向看不见的原因。通过推测别人行为背后的动机，儿童逐渐增加了对他人内心复杂世界的了解。如表 5.4 所示为儿童辨别情绪的性质和原因的准确性。

表 5.4　儿童辨别情绪的性质和原因的准确性（与成人结果一致的百分率）

年龄组			情绪	
	3 岁	4 岁	5 岁	积极的	消极的
情绪的性质	69	72	83	66	83
情绪的原因	67	71	85	85	64

资料来源：改编自 Fabes 等（1991）。

要想真正理解内心世界，儿童必须认识到每一个人的特殊性，不能想当然地以为每个人都和自己的感受一样。有证据表明，学龄前儿童已经有了这种能力。在邓恩等人的一项研究中，他们访谈了 4 岁的孩子，让他们描述日常生活里自己、朋友和母亲的高兴、愤怒、伤心和恐惧的原因。孩子们的描述不仅一致、准确，而且对身份不同的每个人的描述差别很大。比如，当问到什么能让妈妈高兴时，他们会提到"一杯茶""睡个好觉，我妈妈从来没有睡好过，所以睡好了会让她高兴""香水，我妈妈喜欢香水"，这些原因和使他们自己高兴的原因截然不同。虽然使他们高兴的原因和使朋友们高兴的原因相似，但他们给出了明确的线索说明每个人是不同的。也就是说，情绪是根据相关人的不同需要和要求来解释的，不是对孩子自己情绪的概括。

在这里我们可以看到儿童心理理论发展的早期：认识到每个人都有一个内在的世界，如何描述这个世界是因人而异的。后面我们会详细介绍这个理论，这里我们只关注它在理解情绪方面的意义。保罗·哈里斯指出，理解能力在学前期发展迅速，因为儿童在建立帮助他们预测他人情绪的理论上越来越高效。这些理论会变得更加复杂，儿童认识到一个情境对个体情绪的影响与其说是依赖于情境的客观性质，不如说是依赖于个体根据自己的希望和期待对情境做出的评价。年龄很小的儿童认为，所有的情境对于每个人的意义是一样的：这个意义取决于孩子自己对情境的反应。但是到了学龄前期，儿童逐渐认识到不是情境带来了情绪反应，而是个体的心理状态特点。因此，让某人害怕的东西并不一定让另外一些人害怕，给某人带来愉快的惊喜的东西可能会让另外一些人失望。这样，一旦儿童能够考虑到个体的心理状态，他们就能够有效地预测他人的情绪反应。儿童必须放弃自己的观点，从他人的角度来思考问题。哈里斯给孩子讲故事，然后让他们对故事的主人公进行评论。他的研究证明，儿童最迟在 6 岁就能够获得理解他人心理状态的能力。儿童认识到个体的感受取决于他们的愿望和信念。儿童能够正确地预测到个体会怎样受到情境的影响。最迟在这个年龄，儿童完全能够假设到是什么引发别人的情绪、什么样的情绪，以及什么可以终止它们。也就是说，在学龄前期的最后，儿童看别人脸色的能力大大地提高了。

专栏 5.3　大象埃利的情绪生活

要想研究儿童理解他人情绪的能力，就要使用这些对儿童有意义的手段，使用与他们的理解能力和应对能力相适应的手段。所以，哈里斯编写了一系列虚构的动物角色的故事，然后让儿童评论这些角色所处的情境，用来研究儿童怎样，以及什么时候开始发展考虑他人观点的能力。

例如，他会给学龄前儿童讲一个名叫埃利的大象的故事。这只大象对喝的东西很挑剔。有的儿童被告知埃利只喜欢牛奶，而其他人则被告诉说埃利只喜欢可乐。有一天埃利出去散步，感到非常渴，它回去后非常想喝它最喜欢的饮料。可是一只淘气的猴子，名叫米奇，在埃利出去的时候调换了它的饮料。比如，它倒掉了埃利最喜欢的可乐，换成了牛奶，然后把装着牛奶的可乐罐给埃利。这时问孩子：如果埃利喝了一口，发现了可乐罐中的真正饮料后，它会是什么感受？

无论年龄大小，所有的孩子在预测埃利的情绪时都能考虑到它的嗜好。假如埃利喜欢可乐，孩子会说埃利发现罐子里是可乐后会高兴；如果埃利喜欢牛奶，它发现罐子里是可乐后会伤心。所以说从 3 岁开始，儿童就能够在他人预定的愿望上做出预测：他们能够站在别人的立场上评价愿望满足或者没满足后的感受。而且，他们可以做到判断时不受自己的情绪和愿望的影响。

年龄更小一点的儿童的理解受到了某种程度的限制，这可以从下面这个问题的回答中看出：埃利在喝之前看到了可乐罐，它会是什么感受？比如，如果它喜欢可乐，但罐子被猴子换成了牛奶，它会怎么反应？大一点的孩子回答正确：他们体会到了埃利预定的愿望，看到可乐罐会让埃利对要喝到的饮料感到高兴，但是在它真正喝了之后会感到伤心。可是，年幼的孩子就无法区别出埃利误解的信念：他们自己知道罐子里是什么，就因此认定埃利也知道。

因此，在造成情绪的原因上，理解他人的愿望和理解他人的信念之间是有区别的。即使小一点的孩子也能考虑到埃利的愿望，就是说，他们能够认识到埃利对特定饮料的嗜好会影响到它得到某种饮料之后的反应。但是在另一方面，他们无法从自己的信念上转变：无论他们知道什么，他们都认为其他人也知道。最初，理解情绪多少有点自我中心；逐渐地，到了学龄前期，它发展成了一种更成熟的能力，孩子因此可能会站在别人的立场思考问题。

情绪的社会化

情绪发展有共同的生理基础，但是它以后的发展受到各种社会经验的影响。因此，表现情绪的方式在每一个社会的差别非常大。看看下面的文化规范，把它们和西方的习惯比较一下。

◇ 西太平洋岛的伊菲鲁克人（Ifaluk）不允许表现出高兴，他们认为这是不道德的，会导致人们忽视责任。因此，他们在抚养孩子的时候会避免任何与表现这种情绪相关的兴奋，他们相信兴奋会带来行为不良和崩溃（Lutz，

1987）。他们鼓励文雅、安静和沉着。

◇ 雅诺马莫人（Yanomamo）是生活在委内瑞拉和巴西边境的印第安人，在人际关系中他们把凶猛看作是最重要的品质。他们之间以暴力解决一切争端。孩子在成长时很少有关爱，无论是男孩还是女孩都被教育要在与其他孩子的交往中富有攻击性。

◇ 巴厘人（Balinese）相信任何形式的情绪爆发都是邪恶的，因此必须要避免。比如，有例子说人们之所以睡觉，唯一的目的就是为了避免恐惧。从最开始，抚养孩子就只有中等程度的外在情绪表现（Bateson 和 Mead，1940）。

每一个社会（包括我们自己的）都发展出一些为社会所接受的应对情绪的方法，它们独特性的一个重要组成部分是：在表达情绪时，社会成员被期待着行为要符合一系列规范，这些规范有的是潜在的，有的是外显的。向儿童传授这些规范就成为社会化的主要方面。如专栏 5.4 的例子所说的，其他的社会规范对生活在另外一个社会的人来说可能是很奇怪的。

专栏 5.4　"永远不生气"：爱斯基摩人的生活方式

人类学家琼·布里格斯在生活于北极圈附近的奥特古的爱斯基摩人那里居住了 17 个月。她被一家人"收养"，住在他们的圆顶小房子里，可以近距离地观察这家人和他们的邻居。她的观察被记录在《永远不生气》（*Never in Anger*，1970）一书中。

奥特古人的奇异之处在于，他们的人际关系中几乎完全没有攻击性的迹象。奥特古人反对任何形式的生气。对他们来说，理想的人应该在与他人的交往中总是热情的、保护性的、脾气温和的，永远不会在外在行为中显示出敌意。最多只能表现出对他人冷淡，而只能在对付狗时才能够生气，而且也只能用于"教训"狗的时候。生气之所以不被允许，是因为它与这个社会的最高价值不相符，最高价值即对他人的爱和养育。

如果某人表现出了这种情绪，他会被看作失去了理智，做得像个小孩子。奥特古人甚至否认有生气的想法，不管是对别人还是对自己，因为他们相信这种想法可能会杀死拥有它的人。因此，所有的争端都必须用和平的方式解决。他们似乎成功地实现了这个目标。

在出生后的两三年中，儿童允许有愤怒和生气的情绪，但是从那以后，父母就不断地表明这些情绪是不允许的。他们大部分为社会化所做的努力就是通过其他的渠道疏通孩子的消极情绪，以帮助他们获得耐心和自我顺从这些奥特古人的美德。父母不是靠吼叫或者威胁做这些的，而是用语言或者脸色平静地表现出他们的禁令。服从命令不是靠强制，虽然提倡顺从，父母却很少依靠它。孩子从来没有被体罚过，但是他们会一直被教育说任何发脾气、生气和敌意的表现都是不允许的。

当然，学习的过程是很艰难的。布里格斯生动地描述了她居住的那家的小女孩是如何应对由兄弟姐妹的竞争而引发的敌意的。最初，她悄悄地表达她的情绪：在大人的背后揪她的妹妹，或者在她们单独在一起的时候抢她的玩具。大多数时候，她以闷闷不乐回应大人的命令：服从命令时，要么是一张面无表情的脸，要么是转过脸去面对墙默默地哭。因此，在回应大人的一些自己不愿意的要求时（比如，把玩具让给妹妹），她会无声地盯着前方，任由眼泪从脸上流淌，但是没有任何生气的外在迹象。这种处理方法的结果是，与西方儿童相比，奥特古儿童惊人地缺乏攻击性的表现，从很早开始，同伴间的敌意就很少见。

获得表现规则

表现规则这个概念是用来指管理既定社会中情绪的外在表现的习惯，不管是一个特定的文化，还是家庭或同龄人群，根据这些规则，人们可预测别人的行为，共享一套特定规则的群体中的任何人都知道一个特定的情绪表现代表了什么，因此促进了成员之间的交流。要理解这一点，人们只需要把自己当作一个游客，到上面提到的任何一个社会中去即可：无论你当地的语言说得多好，如果不了解当地文化道德、社会规则，任何交流都注定要失败。因此，儿童需要尽早学习所在社会的表现规则，这样，他们才能知道在某个情境下该怎么合适地表达情绪。在某些场合中，"自然的"表现是可以接受的。但是在大多数情景中，即使小孩也应该掩饰自然流露的情绪，甚至要用不同的情绪来代替自己的真实感受。

让我来说明一下，一个基本的表现规则是"当一个人给你一件他认为你会喜欢的东西的时候（哪怕你不喜欢），你要看上去高兴"。卡罗琳·萨尼为了了解孩子学习这个规则的程度，观察了6～10岁的孩子。规则是，在某些情境中必须要掩饰自己的失望，假装很高兴。每个孩子都被要求去帮助一位大人评价一本教科书，完成后会得到一件漂亮的礼物作为感谢。几天后在第二个场合下，孩子们又被要求去帮助大人，但是这一次只送了他们一件普通的、适合婴儿玩的玩具。他们每一次拆开玩具时的面部表情、声音和其他的身体反应都被录像。

在回应第一个漂亮礼物时，孩子们表现出所有常见的高兴的神情：微笑，看着大人，真诚地说"谢谢你"，等等。当看到第二个普通的礼物时，大一点的孩子能够很好地掩饰自己的失望，至少表现出一些明显高兴的迹象；可是小一点的孩子就远不能成功地掩饰自己的真实感受，而是明显地表现出了失望。他们中的一些人，大多数是女孩，确实努力地想按照习惯装着很高兴。由此可见，年龄大一点的孩子完全掌握了将外在表现与真实感受区别开来的要求，然而，小一点的儿童似乎刚刚开始学习这个表现规则。

表现规则分为四类。

◇ 最小化（Minimization）规则，即这样一些场合：与真正的感受相比，情绪的表达在强度上减弱。上面提到的奥特古爱斯基摩人在体验生气时的行为就属于这个策略。

◇ 最大化（Maximization）规则，它主要指积极情绪的表达方法。这类例子是萨尼实验中那些年龄大一点的孩子，他们在收到第一件礼物时，他们的笑比那件礼物应该得到的更热烈，因为他们把这看作是高尚的。

◇ 面具（Masking）规则，是指当一个中立的表情（一张"面无表情的脸"）被认为是合适的时候。伊菲鲁克人的例子说明了这种行为。

◇ 替代（Substitution）规则，指个体被期望用一种很不同的（通常是相反的）情绪代替另一种情绪。在收到给婴儿玩的玩具时，那些表现出明显的高兴而不是失望的孩子，显然学会了这种规则。

最小化和最大化似乎是最容易学会的，它们比其他两个策略出现的时间多少要早点儿。当然，2 岁大的孩子会为了得到妈妈的同情而夸张地哭。这个例子说明他已经掌握了后一个规则。但是，我们要区分开能够使用表现规则和知道自己在使用。保罗·哈里斯（Paul Harris）采访了那些把失望隐藏在高兴背后的孩子，询问他们是怎样理解替代策略的，结果显示很少有人意识到他们的真实感受和他们的表现事实上有所不同。儿童似乎可以在不懂得为什么会这样做的情况下按社会认同的方式行事。只有到了 6 岁的时候，真实和表象之间的区别才完全被掌握，因为只有从那个时候起，儿童才明显地体会到感情和行为可以不对应，为了社会习俗的原因而隐瞒是完全可以被接受的。

父母的影响

儿童最先在家庭中学习情绪。他人与婴儿交往的方式可以传达以下信息，包括怎样表现情绪、可以表达情绪的场合、用来应对引发情绪的环境的行为等。因此，儿童与他人关系的类型可能会决定情绪社会化发生的方式和程度。对儿童情绪的社会化与依恋方式之间的关系研究似乎说明了这一点。

依恋通常被定义为一种情绪的联结，也就是儿童在最初几年遇到最强烈的情绪经历时的关系。父母传达这些经历的方式，以及父母回应儿童表现情绪的方式，对儿童今后的发展起决定性的作用。正如第四章所讲的，母亲处理儿童情绪表达时的敏感性被认为是促进了依恋的安全性，而不敏感就会造成不安全的依恋。与父母是不敏感的、不安全型依恋的儿童相比，由敏感的父母带大的、形成了安全依恋的儿童可能会发展出不同的情绪调节策略。有证据显示，三种主要的依恋范畴与下面的类型有联系（Goldberg，2000）。

◇ 安全型（Secure）的孩子知道，无论是表现积极的情绪还是消极的情绪，父母都能接受，所以，他们直接、公开地随意表现。比如，他们知道苦恼的迹象会提醒父母提供帮助和安慰，所以他们会毫不犹豫地表现出焦虑和伤心。同样，他们知道高兴和兴奋的表现能感染父母，所以他们会主动表现，相应地，儿童也会对他人的很多情绪做出回应。

◇ 回避型（Avoidant）的孩子总是有情绪表现不断被拒绝的经历。这尤其适用于消极情绪，这是母亲最少回应的情绪。其结果是，为了避免被遗忘或被断然拒绝，儿童形成一种隐藏任何苦恼的痕迹的策略，即使他们和其他的孩子体验了同样多的苦恼。积极的情绪也要克制，因为积极的情绪意味着孩子想要和他人交往，而他人可能并不愿意回应。

◇ 反抗型（Resistant）的孩子明白，他们的情绪表现得到的反应是不一致的，所以其结果是不可预料的。因此，他们形成了夸大表现（尤其是消极情绪）的策略，因为这样才能吸引父母的注意力。

因此情绪性受到父母与孩子关系类型的影响，因为不同类型的依恋和父母传达给孩子的有关情绪的独特信息相关。这样学习到的经验会传承到以后的岁月，总结推广到其他的关系中，成为个体情感模式的一部分。

父母和其他成人传达这些信息的方式主要有三种。

◇ 教育指导。这是指父母的直接指令："男孩不能哭""奶奶给你礼物的时候要笑""不要害怕狗"。

◇ 榜样学习。儿童会不可避免地去模仿父母和其他的角色模范，在观察中学习他们"正当的"行为方式。成人怎样表现（或者不表现）情绪是一个丰富的信息资源，可以影响孩子自己的表现模式。

◇ 随机学习。这可能是社会影响中最有效的资源了。通过精确研究婴儿时期父母—儿童交流中特有的顺序，研究者发现，当面部的、姿势的和其他的情感信号相互交流时，不管有没有词语的伴随，情绪对话已经是很明显的了（Malatesta，Culver，Tesman 和 Shepard，1989）。在开始的时候，这些交流主要取决于母亲以非随意的方式回应儿童的情绪信号：就是说，在特定的表现之后通常会伴随着与之相适应的情绪。比如，母亲的高兴会随着孩子的高兴而来，相反，害怕之后跟着的是安抚。孩子因此学习到他人的行为是可预测的（假如我做 X，她将会做 Y）。比如，当一种情绪得到了关注，而且伴随而来的是某种积极的反应，孩子可能会重复那种表现；但是，当一种表现没有受到关注，或得到了消极的回应，孩子以后就不愿意有那种行为。这种消极关系的建立需要多久，可以从对面无表情母亲的研究中看出来。比如研究那些患有抑郁症的母亲，或者让母亲为了实验目的故意面无表情（详见专栏5.5）。

专栏 5.5　切断情感交流

　　即使没有词语，对话也能进行。母亲和婴儿之间面对面的交流生动地说明了这一点。除了不是用语言，而是用面部表情、姿势、眼神和声音之外，这种交流完全给人一种交谈的印象。之所以会有这种印象，是因为它的组成部分交织在一起，形成两个同伴之间你来我往的交流。一个人"说"的东西紧紧地跟随着另一个人"说"的东西。婴儿在这种交换中很快学习到，他的情绪信号使别人感兴趣，能得到随机的、可预测的回应。这样，小孩就有机会习得社会交往中的一些基本规则。他们也能够在表达情绪上依照他人的期望调节情绪以得到帮助。

　　在交往被有意打断之后，我们可以很容易看出这种学习机会的重要性。这可以通过"面无表情"（still-face）范式进行实验：就是在实验室环境中，妈妈先和孩子像平常那样交往，确定下一个正常交流的期望。然后，妈妈连续保持沉默几分钟，不做任何反应。将婴儿的行为录下来，然后比较他们在两种情景中的行为，这样就可以看出打断的效果（Cohn 和 Tronick，1983； Tronick，Als，Adamson，Wise 和 Brazelton，1978）。从 2 个月开始效果很显著：孩子明显感到迷惑，对得不到妈妈应该给予的关注和回应越来越不安。开始他们积极地想去接触妈妈，微笑地看着妈妈。失败后他们就停止了笑，其他的情绪，如哭、皱眉、做怪样开始增多。看妈妈的时间逐渐减短，直到最后扭过脸去，好像看着妈妈是一种不能忍受的痛苦。接着孩子看上去像是有心事、"受压抑"。这种状况会持续一会儿，直到妈妈又恢复了正常的行为。

　　这些观察清楚地表明，妈妈不回应的情绪是一个让孩子非常痛苦的事件。比较一下在面无表情的情境中和妈妈离开房间时孩子的表现，妈妈暂时的离开更让人痛苦（Field，1994）。1 岁的孩子已经大到可以明确地期待妈妈回应的类型，可还是太小，还不能独自完成和调节自己的情绪行为。妈妈需要在场提供视觉层面的刺激，调节孩子的兴奋水平，并通过自己回应孩子感情行为的方式来塑造孩子以后的情绪发展。假如妈妈不能如此（如果母亲患有抑郁症的话，这种情况很可能在长时间里出现），孩子情绪发展的过程可能会很危险（详见专栏 3.6）。

　　无论父母对儿童情绪发展的影响有多大，其他人也会有一定作用。这里尤其值得提到的是同伴压力，特别是在保证男孩成为男孩，女孩成为女孩的时候。人们总是希望男孩坚强、女孩温柔。对男孩来说，这意味着要强调愤怒和攻击性，找到表现这些情绪的方法，同时要最大限度地减少软弱的情绪；但是另一方面，女孩就要减弱外在的冲突痕迹，看重合作和协调，对他人的情绪要敏感，善于表达自己的情绪。像所有的刻板印象一样，这样的概括并不是在任何地方、任何时候都正确。但是，这能提醒我们，所有的同伴群体和家庭一样有情绪氛围，其成员被希望要服从规范以保持这个情绪氛围。这适用于要表现出多少情绪、什么情绪是可以容忍的、谁对谁可以有情绪表现。同伴群体中通常都有严格的等级次序，对地位很高的人发脾气只会给自己找麻烦。而且，我们在第四章对同伴关系的讨论中看到，儿童的群体对在哪种场合中可以有什么情绪表现是有明确规定的：过于有攻击性的男孩可能会受到同伴排斥，但是完全没有攻击性的男孩也很难被同伴接受。因此，从学前期开始，儿童所接触的不同的交往类型促成了不同的情绪技能，成为家庭和同伴群体的一员也能帮助他们增加技能。

情绪能力

人的智力有区别是大家都承认的事实，但是个体的情绪能力也同样可以进行评估，这一点很难被人们接受。这主要是因为情绪似乎远远比认知模糊混乱得多，所以直到最近，人们才认为情绪能力可以被真实地测量，可以判断出某人比其他人能更好地应对情绪。但是，我们最终开始认识到情绪能力应该被看作是我们心理构成的一方面，与智力能力同等重要。所以，当丹尼尔·戈尔曼（Daniel Goleman）在 1995 年出版了《情绪智力》（*Emotional Intelligence*）一书后，他对培养"情感素养"（emotional literacy）的强调，他对情绪适应不良的可怕后果的警告，引起了大众的广泛关注。我们现在已经收集了足够多的研究资料，能够理解造成人类这方面行为能力差异的本质和影响因素。特别是，我们现在可以断言，这些差异的根源在儿童早期，并且在那时就开始起作用。

什么是情绪能力

要回答这个问题是很复杂的，因为情绪发展有许多不同的方面。表 5.5 列出了构成情绪能力的八个主要部分，每一个部分都代表了一个孩子在成长时需要掌握的技能。这八个部分不一定全都出现：一部分好，并不能保证另外一部分就好，更别说全部都好了。因此，用一个像 IQ 表那样的刻度来表示情绪能力是没有意义的。勾画出个体在主要成分上的各种优缺点会更有用，目前这样的测量工具还没有制作出来。

表 5.5　情绪能力的组成部分

1. 了解自己的情绪状态
2. 分辨他人情绪的能力
3. 运用自己的（亚）文化中的情绪词汇的能力
4. 同情他人情绪经历的能力
5. 认识到自己和别人的内在情绪状态未必是其外在表现对应的能力
6. 适应性地应对讨厌的和痛苦的情绪的能力
7. 认识到关系主要取决于情绪是如何交流的，以及关系中情绪的相互作用
8. 自我控制情绪的能力，即控制和接受自己的情绪

资料来源：Saarni（1999）。

当然，什么是情绪能力所必备的，还必须考虑到个体的年龄。一个 4 岁的孩子与同龄的孩子比较可能很成熟，但是与 10 岁的孩子相比会很不成熟。和智力一样，情绪能力必须与特定的年龄段联系在一起。年龄的平等还需要考虑个体的文化背景：我们在前面提到，在一个社会环境中被看作"成熟"的行为在另一个社会就未必是。比较一下奥特古爱斯基摩人、雅诺马莫人和印第安人：社会交往中攻击性的不同价值，确保了每个社会用不同的标准衡量有情绪能力的个体。同样的，泰国人和美国人相比，泰国人看重抑制性情绪的、害羞的个体，而这样的人在美国社会被看作是无能力的。每个社会都会要求其成员服从某些特定的标准，但是在每一个社会中都可能区分出谁是有能力的，谁是没能力的。

情绪能力和社会能力紧密联系在一起，因为处理自己和他人情绪的能力是社会交往的中心（Halberstadt，Denham 和 Dunsmore，2001）。这在同伴交往中尤其明显，因为在同伴关系中，受欢迎程度和友谊在很大程度上取决于一个孩子能否成功地把自己的情绪和别人的联系在一起。下面是一些研究的例子。

◇ 能用建设性的方法处理自己情绪的儿童（如保持好脾气、忍住眼泪），一般来说有良好的同伴关系。

◇ 善于向其他的孩子表明自己情绪状态的儿童更受别人欢迎。

◇ 儿童选择的合适情绪信息越准确，他越受欢迎。

◇ 与表现消极情绪更多的孩子相比，表现积极情绪多的孩子有更好的同伴关系。

◇ 准确解释他人情绪信息的孩子会得到较高的社会评价。

◇ 能用非攻击性的方式应对愤怒的孩子受到别人的欢迎，他的领导能力和社会交往能力强。

这些例子说明了儿童的情绪行为和他们的人际关系之间联系是多么紧密。儿童是否受欢迎，他们是否有朋友，他们对同伴群体的影响是建设性的还是破坏性的，社会交往的这些方面都会受到儿童如何处理情绪的影响。如果孩子情绪反应强烈，控制外在表现的能力差，可能会有破坏性的影响：他们很可能会挑起冲突，与能够控制住自己情绪的孩子相比，被同伴拒绝的可能性更大。情绪能力和社会能力其实是相互重叠的概念。事实上，有些研究者认为，更合适的方法是把它看作是情感的社会能力（Halberstadt 等，2001）。

从他人控制到自我控制

在费里达（Frijda）的图表文字中（1986）看出，人们不仅有情绪，而且要应对它们。因此，让我们挑出情绪能力的一个部分，即以社会认可的方式抑制或者调节自己情绪的能力。能够控制、转移和修正自己的情绪，使之符合社会标准，是社会井然有序的基础。在攻击性冲动的例子中看到其作用。不能控制这些冲动、在他人身上释放暴力的人一定会被看作是极端的无情绪控制能力的人，这些人从外部控制到内部控制都未能按照正常儿童的方式发展。

把情绪的控制从抚养人的控制转为孩子自我控制，是发展过程中的一个重要任务。这个过程要经历整个儿童期，但是永远不能全部完成。因为即使成人也不是完全自足的，尤其是在遇到困难时，成人也需要依靠与自己关系亲密的人。但是在儿童期，我们逐步积累了一定范围的策略去管理情绪及其表现。个体使用这些策略的范围越广、越通融，社会适应就越有可能成功。

只是各种策略在什么时候才能使用，这取决于感觉运动和认知的发展。下面的四阶段概要总结了这个发展过程（Cole，Michel 和 Teti，1994）。

1．婴儿期（Infancy）（0～1 岁）。婴儿最初完全依靠成人来应付烦恼：他们的哭声是要提醒看护人给予安慰。但是从很小的时候起，婴儿就开始使用自我管理的技巧：最开始这可能是偶然的，比如把大拇指不小心放到嘴里，产生出欢喜的安慰效果，后来这就当作行为的常用节目的一部分来使用。在很小的婴儿那里就可以看到一个非常有效的技巧：当某些东西过于让人兴奋时（比如，在面对面的交往中大人过分地刺激了宝宝），他们会移开目光。在开始的时候这完全是一个无意识的行为，但后来这会演化成为相当自觉的动作，如遮住眼睛或耳朵。

2．幼儿期（Toddlerhood）（1～3 岁）。一旦孩子可以走路了，他们自己就可以从不想待的情境中离开。另外，他们可以主动寻找他们依恋的大人，靠着他们，或者只是待在他们身边，主动地从他们那里获得安慰。当孩子逐渐能够思考问题后，情绪调节的过程就进入到一个象征水平。这样，他们可以把假装游戏当作他们表达情绪的途径，谈论自己的体验。最重要的是，他们形成了自我意识，认为自己是自主的，是可以控制事件的。同时，看护人还是很重要的，他要帮助儿童应对所有的压力刺激源。

3．学前期（Preschool period）（3～5 岁），儿童使用语言和思维来考虑情绪的能力越来越强，能够将情绪现象客观化，把自己和情绪区分开来。这样，他们就能够用不同的方式释放情绪，尽量使它们不会对自己造成伤害。同样，通过与别人讨论，他们能够分享自己的情绪，倾听他人的解释。在游戏中模仿情绪的能力也在增长，他们越来越能掩饰或者减弱自己的情绪。

4．儿童期后期（Later childhood）（5 岁以后）。认知能力的发展使得儿童能够更抽象地思考情绪，用一种更客观的方式来反思情绪。他们能意识到情绪是如何被管理的，因此他们会问自己：“我怎样才能最好地应对我的恐惧（或者愤怒或者羞愧等）？”这时候，他们还发展了调节其他人情绪的方法，即找到减轻其他孩子愤怒的方法，这样他们能够控制自己涉足情绪刺激源的程度。情绪调节策略的范围扩大了，儿童使用这些策略的差别和成效也越来越明显。

表5.6是理想化的状态，许多孩子都达不到。适应不良情绪的管理方法在上述任何一个阶段都可能出现。因为情绪失调是成年后大多数精神病的基本特征，研究它在儿童期的起源是非常必要的。

表 5.6　情绪自我调节策略

策略	行为表现	出现的年龄
转移注意力（Attention redirection）	从情绪刺激源移开目光	大约 3 个月
自我安慰（Self-comforting）	吸吮手指头，玩弄头发	第 1 年
寻找大人（Seeking out adult）	靠着、跟着、叫大人，还有其他获得安全感的依恋行为	第 1 年的后半段
借助物体（Use of transitional object）	抓住软的玩具、衣服或者其他舒服的物体	第 1 年的后半段
身体躲避（Physical avoidance）	从使人烦恼的情境中走出	第 2 年的开始
幻想游戏（Fantasy play）	在假装游戏中安全地表达情绪	第 2 年到第 3 年
言语控制（Verbal control）	与他人谈论情绪，思考情绪	学前期
压制情绪（Suppression of emotional feeling）	回避思考产生压力的东西	学前期
概念化情绪（Conceptualizing emotions）	反思情绪表现，用抽象的方式说出思想	儿童中期
认知分离（Cognitive distancing）	意识到情绪是怎样产生的和被控制的	儿童中期

为什么儿童的情绪能力不一样

有很多可能的理由来解释为什么有些儿童比其他儿童更有情绪控制能力。为了简单起见，让我们从生理的、人际的、生态的影响这三个方面谈起。

◇ 生理因素的影响（Biological influences）。遗传上气质的不同在很大程度上造成了情绪行为的不同。情绪反应性的强度、引起反应的阈限、抑制冲动的能力、兴奋后重获安慰的容易度，这些特征构成了个性相对稳定的结构基础，对获得控制情绪的能力很关键。临床的案例说明了这一点：比如，患有唐氏综合征（Down's Syndrome）的儿童之所以会有情绪调节的问题，是因为一方面，大脑中与抑制控制有关的组织发展缓慢；另一方面，生理反应性较低（Cicchetti，Ganiban 和 Barnett，1991）。其结果是，这些孩子很难兴奋起来，但是一旦兴奋了又很难控制自己的情绪。

◇ 人际的影响（Interpersonal influences）。无论生物因素的作用是什么，它们必须和许多外在的因素相互作用，才能产生影响（Calkins，1994）。比如，儿童应对压力的能力首先取决于天生的气质特征，但是，这些特征受到父母提供帮助的方式的影响。如果缺乏这种支持帮助，如虐待，儿童就很难发展必要的情绪自控能力。同样，在一个充满了冲突的家庭中，孩子不断地目睹消极情绪的爆发，他们就不会有控制自己情绪的动机。还有，有抑郁等情绪问题的父母，孩子很可能会在情绪发展上出现不正常。我们在前面看到，早期依恋关系能够用来解释个体之间的差异。因此，我们能够找出情绪能力的差异和父母与孩子的关系类型之间的联系。

◇ 生态环境的影响（Ecological influences）。儿童成长所处的更广阔的环境也能解释情绪能力的差别。以贫穷的环境为例（Garner，Jones 和 Miner，1994；Garner 和 Spears，2000）：低收入带来的压力对父母的情绪生活有着消极的影响，这对孩子的社会情绪能力构成了明显的威胁。后果可能来自很多方面：与贫困相伴的经济担忧、过分拥挤的住所和家人生病会造成父母在教养过程中的反应性较低和情感冷酷，从而导致父母与儿童之间的不安全依恋关系。由于劳累和焦虑，母亲很少有时间与孩子进行交谈，因而不能与他们讨论在情绪上有意义的事件。并不是说，所有在这样环境中长大的孩子在情绪上都是劣势的，但是，贫困这个例子说明，如果我们要理解个体在情绪能力上的差异，我们需要考虑儿童成长所处的环境。

总的来说，很多的影响因素造成了情绪能力的不同。要想解释一个孩子的表现，我们总是需要考虑一系列交互作用的因素。比如，身体受虐待的儿童的情绪发展在很多方面都会出问题。这些儿童很可能对他人的痛苦没有反应，他们总是表现出愤怒和恐惧，他们的情绪变化无常，他们对激发情绪的环境的反应经常是不恰当、非适应性的（Denham，1998）。但是，不是所有受虐待的儿童都有这样的发展结果，有些人非常愉快，能够很好地应对消极情绪。为什么会有这种差别？答案可能在于孩子遭遇的危险因素的数量上。比如，除了父母的虐待，我们加上一个易受伤的气质（这使得孩子对压力反应强烈），再加上贫困的成长环境（很大的压力），情绪发展出现问题的可能性就非常高了。当然，有些状况对个体的影响大到无法消除。这里主要是指某些生物的状态，神经生理功能的损伤是心理病理的直接原因。自闭症就是这样的例子，这种病症的主要特征是情绪适应不良。但是，在大多数的例子中，情绪能力差是以上几种因素相互作用造成的发展不良。

专栏 *5.6* 自闭症儿童情绪的病理解析

自闭症相对来说是个罕见的现象，但是由于它不解的和（到目前为止）神秘的本质，受到了极大的关注。最开始，人们认为自闭症的原因是"冰箱父母"（refrigerator parents），即父母冷酷的、无感情投入的照顾，现在大家几乎认定这是天生的，可能与遗传有关。至今为止还没有有效的治疗方法，但是轻度自闭症儿童在得到帮助后能够在社会中适应得不错。

从最初几年开始，自闭症儿童就显示出三个主要的心理问题：（1）不能形成正常的社会关系；（2）语言发展异常、缓慢；（3）程式化的、重复性的行为模式。近年来的许多研究解释了这些问题背后的特殊过程。比如，自闭症儿童的语言问题与排序、抽象和组织这些认知能力的不足有关。他们在形成关系方面的困难来源于缺乏"心理理论"的能力，因为这些孩子似乎不能体会到他人在想什么，他们甚至意识不到别人会思考、别人有思维。

这样的社会问题反映在这种失调的情绪弱点上。人们不断地发现自闭症儿童无法对他人移情：在实验中，一个成人假装做出痛苦的表情，比如疼痛、恐惧。与正常发展的儿童不同，自闭症儿童根本不注意大人的脸，而是去检查他认为的造成这种反应的物体。所以，他们很少利用别人的情绪信息，或者是采用一种冷漠的方式。这说明自闭症儿童连分辨他人的简单情绪都有困难，这也许并不让人惊奇，因为他们很少与别人有眼神的接触。在一个研究实验中，正常发展的儿童、有精神问题的儿童和自闭症儿童都被要求把有人脸的照片分类。前两组是按面部表情来分类的，而自闭症儿童却是按照他们戴的帽子的类型来分类。

情绪功能的其他方面，如儿童自己的情绪表达也与这有关。在与父母或同伴的交往中，自闭症儿童很少表现出积极的情绪，如愉快和兴奋。他们还倾向于表达与情境不相适应的情绪，如在高兴的时候哭，在伤心的时候笑。其结果就是，他们不能协调自己和他人的情绪表现，这样就打断了他们与同伴的正常交流，使得他们不受欢迎、受到排斥。有些自闭症儿童非常聪敏，能毫无困难地掌握某个年龄应该掌握的认知任务，如理解物理上的因果关系。但是，虽然他们理解你踢一下球，球就会往某个方向滚，他们却不能理解心理上的因果关系，比如失望会导致别人伤心。

这些情绪能力的不足，必然与社会能力的不足紧密联系在一起。假如儿童不能认出别人的情绪信号，无论是面部表情、姿势还是声音，他们在参与人际交往时会面临极大的困难。假如他们不能把一种情绪和其他区分开，那么他们在与其他人交往时会行为不当，这就加深了他们已有的困难（Denham, 1998；P. Harris, 1989；Rutter, 1999）。

以前，情绪被当作完全消极的东西：作为一个分裂性的、异化的过程，它只能妨碍人们有效的行为。直到最近一个积极的观点才盛行开来：情绪被认为对社会适应有帮助，更重要的是，它在人际关系中起重要作用。

情绪有生理基础，是人类天赋的一部分。在生命最初的几周里，一些基本情绪就可以被分辨出来，其他的情绪随后在发展过程的某一时刻才能出现。这是因为这些情绪所需要的更复杂的认知功能（如自我意识）只有在婴儿期之后才能出现。生理的基础意味着所有人都分享一样的情绪。从与世隔绝的前文明社会中收集的人类学证据和对天生的聋哑儿童的观察证实了这一点。但是，我们表达情绪的方式和场合会因抚养方式和经验的不同而不同。

儿童不仅体验情绪，还会思考它们。一旦他们会说话了，他们就可以命名各种情绪，思考情绪，并和他人讨论情绪。从第三年开始，儿童能够推断别人的内在心理状态，越来越能理解造成别人情绪的原因，越来越能预测情绪的后果。这反过来又促使儿童构建复杂的理论，解释为什么别人会如此行动，获得越来越多的"看人脸色"的技能。

情绪交谈极大地推进了这个过程，儿童首先和父母，然后和其他的儿童进行关于情绪的对话。这显示出从很早开始，儿童就对自己和别人情绪背后的原因有极大的兴趣。这种对话进行得越频繁，儿童的情绪理解力就越高。情绪发展因此受到社会经验的影响。通过比较不同文化中的孩子必须要习得的"表现规则"（在特定情境中表达特定情绪的规则），我们可以看得很清楚。

正如个体有智力上的区别一样，他们的情绪能力也不同。这些差别的原因有很多：生理的原因，即气质和其他天生品质的差别；人际关系的原因，即养育儿童的不同方法；生态环境的原因，比如生活环境。调节和控制自己情绪的能力是一个特别重要的部分，因为不能习得这种技能会给社会带来灾难性的后果。这个能力的发展就是将看护人的外在控制转移为孩子的自我控制，这个过程要持续整个儿童期，并且涉及学习许多调节自我情绪及其表达的策略。

阅读书目

Denham，S.（1998）. *Emotional Development in Young Children*. New York：Guilford Press. 通过大量的描述说明学前期儿童的发展，这本书勾勒了最新的研究成果。

Fox，N. A.（ed.）（1994）. The development of emotion regulation：Biological and behavioral considerations. *Monographs of the Society for Research in Child Development*，59（2-3，Serial No. 240）. 侧重于情绪调节方面的内容，这本书包括了有关生理的、行为的和人际间的内容，对研究者提出的问题及其解决方法有独到见解。

Oatley，K.，& Jenkins，J. M.（1996）. *Understanding Emotion*. Oxford：Blackwell. 对情绪研究方面有非常好的介绍，包括介绍发展方面的一章。将情绪置于演化的和文化的语境中，尤其关注心理病理学方面的内容。

Saarni，C.（1999）.*The Development of Emotional Competence*. New York：Guilford Press. 浅显地解释了兴趣能力及其各种组成部分。受到作者临床经验的影响，这本书尤其关注发展不良和行为失调问题。

第六章

作为科学家的儿童：皮亚杰认知发展理论

INTRODUCING CHILD PSYCHOLOGY

认知发展指的是在儿童期获取知识的发展。它包括以下过程：理解、推理、思考、解决问题、学习、概念化、分类和记忆。简言之，就是人类的智力用于适应和了解世界的各个方面。认知发展关注的是儿童如何认识世界和获取知识。

与情绪发展的"热门"话题不同，认知发展传统上一直被当作是"冷门"话题。这是因为人们认为认知纯粹是智力功能，与社会情绪无关。在这一章我们将介绍皮亚杰的心理学理论，这是一种影响巨大的、在许多方面都卓有成效的"冷门"理论。直到今天，该理论仍被认为是对儿童了解世界的方式做出了最全面的论述。我们同时也会看到，在有些方面，他的理论有点过于冷静，不含情绪因素。在后面的一章，我们将介绍由维果斯基（Lev Vygotsky）提出的另一种认知发展理论。这个理论在某种程度上试图将人类行为的智力因素与社会情绪因素联系起来。

基本理论观点

皮亚杰出生于瑞士（1896—1980），在 20 世纪，他有关儿童心理发展的理论主导了大半个世纪。其理论观点和实证观察研究改变了我们对于儿童智力发展的思考方式。皮亚杰从未进行过心理学方面的专业训练，或许这有点讽刺意味，他起初学的是生物学。他在 11 岁发表了第一篇生物学方面的论文《对一只白化鸟的观察》。在青少年时代，他开始着迷于认识论，即有关认识起源的一个哲学分支。他对认识论的迷恋持续了一生。为了进行这一课题的研究，皮亚杰采用了发展的研究方法，利用心理学方法追踪儿童，考察儿童获得知识的基本方式，以及在适应环境过程中如何把这些基本方式发展成复杂的手段。

皮亚杰出版了五十余本书，其中包括：《儿童的判断和推理》（*Judgment and Reasoning in the Child*）（1926）、《儿童的世界概念》（*The Child's Conception of the World*）（1929）、《游戏、梦和模仿》（*Play, Dreams and Imitation*）（1951），以及《儿童现实构建》（*The Construction of Reality in the Child*）（1954）。但是，在开始阶段，他的影响范围扩展得很慢，部分原因是他用法语发表作品，说英语的国家不熟悉他的著作，直到多年后有了英文译本，其影响才变得越来越大；还有一部分原因在于，他的方法论和理论概念在很多方面都与当时流行的方法和理论相异。皮亚杰的理论最终引起了世界范围的兴趣，并激发了大量其他的研究——首先是一些在其他儿童身上重复皮亚杰的研究；然后，是一些把皮亚杰的工作扩展到相关的课题上；最后，在某些方面修正和替代皮亚杰的结论。

目的和研究方法

在早期，皮亚杰与智商测量创始之父比奈（Binet）工作了一段时间，进行智力测试的标准化工作。这里，他们把儿童对问题的回答定为"正确"或"不正确"。但皮亚杰很快认识到，他真正感兴趣的不是儿童回答正确还是错误，而是如何得出了这些答案。换句话说，他想弄清楚的是儿童回答问题时的心理加工过程：儿童对世界的看法是什么？这些加工过程随着年龄的增长有怎样的变化？儿童怎样随之提高处理现实问题的能力？与比奈不同的是，皮亚杰几乎不关注作为心理年龄指标的智力成绩；他想要研究的是智力的一般特征，而非个体差异。其结果是，他不注重研究时的取样问题，甚至他的一些非常有影响的研究只是建立在对自己的三个孩子的研究基础上。发展的规则由比奈和他的同事建立；皮亚杰的目标是研究发展的本质，希望通过追踪儿童，观察他们更好地适应环境的方式。

皮亚杰的工作经历了两个主要阶段。

1. 最初，他研究的是儿童怎样获取特定的概念——比如，时间、空间、速度、等级、关系和原因——这些是基本知识，但对我们掌握知识至关重要。这时候的大部分研究涉及的是 3 ~ 10 岁之间的儿童。他对这个年龄段的儿童进行访谈，目的是想弄清楚每个儿童对一些特定现象的看法，比如："云为什么会动""梦从哪儿来""河水为什么会流"。访谈全部是非标准化的，每个问题都基于儿童对前一个问题的回答，接着追问下一个问题，直到皮亚杰觉得他掌握了儿童对那个现象的看法为止（见表 6.1 的例子）。皮亚杰解释道："我仿照心理治疗的模式，把我的研究对象置于谈话之中，目的是找出他们正确或是错误的答案背后的推理过程。"运用访谈的访法，皮亚杰追踪不同年龄段儿童对每个不同概念理解上的发展轨迹，通过这些追踪使他确信思维的变化呈阶梯状，而不是渐进的。因此他认为，对于儿童发展最恰当的描述方式应该是阶段。表6.1中所列出的是皮亚杰对儿童关于因果关系概念的研究。通过问一系列这样的问题："什么使云在移动？"儿童的各种回答使他确信不同的思维方式是不同年龄段的典型特征，对于这一特别概念理解上的发展变化用以下三个阶段的发展次序表示，即从"神奇的"到"事物有灵魂的"再到"逻辑的"。

表 6.1 因果关系理解的阶段

问题：什么使云在移动？	
思考方式	举例回答
1. 神奇的（一直到 3 岁），比如，儿童能通过思维或行动影响外在物体	"我们走路，它们就动"
2. 事物有灵魂（3～7 岁），比如，儿童把自己的特征归到物体上	"它们动，是因为它们是活的"
3. 逻辑的（8 岁以上），比如，儿童以非个人的方式理解世界	"风使它们动"

2．在他研究的第二阶段，皮亚杰转向了更为一般性的智力发展观念。他不再观测儿童理解能力的个别方面，而是把所有方面结合起来，成为一个包罗万象的体系。认知能力是从出生到成熟的整体发展体系。他也提出用四阶段的顺序体系来解释智力的整体发展，取代了个人概念上的发展阶段。下面将会详细地介绍这四个阶段；我们首先注意到对于年龄小的幼儿意味着皮亚杰不能全部依靠访谈这一方法，发生的行为和特定场合的观察起到了更重要的作用。例如，为了弄清楚儿童分类的能力，皮亚杰给儿童一套物品或图片（如房子、人、玩具、动物的图片，等等），让他们按照"相匹配"或"相似"分成组。这样，就能了解儿童什么时候开始懂得分类的概念，并且，研究他们把东西归类的标准——比如较小年龄的儿童经常用永久性的尺寸或颜色，或物体的类型（比如，玩具与衣服相对），或用途（比如，好不好吃）。像以前一样，皮亚杰对儿童回答的正误不感兴趣，他更感兴趣的是他们处理任

务的方式和在此过程中揭示出来的心理组织结构。为此，他详细地记录了儿童的行为动作和语言反应，这在他所有的书中都有大量引述（详见专栏 6.1）。

专栏 6.1 皮亚杰数据收集的方法

我们引述以下两段原稿来说明皮亚杰研究的收集数据的方法。第一个是临床访谈法——这是一种开放式的对话，目的是弄清儿童是如何思考和解释一些特殊现象的。这个例子研究的现象是梦的本质，被访谈对象是 5～9 岁的儿童。

皮亚杰：梦从哪儿来？

儿童：我觉得睡得很香，就做梦。

皮亚杰：是来自我们自己，还是来自外面？

儿童：外面来的。

皮亚杰：我们用什么做梦？

儿童：我不知道。

皮亚杰：用手？还是什么都不用？

儿童：什么都不用。

皮亚杰：当你在床上做梦的时候，你的梦在哪儿？

儿童：在我的床上？在毯子下面？我不知道。如果是在我的肚子里，我的骨头会挡着，我就看不见了。

皮亚杰：你睡觉的时候，梦在那儿吗？

儿童：是的，在床上，在我旁边。

皮亚杰：梦在你的大脑里吗？

儿童：我在梦里；它不在我的大脑里。你做梦的时候不知道你在床上。你知道你在走路。你是在做梦。你在床上，但你不知道你在那儿……

> 皮亚杰：梦在房间的时候，它离你近吗？
>
> 儿童：是的，就在那儿。（指着离他眼睛 30 厘米的地方）

这段摘自出版于 1929 年的《儿童的世界概念》，其中收录有皮亚杰对儿童理解心理现象的研究，如思考和梦。这一方面论证了皮亚杰对各种各样的、详细的、有针对性的问题研究技巧和他坚持不懈的精神。但是，他把儿童本来没有的想法加入儿童的脑子之中是很危险的，出于此考虑，皮亚杰在他后来的研究工作中减少使用访谈的方法。无论怎样，对于儿童来说，理解心理现象要难于对现实物理世界的理解。例如，梦是心理现象。皮亚杰把这个看作现实主义，把思考与说话等同起来，在他所访谈的 4、5 岁儿童身上表现出这一特点。

我们的第二个例子取自皮亚杰的后期著作，是他发表于 1954 年的《儿童现实构建》。在这本书中，他描述了对一个年幼儿童的观察。这个儿童是皮亚杰自己 18 个月大的女儿杰奎琳。

杰奎琳正坐在一个绿色的地毯上，玩一个她很感兴趣的土豆（对于她来说这是个新东西），她嘴里模糊不清地说着"土豆"，把它放进一个空盒子里，又拿出来，自娱自乐着……我就拿过土豆，把它放进盒子里，杰奎琳在旁边看着。我把盒子放在毯子下面，把它翻了个，这样就把土豆藏在毯子下面了，没有让她看到我的花招。我把空盒子拿出来，对她说："把土豆给爸爸。"杰奎琳在这个过程中一直看着毯子，意识到我在下面做了什么。她在盒子里找她的土豆，看了看我，又仔细地看了看盒子，看看毯子……但她从未想到把毯子掀起来去找下面的土豆。

皮亚杰的很多观察都是对儿童整体的自发行为，但这个例子中，他采用了准实验设计方法来测试儿童对各种具体设定的情境的反应——通过边访谈边观察来检测儿童的心理过程。这个例子是皮亚杰研究儿童的客体永久性概念——儿童在以后发展出来的能力。客体永久性是个体出生后的头两年智力发展的至关重要的部分。

理论的基本特征

如同行为的其他方面一样，人们对于认知发展是天生的还是后天的这个问题长期以来一直争执不休。有人认为，内在的结构是认知发展的主要基石，环境仅仅提供已经存在的智力结构的内容。另有一种观点认为，所有的发展都可用环境的刺激进行解释。因此，要了解人类对知识的获得，需要对儿童获得知识的过程进行研究。

皮亚杰发展理论的基本观点是，智力发展是儿童与环境动态的和持续的相互作用的结果，单方面强调儿童的天性或单方面强调环境的影响是无意义的。相反，我们如果要了解儿童怎样获取知识，就需要在一段时间内观察儿童如何作用于环境，环境如何作用于儿童。这是皮亚杰给他自己设定的任务。他不相信一个刚出生的婴儿是一个空皮囊，被动地等着别人给予经验，相反，它是一个早已装备了一定心理结构的生命体。尽管这个生命体还很原始，但已经能以非常具体的方式利用所获得的任何信息。在所有的发展阶段，儿童都能选择、解释、转化和改造经验以便适应他们已有的心理结构。在最初的阶段，这些结构都很简单，主要是反射性动作，像吮吸。给一个 2 个月大的婴儿一个娃娃，她会吮吸它而不是像一个 2 岁的儿童那样用不同的花样玩耍它。用皮亚杰的表述就是，婴儿把娃娃同化进了她的吮吸图式里，因为吮吸在这个阶段占主导地位，决定了这个年龄的儿童如何操作他们得到的物体。同时，婴儿也在接触过程中获知娃娃也有别的玩耍方式。这样，新的摆弄娃娃的方式也就出现了：抚摸、拥抱、拆、摇动，等等。这就是说，婴儿顺应她自己以适应物体的本性。按照皮亚杰的理论，同化和顺应这两个相仿过程代表认知变化的基本机制：一方面，儿童把外部世界并入他们自己的心理结构中；另一方面，他们也改变和扩展着他们的行为以适应环境的需要（详见表 6.2 中皮亚杰术语的一些定义）。

表 6.2　皮亚杰术语的一些定义

术语	定义
智力	按照皮亚杰的定义"智力是生物适应的一个特例"。它指的是这一适应带来的心理过程上的变化，而不是个体在认知能力上的差异

术语	定义
适应	所有生物有机体为适应环境需要而进行调整的天生倾向
图式	建立在感觉运动或思维基础上的基本认知结构，个体依此来获得其经验的意义
同化	是个体把新经验吸收进已有的图式之中，从而转化新获得的信息以适应已有的思维方式的心理变化过程
顺应	是个体调整已存在的图式来适应新的经验，这样就调整了以前的思维方式以适应新的信息
平衡	个体的图式与环境相平衡。当不平衡时，需要重新调整图式

这个简单的例子说明了皮亚杰理论中一些最基本的特征。

◇ 智力不是从较复杂的思维过程开始，而是从最基本的、与生俱来的反射性的动作模式开始。这些动作模式是可改变的：它们与外部世界的事物相互作用、变化、调整、结合，从而变得更复杂。

◇ 知识是通过儿童—环境相互作用而构建的。它既不是内在组织构成的，也不是仅由经验提供的，而是由儿童积极地探索事物，以及后来的想法而产生的。获取知识是建立在行为基础之上的，不是一个被动的信息积累过程。这一点适用于所有年龄段：就像婴儿需要摆弄娃娃以便弄清它的性质一样，学龄儿童需要调试头脑中的想法以便弄明白他们的各种可能性。

◇ 智力的发展可以看作是一个对环境更精确和更复杂的调整过程。所有的生物体都尽量设法让自己适应环境，这一点是通过同化和顺应这两个过程实现的——一方面，通过利用外部事物来"补给"现存的心理结构；另一方面，结构也相应地被这一过程所调整。

无论什么时候，当儿童遇到与自己现存的思维结构不符的新情况时，他将处于不平衡中。受到好奇心的驱使，总是遇到这样的新情况，这样他们就被迫要让这种新情况产生意义，也就是说，要获取平衡。按照皮亚杰的观点，这就构成了智力发展的动力，但智力发展要真正产生，只有在这种新情况与儿童已熟悉的情况相差不是太大时，才有可能。因此，父母和教师在向儿童提供新经验时，要在熟悉与不熟悉之间达到最大化平衡。

我们现在可以理解为什么皮亚杰喜欢把儿童称为"小科学家"了。就像科学家遇到新问题时，为了探寻他们观察发现的意义，首先使之适应他们已有的理论，如果不行的话，他们会扩展自己的理论或者创造新的理论。儿童也是如此，他们首先会用已有的熟悉的方法来同化一个不熟悉的事件；接下来，会调整他们自己已有的思维和行为模式来适应新情况。在两种情形下，个体都积极参与寻求解决方案，用各种方式不断尝试（可能是尝试—失败—再尝试），以便能够弄明白这种新情况，最终，通过创造性的行为，对于新的挑战做出反应，从而在观察与理解之间达到一个满意的搭配。下面是皮亚杰对他 10 个月大的儿子进行的观察。

> 劳莱特仰面躺着……他接连不断地抓起塑料天鹅、盒子等物品，他把胳膊伸开，让这些东西从手上掉下去。他很明显地让掉的姿势不同。有时，他竖直地伸出胳膊，有时，他斜着挡在眼睛的前面或后面。当物体落到了一个新的位置，他会让这个东西在同一位置再落两三次，仿佛在研究空间关系；然后，他又进行调整。在某一时候，天鹅落到他的嘴边，他没有吮吸（尽管这个东西本来是这样用的），而是把它又扔三次，而他的嘴巴仅仅象征性地张了张。

（Piaget，1953）

儿童忙着探索，想通过积极地探索来了解所有可能出现的新情况，他想知道到底是怎么回事，发现他认为很重要的事物的性质和行为空间特征。开始他只是偶然触摸，但接着他会像科学家一样追根寻底，用各种各样的不同方式来探究一个新事物，坚定地探求各种可能性，仔细地注意后果。由此，对于儿童，也对于科学家，知识的边界就得以不断地向前扩展。

认知发展的阶段

皮亚杰理论的重要方面就是他认为发展是呈阶段性的。他不赞同将认知发展简单地看成是知识在量上的累积：认知发展呈阶段性，第一阶段代表对世界的一种新的思维方式，这种思维方式与它之前和之后的方式都有着本质的区别。根据自己的观察，皮亚杰认为，在儿童期，全新的理解策略会在一定时期内出现。起初，皮亚杰的描述局限在各种各样的个体智力概念上，比如上面描述的因果关系，最后，他把所有这些个别的概念和经验集合到一起，形成了一个囊括全部的图式，这个图式包括四个主要发展阶段。在儿童时期有三个时间点（在大约2、6、7岁和大约11、12岁），在这些时候，会出现思维上的重新组织调整——它涉及理解的各个方面。儿童达到这些关键阶段的年龄各不相同，不是所有人都会达到最后阶段；然而，发展的次序却是不变的，儿童不可能越过前面的阶段进行到更高的阶段。每一阶段代表着用更复杂、适应性也更强的方式对环境进行解释；相应地，每一阶段都会造成理解上本质的不同。这四个阶段的特点会在下面描述；简单的描述见表6.3。

表 6.3　皮亚杰的认知发展阶段

发展阶段	显著特征
感觉运动阶段 （从出生到2岁）	婴儿依靠感官和动作来学习和理解他们的环境。认知结构建立在动作上，之后变得越来越复杂和协调。只有到了这一阶段的后期，活动才开始内化，形成代表具体事物的表征符号
前运算阶段 （2～7岁）	儿童能使用符号（例如：词、头脑中的形象）来理解世界。假扮游戏出现，儿童能清楚地辨别出现实与幻想的不同。思维是自我中心的，一直到这个阶段的后期，儿童才能考虑到他人的观点
具体运算阶段 （7～11岁）	儿童获得了大量的心理操作能力，例如，多重分类、逆向、罗列，以及守恒。通过这些动作，他们能够以不同的方式操纵符号。逻辑思维在这个时期出现了，但仍主要与具体事件而不是与抽象概念相联系
形式运算阶段 （11岁以后）	儿童在这时期能够进行包括抽象和逻辑推理在内的智力活动。他们不必经过实际操作就能想出大量的解决方案，他们有能力在完全假定的情境中解决问题。思考越来越建立在想法而不是具体事物的基础上

感觉运动阶段

这一阶段大约持续到2岁左右，这一名称的由来源于它的主要特征，也就是说，儿童了解世界是由他们在环境中的动作产生的。知识的获得来自于吮吸、抓、抚摸、咬和其他对环境物体的外在反应，而不是通过内在的思维过程，在头脑中把握和操纵物体。但是，皮亚杰相信最初的以动作为基础的阶段是思维发展的萌芽，他认为思维活动是内在化的活动。

尽管感觉运动是儿童在发展的最初两年中跟环境打交道的主导方式，但在这一阶段的发展绝对不是静止的，根据皮亚杰的观点，感觉运动阶段可以描述为一系列的小阶段。让我们找出在这一过程中最重要的发展趋势。

◇ 从严格拘泥到灵活的活动模式。儿童天生具有很多反应模式，这些反应模式使得他们从一开始就能与周围环境进行交往。这些模式最初只能对某些特定的刺激产生反应，比如，出生后婴儿就会吮吸，但仅仅是对乳头的一种反射性的反应；其他的物体与婴儿的嘴唇接触时，儿童都会拒绝。然而，通过认真细致地观察自己的三个孩子，皮亚杰认为，在最初的几个月，严格拘泥的活动方式慢慢地变得灵活，婴儿渐渐调整他的行为，并对范围更广的刺激物产生反应。比如，在9天大的时候，他的儿子劳莱特恰巧碰到了他的手，他想要吮吸，但立刻放弃了；他接着想要吮吸被子，同样也放开了。别的什么都取代不了母乳。但在一两个星期后，婴儿开始吮吸他的大拇指；慢慢地，他也开始接受大量其他物体，比如他以前曾拒绝的被子、父亲的手指和各种各样形状与材质的玩具。并且，最初吮吸这一动作只发生在物体与嘴唇接触时，渐渐地，婴儿学会把物体的出现与他的动作相联系。在女儿杰奎琳4个月大的时候，皮亚杰给她瓶子看，她就张开嘴；在她7个月大的时候，分别给她瓶子和勺子时她张开的嘴形不一样。皮亚杰认为，这样的适应构成了智力的开始。

◇ 从单一到协调的动作模式。最初，东西放在那儿只是被看、抓或吮吸。后来婴儿了解到能在同一物体上，同时或以协调的顺序做一系列不同的动作。比如，很小的婴儿只有在他的手跟物体接触时才会去抓住物体；他不会把物体拿起来放到眼前去看。尽管在早期，当物体与手处于同一视野范围之内时有可能会发生，但这种能力的真正出现是后来发展的。最终，婴儿能够去拿他看到的东西，也会看着他拿的东西，并且他也会让新获得的视觉运动模式与吸吮协调起来，他会把物体拿到嘴边，或者摇动它使之发出声音，这样就有了声音，从而把听觉也带到了视觉图画之内。其结果是，儿童的运动技能越来越复杂、越来越协调，也越来越有效了。

◇ 从反应性到有目的性的行为。尽管儿童从一开始就是主动的，但他的活动最初根本不是有目的、有计划的。他的动作对环境的作用是偶然产生的：比如，当婴儿碰到婴儿车上的一串珠子的时候，珠子会乱蹦，并且会发出清脆的声音，但婴儿不了解动作与结果之间的联系，因而不会故意去重复这个动作。只有到了1岁，有意识的动作才真正出现。皮亚杰用记录自己的三个孩子在想拿到吸引人的玩具而遇到障碍时的行为表现来证明他的观点。请看下面的观察。

我给6个月大的劳莱特一个火柴盒，但在边上我又伸出一只手挡着，让他不容易拿到。劳莱特试着越过我的手，或自己移到一边，但没有动我挡着的手；在他7个多月大的时候，劳莱特反应大不一样了。我用手挡着盒子，盒子在手的后面，这样，他如果不把我的手拨到一边，就没办法拿到火柴盒。起先，劳莱特没有注意，突然他打了一下挡着的那只手，仿佛要移走或弄低它。我任由他动，这样他抓住了盒子。（当他面临的是一个垫子而不是手时）劳莱特想要够到盒子，但垫子挡着他，他立刻打那个垫子，确确实实地把它弄得很低，以至于垫子不再妨碍他拿到盒子。

从直觉上来说，很容易分辨有意识的和无意识的行为：劳莱特坚定地要拿到盒子的决心很明显。这个具有前瞻性的和有计划的行为是儿童发展中最重要的步骤之一，它使得儿童的行为变得更加成熟。

◇ 从外在行动到内在心理表征。感觉运动是婴儿时期最重要、最基本的活动，他会在这一时期末逐渐出现思维活动的迹象。最初，看不出儿童使用形象、表征符号、概念或任何其他内在的策略。皮亚杰通过描述婴儿在解决问题时一些显著的动作来说明这个问题，例如：当一个玩具够不着，但能借助旁边的棍棒够着时，大部分1岁的儿童不能看出两个物体间的联系，即使他们在拨弄棍棒时不小心移动了玩具。解决问题是一个不断尝试和不断出错的过程；只有在2岁左右，儿童才能在脑子里想到棍棒能用来作为达到目的的一个工具。最初，儿童需要看到棍棒就在玩具旁边，才能看出它的意义。后来，他们明白在这种情况下需要一个棍棒，如果没有的话，他们会去找。出现这种情况时，儿童的行为开始变得多样化；更重要的是，语言在这个时候的发展使得儿童能以表征的方式描述人和事物。这样，他们就能在脑子中处理事情，在大脑中计划一些活动而不需要通过实际的活动。使用心理表征在这个阶段还相当初级，而且不够有效，但这是人类成熟发展至关重要的一步。

在感觉运动阶段中一个相当重要的发展需要特别强调，那就是儿童的客体永久性。儿童理解了世界是由外部事物组成的，并且这些事物是独立的实体，它们的存在是不以人的意识而改变的。对于我们成年人来说，这一看法如此自然以至于我们很难去相信除此以外的其他观点了。皮亚杰的天才之处就是认识到婴儿看待世界与成年人看待世界的方式很不相同，也就是说，婴儿看世界完全是转瞬即逝的感觉印象，事物完全取决于婴儿自己对它们的意识。每样事物——尖利声响、大拇指、妈妈、瓶子、小熊玩具或其他婴儿接触的事物——都是婴儿能够看到、听到或者玩时才存在的。婴儿一旦与这些事物失去接触，事物就不存在了：不在眼中，就不在心中。这个阶段的婴儿没有自我，因为这需要一种能力把在不同时间产生的不同印象连接起来，而1岁左右的婴儿尚不具备这种能力。

为了证实这个观点，皮亚杰进行了隐藏任务实验。他向婴儿出示了一些吸引人的玩具，就在他们要够着的时候，皮亚杰用布盖上了玩具，挡着不让他们看见。年龄小一点的婴儿立刻停止去够玩具，把注意力转向别的地方，仿佛玩具不存在了一样；而大一点的婴儿在玩具被遮住时，会继续去找玩具：他们会盯着布，用手去够布，把布掀掉，寻找布下的玩具。在皮亚杰看来，婴儿对于丢失的玩具的继续关注是玩具的概念存在于他们头脑中的证明，他们对事物的认识更成熟。

然而，客体永久性概念不是突然间形成并达到成熟的。皮亚杰通过对整个婴儿期儿童耐心细致的观察来探讨这个问题，他和他的孩子在各个年龄段玩捉迷藏的游戏，随着儿童年龄的增长，任务的复杂性也不断加强。虽然客体永久性首次出现在 1 岁末的某段时间，但皮亚杰认为只有 1 岁以后的儿童才能以成熟的方式认识到，无论他们当时是否意识到，事物都是客观持续存在的。客体永久性是儿童建构起来的；就像时间和空间的概念一样，皮亚杰认为它不是在生命开始的时候就具有的，而是应该给它机会让它发展。正如专栏 6.2 里所详细描述的那样，客体永久性发展会持续很长时间，跨越了感觉运动阶段的大部分时间。

专栏 6.2 **寻找藏着的东西**

皮亚杰的三个孩子在婴儿期都玩过藏东西的游戏，这个游戏不但对他们来说好玩，而且对他们的父亲，以及我们认识儿童发展都有启发作用。他们在不同年龄阶段对这些游戏的反应方式不同，找或者不找，反映了客体永久性的发展，并说明了这个概念在出生后两年间的发展过程。

皮亚杰把这个发展过程分成了几个阶段。最初，在前 4 个月，婴儿不去找消失了的东西。他们或许会看一下东西或人消失的地方，但那至多不过是一个进行中的反应的延续。之后，在 9 个月至 10 个月大的时候，婴儿对一个消失的东西表现出了极大的关注，他们不再光看看那个东西消失前所在的地方，而是会用目光在新的地方搜索。皮亚杰在观察记录中写道：6 个月大的劳莱特在他躺下时盒子掉了，他立刻沿着正确的方向去寻找。皮亚杰接着写道：然后我抓起盒子，把它松开，盒子垂直掉下来，掉的速度非常快，他根本看不清盒子滑落的路线。他的眼睛立刻在沙发上到处搜索。我特意没有发出任何响声或震动，这个实验在他的左右两边都试过，得到了一致的结果。

婴儿能够通过物体的滑行路线，预见移动物体的将来位置，用眼睛搜索。但在物体被挡住之后继续进行搜索则超出了婴儿的能力范围，下面这段观察记录的就是一个例子。

8 个月大的杰奎琳试图去拿她被子上的一个塑料鸭子。但是，小鸭子在滑落，落在离她手不远处的床单的一个褶皱里。杰奎琳的眼睛追随着整个过程，她的手张开，也跟着动。但鸭子消失以后，她就没有其他动作了。我把小鸭子从它藏着的地方拿出来，在她手边放了三次。这三次，她都想抓住它。我后来把它放在床单下面。杰奎琳立刻收回她的手，放弃了。

这个例子说明，当儿童看不见物体时就认为它不存在，因此他不能找到他要的东西。

9 至 10 个月大的时候，儿童开始寻找藏起来的东西，能够从遮盖物或屏障之后把它们找回来。但是，他们的搜索还是有限的，让我们看看杰奎琳在 10 个月大时的表现：

杰奎琳坐在床垫上，上面没有任何东西干扰或分散她的注意力……我从她的手中拿过玩具鹦鹉，连续两次藏在她左边的床垫下，在 A 处。两次杰奎琳都立刻开始找，然后找到了；之后，我从她手中拿过玩具鹦鹉来，在她眼前慢慢移动，移到了她右边的相应位置，床垫下面的 B 位置。杰奎琳很认真地注意着我的动作，但当玩具鹦鹉消失在 B 的时候，她转到她的左边，看着它以前所在的 A 位置。

杰奎琳获得的寻找藏起来的东西的能力发展并没有停止。客体永久性的概念对她来说还有局限性，尽管她能看到玩具被藏在了一个新的地方 B，她仅仅是重复她以前的反应，而且又在地方 A 寻找——所谓的 "A/B 错误"。她仅仅是在重复她以前所做的；物体仍然跟她自己的行为有关，还没有被看成是真正的独立实体。

发展变化随后发生在第二年中，变化不是一下子就完成的，而是分两步。首先，儿童能发现物体在位置 B，但前提条件是变换位置是儿童能够看到的，比如，儿童是看着物体从 A 移到了 B 处。看不到位置变化就去找寻物体超出了儿童的能力范围：比如说，有人把一个东西攥在手里移到了一个新地方，儿童还会在 A 处寻找的。这一点表明儿童仍不能在头脑中真正把握物体从而弄明白它可能走的路线和新的位置，而通过推理判断出位置变动要在后来才能做到。

1岁半的杰奎琳坐在A，B，C三个屏障之后（一个帽子、一个手帕和一件夹克），我把一个小铅笔藏在手里，说道："喔喔，铅笔。"我把握着铅笔的手伸出来，把它放在A的位置，然后是B，然后是C（把铅笔放在C的下面）；每次我都伸出我紧握的手，重复道："喔喔，铅笔"，杰奎琳直接在C处找到了铅笔，笑了。

这显示出杰奎琳相信在这个看不到物体位置变动的过程中，物体一直在她父亲的手中存在着，她能根据物体在她头脑中的形象找出它最后所在的位置。皮亚杰认为杰奎琳具有了客体永久性的概念。

前运算阶段

到了2岁末，儿童认知能力发生了很大变化。此时，儿童能够进行符号思维，不再局限于此时此地的现实中。符号是代表其他事物的一个词或一个形象。我们看一下皮亚杰的观察记录：

在21个月大的时候，杰奎琳看到一个贝壳，她说道"杯子"。说完后，她把贝壳拾起来，装作要喝水的样子……第二天，看到同样的贝壳，她说道"玻璃杯"，接着是"帽子"，最后是"水里的船"。三天后，她拿着一个空盒子，来来回回走着，嘴里念叨着"汽车"。（Piaget，1953）

通过观察这个游戏的发展顺序，皮亚杰证实了在2岁末的时候，一种新的心理功能出现了。在这个时候，儿童不再仅仅进行感觉运动方面的活动，例如，摇晃、碰撞、吮吸或扔，而是开始进行想象活动：从空杯子里倒水给小娃娃喝，一张纸变成了床单，一块布做成了浴袍。这样，儿童就能在头脑中再现事物并进行思考，各种形象能在头脑中被处理，词可以用来代表物体和人。只要儿童自己喜欢，一个臆造出来的幻想世界可以跟现实大不相同。

儿童不再直接跟环境打交道，而是通过环境的心理表象，与之相互作用。

但在许多方面，儿童在这一年龄段的思考跟成人仍然大不相同。皮亚杰用前运算来表示这一阶段。按照皮亚杰的定义，运算是一个内在化的活动，在这一活动中，来自外部环境的信息能够根据个人需要进行安排。比如说，把 3 件东西加到 5 件东西之上就是心理运算；根据尺寸大小排序是另一种；把不同的生物如苍蝇、大象、狗和猫按照动物的属种分类。皮亚杰把智力的发展看成是依赖于对运算的获得，但在表征层面上思考是达到这一发展的必经阶段。处于前运算阶段的儿童在使用心理运算时表现出很多思维方面的局限，如自我中心、认为万物有灵、刻板的思维和前逻辑推理。我们可以以皮亚杰的观察和试验来举例说明第一个特征。

自我中心

它指的是完全以自己的观点看待世界。皮亚杰使用这个术语没有贬义，跟自私也无关；它代表的意义是儿童天生认识不到别人可能会用不同的观点来看待事物。皮亚杰用他经典的"三山实验"（如图 6.1 所示）来解释这个术语。在这个实验中，儿童座位前摆有三座不同大小和形状的山的模型。然后，出示给他们一系列从不同角度拍的山的照片，要求他们找出与他们看到的相同的一张照片。在山模型的另一端放着一个娃娃，要求儿童从照片中找出与娃娃所看到的相一致的一张。大部分学龄前儿童会再一次指那张与他们自己看到的一样的照片。

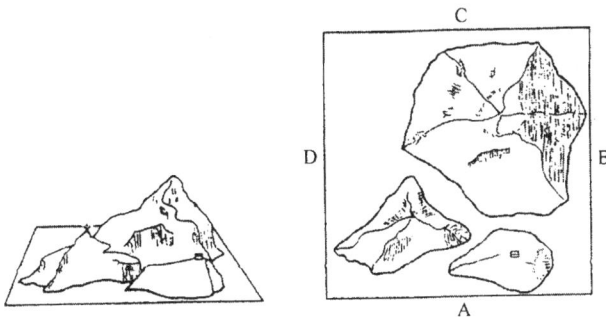

图 6.1 皮亚杰的三山实验模型

皮亚杰认为这是自我中心的表现，也就是说，儿童不能从他们自己的角度转移开，认识到别人可以用不同的方式来看待同样的景色。就像我们下面所见，其他研究者还没有完全证实这些发现；对于皮亚杰来说，自我中心是一个广泛深入的倾向，在儿童行为的很多方面都能看出。比如说，问一个儿童他是否有兄弟，他会说"有"；然后问他的兄弟是否有兄弟，他很有可能说"没有"。这是儿童不能从自己的角度转移开的另一个例子，这对推断亲属关系的能力带来消极影响。同样的倾向也在儿童的谈话中出现：经常表现在集体独白上。在这种情况下，儿童 A 会陈述某些事情，紧接着儿童 B 会说出一件完全不同的事，根据不同问题每一个孩子的回答均不同，等等。如此看来，他们之间没有真正的交流，因为没有一个人会改变话题的焦点，其结果是两人都在独白。

万物有灵

皮亚杰研究了儿童对外部世界的看法，他想弄清楚哪些东西在儿童看来是有生命的，哪些是无生命的。比如，问儿童："如果我把这个纽扣扯下来，它会有什么感觉？""太阳知道它会发光吗？""椅子介意被人坐吗？"从儿童的回答上，皮亚杰得出结论，学龄前的儿童还不能清楚地辨别哪些东西是有生命的，哪些是无生命的；他们一般会把有生命物体的特征加到无生命物体上——这种倾向被称为"万物有灵"，可以用下面的对话来说明：

皮亚杰：当有云并下雨的时候，太阳做什么？

儿童：它会走开，因为天不好。

皮亚杰：为什么？

儿童：因为它不想被淋雨。

只有在前运算阶段，儿童才开始分辨出有生命和无生命的区别。最初，任何物体都被看成是潜在的有意识的——如一块石头，"知道"它自己被移动。

后来，儿童认为只有动着的物体是活着的——比如，自行车或被风吹动的叶子。相应地，生命也就局限到自发运动的物体，如河流。最后，儿童认识到生命仅仅在动物和人类中存在，自然界中有生命的和无生命的区别有本质的不同。

刻板的思维

刻板的思维表现在不同的方面，让我们举两个例子来说明这个问题。第一个是不可逆反性，也就是说，在考虑事物或事件时以最初经历的顺序为基准。学龄前儿童不能在思维中改变这个顺序；他们的思维方式像他们的理解一样刻板僵硬。成熟思维的一个重要优势就是，通过想象，人们能够按照自己喜欢的方式重新调整各种符号和表征的顺序，可以不必跟真实事物完全一样。这样，儿童只有在能够逆向思考的时候，他们才能进行加减运算；只有那时他们才能懂得如果 3 加 4 等于 7，那么 7 减去 4 等于 3。减法是加法的逆向运算，直到儿童能够理解这一原则，他们才能掌握算术的基本原理。

刻板的思维还表现在，儿童不能在事物的外观发生变化时去适应这一变化。我们来看一下这个实验：给学龄前儿童看一只狗，然后，让他们辨认这个动物。他们都能正确地叫它"狗"。于是，实验者又拿出一个猫的面具，当儿童在观看的时候，给狗戴上。当再次问他们这是不是狗时，大部分儿童认为是猫。每次把面具戴上或摘下时，儿童都相应地改变名称。如此看来，他们的思维好像是被一种感知上的特征所决定，这种特征其实与动物的身份没有关系，但儿童在认识时却无法摒弃。

前逻辑推理

与成年人相比，儿童的推理能力明显不足。他们还不能进行归纳或演绎思维，即进行从个别到一般，或从一般到个别推理的过程。相反，他们表现出一种推理，皮亚杰称之为转换性的。例如：错过了她通常的午睡时间后，皮亚杰的女儿卢什娜宣布："我还没有午睡，因此现在不是下午。"卢什娜此时运用的推理就是从一个特殊（午睡）到另一个特殊（下午），得出的结论就是一个决定另一个。转换性推理就是在两个没有因果联系的具体事物之间建立一个因果联系，仅仅是因为两个事件一起发生。另一种情况就是，儿童颠倒因果关系，比如我们可以看到学前儿童这样的表述："那个人从自行车上摔下来，是因为他摔断了胳膊。"我们在这儿又看到了一个在这个年龄段的儿童会犯的典型错误，就是不能理解因果顺序。但是，皮亚杰在看待儿童各方面思维的时候，并不简单地把它们归结为无知或笨的表现，相反，他把这些做法看成是走向成熟思考的必要过程。他总结说，儿童很大程度上是前逻辑思维，而不是没有逻辑思维。作为系统思维的一个根本组成部分的逻辑思维，在这个年龄段还没有发展完善，最终会从这些初级阶段的思维发展成熟。

具体运算阶段

在大约 6、7 岁的时候，儿童智力发展出现了另一个质的变化。儿童有能力构成心理运算——换句话说，他们开始进行系统的推理，用逻辑的方式解决问题，最后放弃自我中心。这种变化主要表现在儿童新近获得的能力，即能在思维上逆转他们的想法，以他们的方式颠倒次序，不再被事物发生在外界的方式所束缚。其结果是，思考变得更灵活，也更有效；但在一个很重要的方面，儿童仍有局限性，那就是，他们仍需要具体的物体和事件来支持他们的心理运算——这是皮亚杰给这一阶段如此定义的原因。纯粹以假设和抽象的概念思考，仍超出了这个阶段儿童的能力。

让我们来看一看在具体运算阶段中取得的一些新成就。

◇ 排序。进行运算思维的标志就是能够按照长、宽、高或速度等维度排列事物。比如，在具体思维阶段的儿童能按照他的朋友们的相对高度来比较他们，而不像以前一样，仅作为单个的个体，一次一个地比较。相应地，这样可以进行传递关系推理，也就可以解决这样的问题："如果詹姆斯比亨利跑得快，亨利比萨姆跑得快，那么谁跑得更快，是詹姆斯还是萨姆？"这需要协调三个项目和两个关系的信息，并且隐含着数字和度量。皮亚杰相信这种理解能力直到6、7岁时儿童才有可能达到（这一论断曾受到质疑，下面的例子中，年龄小一点的儿童就能做到）。

◇ 归类。在这一时期，儿童按照一些标准把事物分成组，并且认识各组间关系的能力突飞猛进。让我们看看类包含现象，即对整体与部分的理解。皮亚杰把一个项链给儿童看，这个项链由10个木头珠子组成，其中有7个棕色的，3个白色的。当被问到是棕色的珠子多还是木头的珠子多时，前运算阶段的儿童通常回答说棕色的珠子多，这反映出他们无法同时在一个整体级别和亚级别上去考虑。而具体运算阶段的儿童，能看出部分与整体的关系：他们能够摆脱仅仅是感知上的一些特征（如棕色）的束缚，而能理解牵扯到的两种不同的特征，一种附属于另一种。

◇ 数的概念。按照皮亚杰的观点，能够排序和分类就有助于理解数字。相当多的儿童能够数数，但是他们只是熟记而已，并没有真正理解其中的概念。起初，儿童一般把每个数字都看成是给那个物体起的一个名字，于是，一个特别的数字成了那个东西的"专有名"。只有在具体运算阶段，儿童才对数字有了更成熟的概念：他们认识到用数字表示是人为的，因此数字是可以互换的；他们开始理解到数字可以以级别和亚级别的方式排列（比如，3加4等于7。同样，白色和棕色的珠子组成了"珠子"）；他们也形成了数量守恒概念，比如一排硬币，不论它们是散开还是聚在一起，其总数保持不变，只有在添加更多的硬币或拿走一些的时候，才能改变硬币总量。

在具体运算阶段守恒概念的出现引人注目——皮亚杰第一个发现这一发展变化，它表明了儿童思维发展上的一个显著的飞跃。守恒能力是指认识到物体的外观变化不会影响它的本质。守恒是皮亚杰给出的一个名称，用于表示对物体的某些基本特征的理解认识，比如，即使是一个物体的外观给人感觉发生了变化，但它的重量和体积仍保持不变。让我们来举例说明（如图6.2所示）。要求儿童把同样多的水注入两个同样的杯子A杯和B杯中，两个杯子实际上装有同样的水。B杯中的水会被倒入另一个C杯中，由于C杯要高一些和细一些，其结果是水位就比A杯高。当问A杯和C杯是否装有同样多的水时，学前儿童否认，并断定C杯装的水多。只有到了具体运算阶段，他们才能说出正确的答案，也就是说，A杯和C杯装有同样多的水。用皮亚杰的语言说，就是他们能够达到容量（体积）守恒。

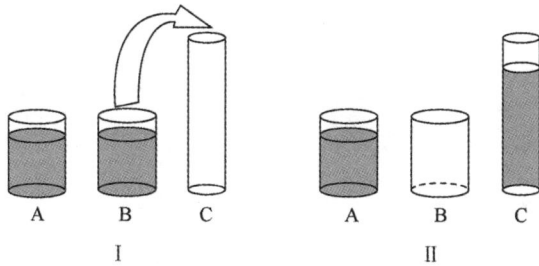

图6.2　测试守恒概念的实验

为什么这样一个简单的实验具有这么大的意义？这其实是皮亚杰一系列的实验之一，它说明了守恒适用于物体特征的一系列方面，如长度、数量、质量、重量、范围和体积（专栏6.3中给出了更详细的说明）。所有这些都说明，儿童对世界的看法从依赖于感官知觉转移到了依赖于逻辑推理（如皮亚杰所述）。再拿我们上面的例子来说，当水倒进C杯中，学前儿童的判断就完全被杯子的一个突出的感知觉形状特点，即它的高度所影响，结果当水从B杯倒过来时，水的高度就会增加，造成儿童得出的结论即现在的水多了。年龄小的儿童尚不能同时把两个特征即高度和宽度同时考虑在内，因此，就无法理解一个维度的变化会被另一个维度的变化所补偿。同样，学前儿童也无法想象把这一过程颠倒过来，把水从C杯倒回B杯中会使水位复原。这需要运算性的思考，而这种能力是在学前阶段后发展起来的，它需要儿童用逻辑的方法解决问题，而不是仅依靠一些突出但不相关的感知觉特征。

关于儿童对守恒概念理解的研究

　　皮亚杰创造了一系列的任务来证明儿童思维的本质特点，其中，他的守恒概念是最著名的。在第一个例子中，他证明了儿童对事物的概念都会被外观特征所左右，他们很容易被表面的变化所影响，而年龄稍大一点的、处于具体运算阶段的儿童，则认识到这样的变化对于事物的根本特征毫无影响，能够以不变的观念看待这些基本特征。在每一个例子中，他的程序基本都是一样的：他先让儿童自己看，确定两个物体在一些方面是一样的；然后对一个物体的表面特征进行改变，再问他们两个物体是否还是一样的。

　　以数量守恒为例（如图 6.3 所示），给儿童看两行纽扣，纽扣整齐排列，让儿童能够很清楚地看出它们的数目相同。然后，一排纽扣被拉长排列，问他们是否两排纽扣一样多。学前期儿童会说，长一点的那排有更多的纽扣。如果一排上的纽扣被移到了一起而变短了，他们会说聚在一起的那排纽扣变少了。

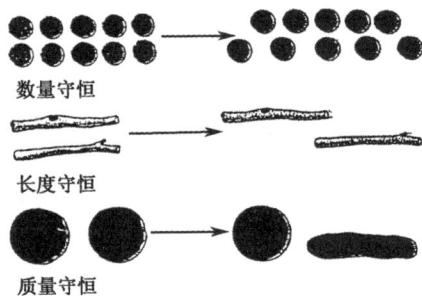

数量守恒

长度守恒

质量守恒

图 6.3　对数量、长度和质量守恒的认识

　　在长度守恒实验中，两根棍子两端对齐地摆放着，儿童认为它们一样长。移动一根棍子使之比另一支伸出去一截，此时又问儿童两根棍子是否一样长。学前期儿童会受伸出去的那截影响，说那根棍子长一些。

在质量守恒实验中，两个同样形状大小的泥球放在儿童面前，儿童同意两个泥球是由同样多的泥块做成的。当着儿童的面，把一个泥球做成了一个香肠形状。这时，再问儿童两个不同形状的泥块是否由同样多的泥组成的时候，学前期儿童会说长的那个含有更多的泥。当问儿童如何得出结论时，前运算阶段的儿童毫不犹豫地指出是感知觉变化造成的。他们会指着香肠形状的泥块说："这个长了"或者"你把它加长了"。而处于具体运算阶段的儿童会强调这个变化没有影响，比如，他们会说："你没有把泥块拿走，那它肯定是一样的""它长了，但也细了""你可以把它再揉成一个球，这样它还是没变"。

最后的三个解释说明，在理解守恒的概念时需要各种心理操作。第一个解释为物体没有被增加或减少，强调的是物体的根本属性。第二个是补偿，即在一个维度发生的变化可以在另一个中得到补偿。第三个解释显示出儿童的逆向思考，因为他能想象香肠形状的泥被揉成一个球体会怎样，从而得出结论，泥块的大小没有因形状的改变而受到影响。

我们再次强调，达到更成熟水平的思维不是一个以前混沌不知的儿童被输入必要的信息之后，立即就学会了正确的解决问题的方法。已经有这样的研究证明，在儿童尚处于前运算阶段的时候，训练他们守恒的概念几乎没有效果。问题的真正所在是，这样的儿童仍处在心理过程有待于提升到更高阶段的时期，在这个时期内，不论怎样的培训都不会使他们发展到位。

形式运算阶段

在大约 11 到 12 岁时，儿童达到了思维的高级阶段。但我们需要记住的是，在这方面，每个个体也有很大的不同；我们也应注意，不是每一个人都达到最高水平，仍有很多停留在较低的水平。同样，即使是最成熟的思想家也不能总是在最高水平上思考，有时，他也会出现初级的思维方式。

形式运算主要在以下几方面与具体运算存在区别。

◇ 对抽象事物的推理。儿童此时能对他们以前从未亲身经历过的事物进行推理。思维不再仅限于实际事物，而是能处理纯假设的和抽象的概念。因此，他们能够考虑包括他们自己在内的将来，考虑各种可能性，并相应地制订计划。

◇ 应用逻辑。演绎推理现在成为可能，儿童能够根据一般的前提，沿着"如果—那么"的思路，推断出后果。这就意味着，除了别的方面之外，他们能够在科学理解上取得飞速的进步，因为科学充满了演绎推理命题，具体的观察都是从一般的理论演绎出来的。这样，儿童就能开始理解，预见将来某一时刻发生的事情是可能的，因为它是从一个基本的理论论述中得出的必然。比如，一个星星的发现不是靠随意地观察天空，而是根据数学推算它应该存在于天空的某一个位置而进行的探索。

◇ 高级解决问题的能力。皮亚杰证明，青少年时期在这方面取得的进步是他给他的参与者设定了各种任务，主要是物理或化学方面的，然后注意他们是怎样解决问题的。比如，让他们去发现钟摆是如何运动的，他给他们各种重量的物体和各种长度的绳子，以便看他们能否算出一个方案后面的指导原则。与处于具体运算阶段的儿童不同，那些具备了形式运算能力的儿童能够系统地工作，每次变换这些诸如重量、高度和力量的因素，这样就以有组织的、协调的方式建立起了一个加工过程。他们处理问题的策略也不同于具体运算阶段的儿童：处于形式运算阶段的儿童不再进行偶然随意的尝试错误的试验，而是先进行假设，从头脑中推算出不同的结果，这样在他们试验之前就已经掌握了各种各样的可能的解决方式。也就是说，这些青少年在他们的最佳状态下能够采取一种假设—推理的手段来解决问题。

形式运算阶段是儿童在超越了前三个阶段之后能够达到的最高水平，思考在此时变得理性化、系统化和抽象化，尽管到了成年之后，还有进一步的发展，但主要是在知识的广度方面，而不是其本质。

对皮亚杰理论的评价

皮亚杰对儿童发展的理论有着非常重要的影响。很长时间以来，他的理论都是解释儿童获取知识的方式中的主导模式，它激起了世界范围内以复制或扩展这一理论的不同方面为目的的大量研究。其结果是，我们现在能够更容易地评价这个理论，认清它在许多方面对我们理解儿童的贡献，以及各种各样逐渐明显的缺点。

贡献

皮亚杰不是一个闭门造车的理论家。他所有的理论基础都建立在坚实的观察之上，这样，他的理论既是他产生的经验材料，又是经验材料的理论解释。这些材料有助于我们理解儿童是怎样在不同的年龄发展认识世界的，以及他们的概念怎样在发展的过程中发生改变的。我们可以把以下内容看成是他的贡献中最有意义的方面。

◇ 儿童的思维与成年人的思维在本质上不同。智力发展不仅是一个给儿童更多的信息、增加他们的知识存储的问题。正像皮亚杰所阐述的那样，儿童想问题的方式不同，它们的本质特点随发展阶段而变化；尽管儿童理解和解决问题的尝试从成年人的角度来看，可能有时显得很愚蠢，但其实际上反映了儿童在走向成熟过程中所必经的不同阶段。

◇ 智力发展从出生就一直继续。皮亚杰的描述是一个发展型的：他的观点是新生儿对乳头的适应和学龄儿童对课堂问题解决的尝试都基于同样的机制，前者连同后者都显示出智力的作用，要了解智力的发展就必须从出生开始研究。这样，在智力发展从一个阶段到另一个阶段的进步过程中，有一个基本的延续。

◇ 儿童是积极主动的学习者。他们获得知识并不是被动地吸收信息。皮亚杰不断地强调儿童的好奇心，这份好奇心推动他们去探索和尝试。他对自己孩子的观察记录使他得出了这样的结论：这些儿童都不满足于仅仅等着别人提供刺激，而是从几个月大的时候，就开始扮演"小科学家"的角色。

◇ 发现的各种各样的现象开启了通向儿童心理之门。客体永久性、自我中心、包含问题、守恒概念——皮亚杰用这些及其他的例子来说明儿童理解的本质。他不但让我们去注意这些现象，同时也设计了方法去研究它们，这样就能让其他研究者继续他的研究。

基于皮亚杰理论的性质，不难理解它在教师中引发了相当大的讨论。关于儿童是主动的学习者这一命题并不是全新的，但皮亚杰却用别人未曾使用的更加详细的方式阐述了儿童怎样被他们的天性驱使着探索和试验，发现了世界运作的方式。儿童坐在书桌前被动地等着教师传授知识的观念与皮亚杰的理论大相径庭。他认为儿童必须积极地参与，儿童的年龄越小，他（她）通过亲自动手来进行学习的机会就越重要。这为以发现为基础的教学提供了基本原理，老师的任务是为儿童创造一个环境让他们为自己建造知识，这样的知识是有意义的；而讲授的知识本身是没有意义的。

因此，我们需要注意每个儿童处理特殊问题的能力。在这一点上，皮亚杰的贡献对教育有特殊的意义，尤其是教授数学和科学知识。正像我们已经看到的那样，儿童的思维与成年人有质的不同；而且，儿童的思维从一个认知阶段发展到下一个阶段时，性质会发生变化。我们不能假定儿童对问题的理解与成年人的是相同的——因此，教育需要以儿童为中心，任务的设置要调整到尽可能准确地适应儿童的认知水平。比如，前运算阶段的儿童需要借助玩具，通过触摸和摆弄来获得其功用和性能的知识，因为这个阶段知识的获得是通过直接与环境相互作用产生的。同样，处于具体运算阶段的儿童，尽管在此时能够进行智力活动，但仍需要实际的事物来帮助他们解决问题；在这方面给予他们帮助就能使得他们解决那些他们还做不到的抽象的任务。由此可见，成功的教学首先需要弄清楚每个儿童的具体的认知能力；其次，分析具体任务的要求；最后，把儿童与任务搭配，后者依照前者进行调整。皮亚杰对儿童能力处于不同阶段的分析为这种搭配带来了极大便利。

不足

对皮亚杰理论进一步研究之后引发的批评主要集中在两点上，分别是年龄和阶段。

首先是皮亚杰懂得儿童的能力吗？随后进行的大量研究发现，皮亚杰给出的儿童初次到达一个特别的认知里程碑的年龄太大，以至于让人产生很大的误解。这就意味着皮亚杰对幼小儿童的能力持悲观态度。诚然，皮亚杰并不是很在意年龄范围，他对能力发展的顺序更感兴趣——这一方面已经被后面的研究广泛证实。但不管怎样，如果年龄差别太大，则需要必要的解释。以客体永久性概念为例，皮亚杰认为儿童要在1岁末才能获得。他通过隐藏东西的实验来证明他的观点，另外一些研究者用这个实验也得出了相同的结果。但是，当采用其他的方法时却发现，年龄更小一点的儿童已经表现出了理解物体即使不在视觉范围内也仍然存在这个规律。例如，鲍尔（Bower，1974）给三个月大的儿童出示一个很吸引人的玩具，这个玩具藏在了一个屏障之后。一种情况是当屏障撤掉后玩具不见了；另一种情况是玩具还在那儿（如图6.4所示）。通过测量婴儿的心跳频率（作为婴儿是吃惊还是不吃惊的指标），鲍尔发现，婴儿的心跳频率在玩具不在的时候比玩具在的时候有明显的变化——这表示婴儿在玩具看不见的时候，也期望它在原位。同样，当用一个不同的物体取代原来那个玩具时，比看到同样的玩具在那儿时婴儿表现出更大的"吃惊"。这样，通过一个更简单的实验，依靠视觉而不是手动的实验，就能看出开始理解客体永久性的年龄段要远远早于皮亚杰藏东西的实验所得出的结论。

让我们再举一个例子来说明实验程序变化可能会带来不同的结果。根据皮亚杰的理论，守恒概念只有在儿童达到具体运算阶段才能获得（如专栏 6.3 中所见）。同样数量的纽扣排成两排，其中一排被实验者聚到一起而变短了，6 岁以下的儿童就断定这排纽扣的数目跟另一排相比变少了，因此，也就说明他们还没有形成守恒概念。麦加里格和唐纳森（McGarrigle 和 Donaldson，1974）重复了这个实验，但过程中引入了一个"调皮的小熊"，小熊向下弯腰碰到了纽扣上，不小心弄乱了一排，把它弄短了。尽管很少的学前期儿童在实验者破坏纽扣位置时，能够看出纽扣的数量不变，但大多数的儿童在调皮的小熊做时就看出来了。如此一来，即使 4 岁的儿童也能在这种情况下看出数量不变，而在另一种情况下则不能。为什么会有如此不同呢？根据麦加里格和唐纳森的观点，原因在于儿童是怎样解释这种情形的。当大人移动其中一排纽扣，让儿童比较纽扣的数量时，学前的儿童相信肯定发生了变化，否则就没问的意义了。而"调皮的小熊"不小心改变了一排纽扣的外观形状时，就不一样了，在此时，儿童能够更容易表现出他们已取得的对守恒概念的理解能力。

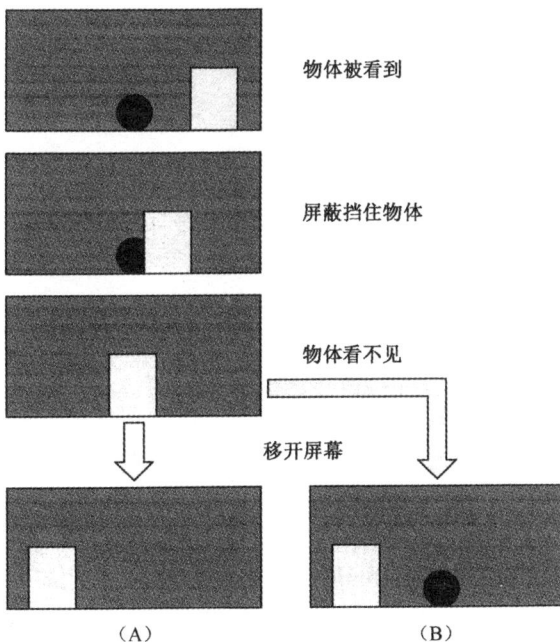

图 6.4 鲍尔的客体永久性的实验

专栏 6.4 文化对皮亚杰任务成绩的影响

皮亚杰根据对瑞士儿童的观察建立了自己的知识获得理论，似乎这个理论具有普遍意义。这样给人的感觉是经过他所概括的四个发展阶段的方式是不可避免的，儿童对社会环境带来的外在影响在这一发展中根本不起作用。

但事实是这样吗？已经出现了大量来自于不同文化背景的儿童执行皮亚杰设定的实验任务的研究证据（Dasen，1997）。对守恒概念的理解已经在各不相同的文化背景，如爱斯基摩儿童和澳洲土著儿童、非洲的塞内加尔和卢旺达、中国香港、巴布亚新几内亚，以及其他在抚养儿童和教育经验上大相径庭的样本中进行了研究。这些儿童如何进行一个最初为欧洲儿童设计的实验任务，依赖于对所用的材料的熟悉程度，指令的传达方式，以及儿童对"正在被测验"的理解。无论怎样，下面的结论已经很清楚地被证实了。

首先，来自其他社会的儿童智力操作能力明显落后。比如，澳洲的土著儿童对白人文化接触极其有限，与欧洲同样大的儿童相比，他们要在几年后才能做对守恒概念理解的实验，有一些直到青少年时期甚至成人还不能进行具体运算思维（Dasen，1974），但在白人社区生活和学习的澳洲土著人，解决上述问题的能力与皮亚杰的儿童在同一年龄段，这有可能是因为学校学习激发了智力操作所必需的概念。但实验清楚地表明，即使是在发展明显滞后的情况下，从一个阶段到下一个阶段的进步依然遵循皮亚杰概括的基本顺序。所有地区的儿童经历了前运算阶段之后才会有能力进行具体运算思维，如果他们达到了形式运算阶段，那么他们肯定经过了具体运算思维阶段。也就是说，文化因素只能改变他们取得成就的速度，而不能改变发展的顺序。

另外，在每个文化群体中，一定的认知技能会比另外一些更受重视，其结果是，在一个阶段内概念的发展就会受到影响。一个有力的证明就是戈登等人（Gordon，1969）对 6 至 9 岁的墨西哥儿童进行的研究。这些儿童有的出生于陶艺制作家庭，有的来自于从事不同职业的家庭。研究者交给了这些儿童一系列跟物体守恒概念有关的任务，这其中包括按照惯例、用改变泥块形状来测试对物体的质量守恒的理解。与其他儿童相比，所有的陶艺家庭出来的儿童都表现出对物质守恒更高程度的理解。我们由此可以得出结论，不同的文化会在推动不同的认知领域发展上有所侧重，这样，实验中的因素就会在其中起到比皮亚杰所认为的更大的作用。

很明显，儿童在实验任务中的表现取决于很多因素，不仅仅是这样具体的任务。社会背景、儿童对大人意图的理解、采取的步骤，以及所采用的测量方式——所有这些都影响所得到的结果，但皮亚杰全都没有考虑到这些因素。即使是在给出儿童指导语时，所用的语言是熟悉的还是陌生的都应加以考虑。皮亚杰采用"是棕色的珠子多还是木头的珠子多"这样的问题来调查儿童对整体/部分关系的理解时，使用的措辞必须让儿童听起来感觉很不一般；当其他研究者把这个问题用另外的方式重新表达使之更有意义时，结果再次发现年龄更小的儿童能够在皮亚杰研究的结果中有更高水平的理解。因此，在评价研究结果时，要把研究的整个背景都考虑在内——当我们把儿童生活中的文化因素考虑在内时，这一结论得到了更好的说明。正像专栏 6.4 描述的那样，把皮亚杰的理论介绍到其他文化中，提供了很有用的见地，特别是强调了皮亚杰整体上所忽略的影响因素。

让我们来看皮亚杰理论的第二部分，也是引起争议最多的部分：发展是以阶段形式进行的吗？为了区分阶段性发展模式和连续不断发展模式的观点，我们可以从三个发展标准来看（Flavell，Miller 和 Miller，1993）。

1．质的变化。在一定的成长关键点上，儿童的行为和思想会发生改变，这种改变并不是仅仅能做更多的事情，或做得更快了，或做得更准确了；而是做得不一样了，比如采用另一种思维策略。

2．变化的突然性。发展的阶段性模式像是台阶，而不是斜坡。也就是说，无论是什么样的变化都是突然发生的，而不是渐进的。

3．全盘改变。"阶段"这一概念隐含的是在很广的范围内同时发生变化，比如说，推理到达了一个新阶段后，会影响问题解决的所有方面，而不只是某些方面。皮亚杰提出的阶段模式引人之处就在于它的简单：容易掌握，容易总结。但它是有效的吗？心理学家在近年来，越来越认识到发展呈现出更复杂、更不均衡的形式，改变不是一夜之间发生的，而应该更准确地描述为具体到领域范围内部，而不应当是所有领域范围的一般概括。

以自我中心为例，按照皮亚杰所说，7 岁之前，儿童仍不能明白别人会有不同于自己的观点，相反，他们总是认为每人都应当像他们一样感知世界。只有到了具体运算阶段，儿童才能认识到他们的以自我为中心的态度，开始把别人不同的角度与自己的相协调。

这个观点不断受到质疑。皮亚杰得出这个结论的论据很大程度上是建立在一个特殊的实验——三山实验上。在一篇对皮亚杰的理论有很大影响的批评文章上，马格丽特·唐纳森（Margaret Donaldson，1978）提出异议说，这种评估的方式太复杂、太无意义了，不能准确地判断年幼儿童的能力，应当设置与儿童的日常生活更相关的场景来测试。作为例子，她引用了马丁·休斯（Martin Hughes）的实验，在这个实验中，儿童要"藏起"一个玩偶，不让两个警察看见，如图 6.5 设置的情景。图中有两面墙，纵横交叉，墙足够高可以挡住玩偶不被看见。这个任务要求儿童不去想他们自己是怎么想的，而仅仅考虑别人的观点，也就是说，不能以自我为中心行事。休斯发现，3 岁半的儿童就能把玩偶放在适当的位置——这一发现与皮亚杰的结论很不一样，其原因，按照唐纳森的说法，是因为测试内容比三山实验更有人情味。

还有其他的例证说明在特定的情形中，小于 7 岁的儿童能够以非自我为中心的方式行事。皮亚杰很大程度上依赖于任务和对儿童提出的要求来推断在一个特定的年龄（7岁或其他年龄）观点采择能力的出现，这是无法接受的。另一点，已经变得很明显的是，可以根据以下三个类别，从不同角度来看观点采择能力的发展。

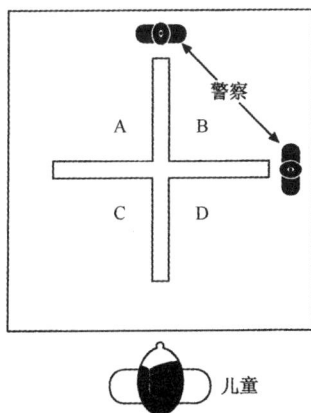

图 6.5　休斯测试自我中心的隐藏实验

◇ 感知觉上的观点采择，即认识到另一个人用不同的观点看和听事物。
◇ 情感上的观点采择，即能够估计别人的情绪状态。
◇ 认知上的观点采择，即能够理解别人所知道的情况。

这三方面的发展过程不是等同的。在感知上站在别人的角度，是最早出现的，这可以通过儿童"出示"的行为表现（Lempers，Flavell 和 Flavell，1977）。当要求儿童把一个玩具出示给坐在对面的大人看时，即使是1岁大的儿童都能把玩具举起来。1岁半大的时候，儿童不但能够举起来而且能使玩具转过来正对着大人。当一个空的立方体内部底层的表面放着一张画，要求儿童把它出示给大人看时，2岁的儿童能够让立方体倾斜，使大人看到里面的东西，即使是这意味着儿童自己看不到了——毫无疑问，这体现着我们想要见到的非自我为中心的态度。这样，在2岁期间，儿童在一些方面，已经意识到了别人看事情是和自己不一样的；另外，这一能力的发展不是一下子完成的，而是逐渐发展而成的。

在情感上的观点采择能力是稍后发展起来的，但仍然是在相当早的年龄阶段。比如，让学前期儿童在听完关于一个主人公的一些小故事后，为每个故事选择合适的情绪（高兴、生气、害怕或者忧伤）。在3岁的时候，儿童就能做对一点点；4岁的时候，他们就能非常容易地辨别出别人在特定情境中的感受（Borke，1971）。至于认知上观点采择的能力，心理理论的研究清楚地表明（在本书第五章中提到，第八章中详细讲到）在学前的后期阶段，儿童能够把别人的看法考虑在内，到5岁左右的时候，他们在这方面已经相当成熟，允许别人持有与他们不同的意见。这样，他们就能设法弄清别人的感受是什么，脑子中的想法是什么，这样就形成了一个渐进的发展过程，这一过程持续整个学前期。

在自我中心方面，我们举的这个特殊例子说明了皮亚杰的阶段模式的不足之处，这一点在其他方面也有发现。儿童的发展极少会像这个模式说的那样是阶段性的：进一步的研究发现了各种连续性，这些是阶段性地发生数量变化的理论所不能预期的。还有，现在普遍认为，皮亚杰的普遍性观点应被具体问题具体分析的观点所取代：发展通常横跨各种功能，并且以不同的节奏和不同的方式进行，而皮亚杰最初把它们全都置于一个模式下。

小结

无论从深度还是广度上讲，皮亚杰的认知发展理论都是其他认知发展论述所无法比拟的。他的主要贡献就是提出了一个理论框架，在这个框架中他不但用共同过程（比如，同化、适应、运算的形成，自我中心，等等）来解释不同的认知功能，从而把它们联系起来，而且追踪了儿童的认知功能从一个年龄阶段到另一个阶段的发展，显示出儿童认识世界的能力从出生到成熟是基本延续的。

根据皮亚杰的理论，智力是对环境的适应。皮亚杰的目的就是探索儿童是怎样逐渐实现这一适应的。他关注的不是个体的差异，而是发展的本质，即只有有限的心理能力的新生儿是如何发展成有复杂思想的成熟个体的。为解释这一发展，皮亚杰不赞成将它描述为知识的积累，而是强调即使是婴儿也会积极主动地探索周围的世界。儿童对他们的环境充满强烈的好奇心，想要探索和研究；但是，他们不是随意地去做的，而是通过选择与已有的心理结构相一致的经验。因此，知识是被构建起来的，它源于儿童对物体或想法的积极探索。儿童就像"小科学家"一样：通过实验来使他们的新经验富有意义，并把此经验纳入他们已有的理解方式中；如果不行的话，他们就会扩展已有的或创造新的理解方式。

皮亚杰的观察使他确信，理解世界的发展过程是一系列的阶段，而不是一条连续的线。他相信从出生到成熟的发展过程中，有四个主要的阶段，每一个阶段都代表着认知方式的本质上的不同。

1. 感觉运动阶段，从出生到 2 岁。这时候儿童尚不能在头脑中再现世界，他们对物体的知识来源于他们直接作用于物体。

2. 前运算阶段，从 2 岁到 7 岁。在这个阶段，儿童能够使用符号思维、语言和假想游戏。

3. 具体运算阶段，从 7 岁到 11 岁。儿童获得了系统推理的能力，能用逻辑的方法解决与具体事物相关的问题。

4. 形式运算思维，从 11 岁起。在这一时期，儿童开始用纯粹抽象和假设的概念进行推理。

这些阶段形成了一个不变的顺序，在每个新的阶段，新的心理策略就开始出现。并且，每个阶段都代表着对环境阐释的更为复杂的方式。

毫无疑问，皮亚杰的理论极大地扩展了我们对儿童发展的知识，同时也对教育实践做出了有益的贡献。但它在两个方面却一直受到批评。第一个是针对皮亚杰在儿童能力上过度的悲观主义：通过使用不同的、更有意义的任务，其他的研究者发现，儿童成功完成任务的年龄比皮亚杰认为的年龄要早很多。第二个受到质疑的方面是皮亚杰提出的发展阶段：大量的证据显示，认知功能的转变远不是那么突然发生的，而且，也不像皮亚杰阶段模式认为的那样，认知的各个方面会全部发生变化。

阅读书目

Boden, M.（1994）. *Piaget*（2nd edn）. London：Fontana. 这是一本平装书，书中不仅介绍了皮亚杰理论（如"聪明的婴儿"和"直觉的儿童"章节），而且，把它与其他学科，如哲学、生物学和控制论联系了起来。

Crain，W.（1999）.*Theories of Development：Concepts and Applications*（4th edn）. Englewood Cliffs，NJ：Prentice-Hall. 这也是一本篇幅不长的书，书中概括了皮亚杰的生平，介绍了他的理论，并对皮亚杰理论为我们认识儿童的发展所做的贡献做了很有用的评述。

Donaldson，M.（1978）. *Children's Minds.* London：Fontana. 这是一本极具阅读价值的平装书，已成为皮亚杰方法和概念的经典批评。

Ginsburg，H.，& Opper，S.（1983）. *Piaget's Theory of Intellectual Development*（3rd end）. Englewood Cliffs，NJ：Prentice-Hall. 这本书描述详尽，阅读对象基本上是入门学生。此书的第一章，对皮亚杰的生平及其基本理论做了概述，尤其有帮助。

Miller，P. H.（2002）.*Theories of Development Psychology*（4th edn）. New York：W. H. Freeman. 此书短小，讲解清楚，是最好的入门书之一。

Piaget，J.（1951）. *Play，Dreams，and Imitation in Childhood.* London：Routledge &，Kegan Paul. 总的来说，皮亚杰的书都很难懂，他写得很深厚，不容易理解；再加上，他使用的术语也都是他自己的。但是，《游戏、梦和模仿》这本书对于初次接触皮亚杰方法的人来说，恐怕是最佳选择了。这本书提到了一些有趣的题目和引人入胜的观察。

第七章

儿童是学徒：维
果斯基的社会
认知发展理念

INTRODUCING

CHILD

PSYCHOLOGY

皮亚杰理论认为，社会环境对于认知发展的作用微乎其微。他认为孩子是独立的个体，周围人对孩子的认知发展影响很小。在观察儿童玩耍和解决问题中，皮亚杰强调咯咯作响的玩具、盒子及水杯等物品无所不在，以至于在儿童与父母的交往中也显得尤为重要。他不认为父母对孩子的身心发展有什么重要作用，相反，他认为儿童的发展和进步完全依靠他们自身的努力，不受其他任何人的影响。

俄国心理学家维果斯基（Lev Vygotsky）提出了与之不同的观点。他认为，社会环境对于智力发展有着举足轻重的作用，近年来，他的理论受到越来越多的关注。皮亚杰和维果斯基都承认儿童发展不可能在真空中进行，知识产生于儿童和环境的交互作用中。皮亚杰认为该环境不包括社会因素，而维果斯基却认为在认知发展过程中，儿童所处的社会文化环境，以及与有阅历的成人的交流发挥着重要的作用。不应该抽象地描述人类本性；儿童的心理发展很大程度上要归功于周围人传递给他们的文化工具的作用。由此可见，这两位心理学家对儿童发展的影响很不相同：皮亚杰引导我们思考孩子自身内在的心智发展和随着年龄增长的变化，而维果斯基则让我们注意到社会群体和人际交流对智力发展的影响。

简介

生平

维果斯基（1896—1934）出生于俄国，与皮亚杰同龄。他受到的教育主要集中在历史和文学方面。1917年，他从莫斯科大学毕业以后，在一所中学教文学。但是，他的兴趣爱好广泛，很快对心理学产生了浓厚的兴趣。之后，他在一所教师培训学院教心理学，并发表了关于艺术心理学博士论文。1924年，他在列宁格勒神经心理学大会上发表了一篇关于意识性质的学术论文，这篇论文引起了广泛的关注，因此他很快就被邀请加入了莫斯科心理学院。不幸的是他患有肺结核，在被疾病折磨了整整10年之后，年仅38岁就离开了人世。

在如此短暂的生命中维果斯基完成了大量的图书和论文著作，让人叹为观止。他具有如此丰富的创作力，如果能活到像皮亚杰一样的年龄，很难想象他将获得怎样的成就。和皮亚杰有所不同的是，维果斯基没有发展出完整的理论或研究体系，他的很多想法都没有详尽清楚地阐述出来。直到去世多年以后，他的两本著作《思维和语言》（*Thought and Language*）（1962）和《社会中的心智》（*Mind in Society*）（1978）才被翻译成英文，从此引起国际社会的关注。

维果斯基坚信人类的行为深受社会组织的影响，如果我们要了解儿童的发展过程，一定要考虑到塑造社会的历史力量。在读了皮亚杰的著作后，他更加认为必须发展一套完全不同的儿童心理发展理论。他认为儿童并非孤立的个体，而是主流文化的一部分。从这种观点来看，心理学的任务在于研究儿童和社会之间的关系，以及社会环境如何在认知发展过程中发挥作用。他认为，通过清楚地阐述这个过程，心理学可成为一种更好的创造社会理论的工具。

理论

认知发展从根本上来讲是一个社会过程，这是维果斯基理论的基本观点。他的目的是阐明儿童如何从社会经历中发展出更高级的认知功能，如推理、理解、计划、记忆，等等。维果斯基从三个层次考察了人类的发展：文化的、人际的和个人的。这三者的结合方式决定了每个个体的发展过程。下面我们将介绍一下这三个发展层次。

1. 文化方面

维果斯基认为人是社会和文化的产物，这与马克思主义的观点一致；儿童不需要重新创造世界，这与皮亚杰的观点相似。儿童通过和成人的交流，自然地接受了代代相传的人类智慧。因此，每一代人都站在前人的肩膀上，继承了前人已有的智力、物质、科学和艺术等各方面的成就，对之加以完善，再传给后人。

传承下来的是什么呢？维果斯基使用了文化工具这个概念来描述儿童所

继承的实质。他认为文化工具既包括技术上的，也包括心理上的：一方面包括像书籍、钟表、自行车、计算器、日历、钢笔和地图这样的物质工具，另一方面它还包括像语言、文化、数学和科学理论这样的概念和符号，以及速度、效率和力量这样的评价标准。获得这些工具可以帮助儿童以社会认同的方式来生活，同时理解世界是怎样运作的。以认识时间及其作用为例，从很小的时候开始，儿童就知道每天的生活是由时间单位来划分的：他们的语言中充满了像早晨、晚上、很快、迟到、1小时、3小时、1分钟内、星期二、下周这样的词汇；儿童的抚养者使用这些词汇将一天发生的事件放到一个时间的框架中，并通过这种方式来组织和考虑每天的活动。这些心理工具的作用在物质工具的配合下进一步加强，物质工具则包括钟表和日历等。掌握这些工具不仅仅意味着获得某些特殊技能，更重要的是，它可以培养特殊的关于如何认识和思考世界的思维方式，而这种思维方式在西方文化中尤其重要。

心理和科学技术方面的文化工具常常按照特定的先后顺序发挥作用。当然，在个体发展过程中孰先孰后很难断定：时间的抽象概念和对于钟表的兴趣谁先产生，对读写能力的意识和对图片、书籍的兴趣谁最早植根于孩子的大脑中，这很难判断。但是有时候科技就像是驱动力，而其在认知发展过程中的作用不为人知。计算机就是一个显著的例子：在短短的时间内，计算机在生活的各个方面占据了举足轻重的地位，因此儿童开始越来越早地学习使用计算机。计算机作为一个文化工具如何影响认知过程仍然停留在猜想阶段，专栏 7.1 将进一步说明这个问题。

专栏 7.1　计算机是文化工具

人类历史上很少有像计算机这样的技术发明，在短暂的时间内就影响了人类生活的各方面。不仅如此，计算机的普及面之广、速度之快是其他科学技术无法比拟的。在短短几十年的时间内，计算机技能已被认为是一项非常重要的技能，以至于年幼的儿童也需要学习。随着计算机成本的逐步下降，计算机的使用会越来越普及，儿童很可能在正式计算机培训开始之前就在家里或幼儿园里接触到它。

由此可见，很有必要研究计算机的使用对心理的影响，特别是对儿童发展的影响。人们提出许多有关计算机对人类影响的问题，其中很多都和计算机作为有效的教学工具和信息工具有关，另外，还包括使用计算机是否造成上瘾和孤独感的消极影响（Crook，1994）。然而，很多关于计算机可能对社会教育产生有害影响的忧虑还未经证实：已有实证研究表明，计算机并没有使孩子们孤独，恰恰相反，它成为了一种有效的合作学习的工具——最初是因为经济条件的限制，儿童必须共用一台计算机进行学习，后来很多教师发现这样的学习方式更加有效，并有利于促进儿童学习动机的产生。在维果斯基的社会文化学习理论的影响下出现了一系列研究，证实了计算机的群体学习比个体单独使用更有优势，因此现代科技的进步并不一定导致儿童孤独（Light，1997；Littleton 和 Light，1998）。

关于计算机是如何影响儿童的认知活动的，我们知之甚少。例如，和传统的纸笔书写方式相比，新的文字处理方式是使孩子们更快更有效地处理文字，还是因为有更方便的编辑工具，让他们变得更草率、更疏忽？帕特里夏·格林菲尔德（Patricia Greenfield）等人关于计算机游戏的研究发现，计算机的使用可以促进思维方式或者认知技能的发展（Greenfield，1994）。游戏对于很多孩子来说，是他们初步认识电脑技术的入口，其特有的符号系统和操作要求有可能帮助游戏参与者建立特殊的能力，就像识字能促进某些认知技能的发展一样。格林菲尔德的报告主要集中于处理空间信息的能力。大多数电脑游戏涉及快速运动的图标，孩子们在玩游戏时需要判断图标移动的速度和距离。攻克游戏需要快速和准确的图标操纵技能，这样的技能在游戏过程中得以学习和促进。格林菲尔德研究发现，电脑游戏中的技能在其他需要空间技能（包括理解、操纵和联系视觉形象）的教育和职业领域同样适用，尤其是在科学和数字等领域。这样的技巧可以从二维的电脑平面转移到三维的现实生活中去。女孩子相对男孩子在空间能力方面较差，这可能就是她们不如男孩子们那么喜欢电脑游戏的原因之一。值得注意的是，电脑游戏可以作为一种辅助教学手段来促进儿童空间技能的发展。

与其他的文化工具一样，计算机也是认知社会化过程中的一个有效工具。它可以选择性地促进某些技能的发展，忽视另外一些技能。这样的作用在科技发展的最初阶段往往被人们忽视，所以关注其后来的影响就显得更加重要。

然而，最重要的文化工具是语言。比起皮亚杰来，维果斯基把语言在智力发展过程中的作用放在了更重要的位置上。皮亚杰认为，在成长初期语言对思维不具有任何影响，儿童在此期间的语言指向自己，这仅仅是儿童行为的副产品，不具有交流或调节的功能。然而，维果斯基却认为语言具有非常重要的作用。第一，它是传授社会经验的重要途径，大人们的说话方式和内容是向儿童传输文化的主要通道；第二，语言帮助儿童规范自己的行为：皮亚杰认为自言自语只是自我中心的表现，而维果斯基却认为它体现了儿童已经能够将语言作为表达思想的工具，这种能力产生于人与他人的交谈中，从根本上讲也具有社会性；第三，语言在一定阶段（通常在学前期结束时）会内化，并转变为思维。由此可见，语言的社会功能成为认知发展的最重要的工具。

2. 人际方面

这是维果斯基的主要贡献所在。大量的研究继承了他的衣钵，用他的概念来解释和认知发展相关的人际交流行为。在后面将会详细介绍这些研究，首先我们概述一下他的思想。

维果斯基认为，儿童的认知发展主要是与知识渊博、富有能力的他人交流的结果。在这样的交流过程中，成人把智力发展所需的文化工具传递给儿童，语言在社会发展过程中产生，是帮助儿童成为社会成员的工具和技能。与成人的交流活动可能扩展儿童的知识，儿童生活中与成人的交流无处不在。比较正式的如在学校与教师的交流，非正式的如在家里和父母的交流。在这些交流中，儿童不仅有机会获得某些特殊的解决问题的技能，而且能熟悉他们所在的文化。因此，每个儿童在智力上的发展与文化、人际环境密切相关；同时，人际交流也是文化、交流和个体作用三者的结合点。

维果斯基认为，儿童得益于帮助和教导的能力是人类的一个本质特征——这个特征与成人提供帮助和教导的能力相辅相成。一个胜任的导师在认知发展中相当重要：思考和解决问题的能力由成人传授的文化工具产生，正是通过时时刻刻的人际交流才使儿童的智力一步步发展起来。有机会参与各种各样的社会活动有助于儿童最终的独立。

维果斯基提出，智力能力的形成是把解决人际间交流所产生的问题的能力内化的结果。他曾讲过：

儿童的文化发展产生于两个层面：首先是社会层面上，然后是心理层面上。它首先发生在两个人的心理交流中，然后才在儿童自身的心理活动中。这个规律适用于自发的注意、逻辑记忆，以及概念和意志的形成（Vygotsky，1981a）。

推而广之，任何智力技能的形成都是首先通过和成熟的成年人交流，然后儿童将其内化的。因此，认知发展在根本上是从人际间的智力交流到个体本身的智力发展的演变。这种理论和皮亚杰的理论大相径庭：儿童并非单独行动的孤立的个体，而是合作活动的参与者。由此产生了"学徒"这个概念。

这种师徒的关系是发展的关键所在。维果斯基一些最有趣的理论都涉及这样的交流关系。这些我们将在下文中详细阐述，现在让我们来看一下其中一个观点——维果斯基认为，和单独行为相比，儿童与富有才能的个体一起进行活动时更能发挥自身的潜能。这样的理论明显与广为接受的心理测量及其他一些测量手段相悖，因为这些测量方式从根本上认为儿童的能力在单独测试中才能显示出来。维果斯基虽然同意儿童的单独行为也颇具研究意义，但他认为儿童的能力在和另一个具有更多知识的人的合作中能够达到最大化，因为他们可以借助他人的指导，从而表现出最终的能力极限。而且，单独行为和合作行为之间的区别非常显著：维果斯基提出了"最近发展区"的概念，这在他的理论中占据了重要地位，这是"发展的萌芽"，而不是"发展的果实"。维果斯基认为，前者在个体儿童的发展中具有更大的诊断性意义。他说过：

> 我们对两个孩子进行了检查，并断定他们的心理年龄同为 7 岁。这意味着他们俩都有能力处理 7 岁儿童的问题。然而，我们在对他们做进一步测验时发现了二者的一个显著区别是，其中一个孩子在外界帮助下可以解决 9 岁儿童适龄的问题，而另一个却只能解决 7 岁半儿童适龄的问题（Vygotsky，1956）。

可见，这两个孩子在进一步发展方面具有不同的潜能，虽然通过传统测试他们的实际发展状况相似（如图 7.1 所示）。不仅如此，这还说明成人们应该针对孩子的能力和潜能因材施教。我们将在下文中描述，很多研究深受维果斯基的影响，致力于更进一步了解这种"导师—学徒"关系。

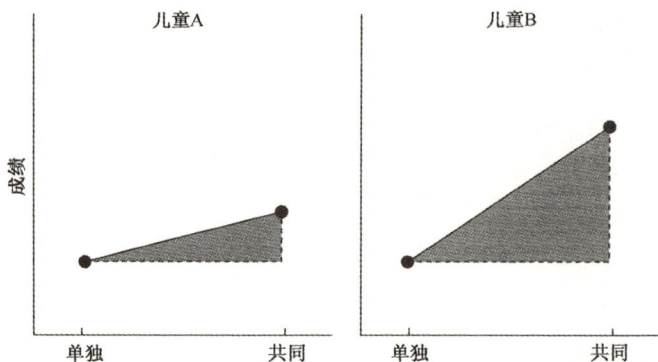

图 7.1　两个儿童分别在单独活动和与富有知识的人参与完成任务时

所达到的成绩，阴影部分表示最近发展区（Siegler，1998）

3. 个人方面

维果斯基很少谈论这个方面。和皮亚杰不同，他没有探索儿童的智力随年龄的增长的问题：他的目标并不是建立像皮亚杰那样的阶段性理论。他的理论对学前儿童和青春期少年同样适用。他关于年龄的唯一论述是 2 岁以内的儿童主要受生理因素影响，社会文化因素只有在以后才能发生作用——这个论断并不被近年来的研究所支持。

另一方面来说，和皮亚杰一样，维果斯基也承认儿童的主动性。也就是说，儿童并不是被动地依赖成人的引导，恰恰相反，他们积极地搜索和选择周围对他们有用的学习工具，因此，成人必须注意到儿童的学习动力，因势利导。维果斯基不太注意儿童是如何发挥此作用的，以及各个儿童不同的参与方式。他只是从广义上强调了认知发展必须被看作是一个合作性的过程：一方面，儿童向成人发出信号，告诉他们自己能完成的任务水平，另一方面，成人需要密切注意这些信号，从而更好地决定如何进行指导。和皮亚杰一样，维果斯基也强调认知发展过程的建设性，即儿童积极主动地获得知识；但和皮亚杰不一样的是，他并不认为儿童能在没有外界帮助的条件下达到这样的目标，他认为只有在和他人合作的环境中才能实现这样的目标。他的这种看法后来被发展成为社会建构主义。

从他人帮助到自我帮助

维果斯基粗略地表达了他的思想，没有很多实证数据来支持他的理论。他把这个任务留给了后人，大多数后来的研究都集中在人际交流方面，特别是关于儿童是如何受益于成人的帮助来解决问题的。维果斯基提出了"最近发展区"这个概念作为统一的核心概念，来理解儿童从依赖性到独立性的认知功能的发展过程，但是他将一系列问题留给了后人来解决。我们来看一看这些问题。

最近发展区

"最近发展区"是指儿童自己能够达到的成就和在一个拥有更多知识的

人的帮助下所能达到的成就之间的距离。因此，这是教学可以发挥作用的关键领域。也就是说，成人应该关注儿童已达到的水平和所具有的潜能，并引导儿童提升到恰恰比他们现在更高一层的水平上，由此可以在现有水平的基础上更进一步。

根据"最近发展区"概念的发展理论被描绘成三个阶段（Tharp 和 Gallimore，1988）。

◇ 第一阶段：儿童得到能力更强的成人的帮助。儿童在独立之前，必须依赖他人的帮助。刚开始的时候，儿童可能并不理解他们所面临的任务或需要达到的目标；这时候成人必须解释和引导，孩子只能跟从和效仿。比如说，年幼的儿童在面对七巧板时，可能不知道如何把拼图的各部分放在一起，也不知道这个游戏的意义何在；因此，大人就需要示范如何做，鼓励并帮助孩子一起拼出拼图，并指出怎样是"对"的，怎样是"错"的，并让孩子细心观察拼图是怎样一步步完成的。接下来，随着孩子能力的提高，大人可以逐渐根据孩子的进步将责任慢慢转交给孩子，并随时提供帮助。这个过程适用于任何任务的完成，无论是拼图游戏还是阅读书籍，无论这个任务需要几分钟，还是几年来完成。

◇ 第二阶段：儿童得到自己的帮助。儿童逐渐不需要大人的陪伴，自己独立地完成任务。但是这个阶段有一个限制：孩子虽然不需要依赖大人的语言指导，但是在完成任务的过程中需要自言自语地重复大人的指导内容来对自身进行指导。它代表着从接受他人指导到自我指导的转型。

◇ 第三阶段：自动化。在重复练习后，儿童逐渐脱离了对自我指导的依赖。这时候，任务的完成变得得心应手，并具有自发性。关于任务操作的知识已经内化，也就是说，从社会的（外在）层面上转化到心理的（内在）层面上。

这个发展过程有可能受到疲劳或疾病的干扰而停止，也可能因缺乏练习或受伤而持续更长时间。受到影响的儿童也许不能自动完成任务，其能力可能倒退到早期阶段的状况，只有在基于"最近发展区"的培训下才能够恢复。

需要说明的是，在"最近发展区"中进行的不一定只有维果斯基所讲的明确的教学方式。它也包括其他形式的、随意的、非正式的交流，比如，和孩子一起玩耍、聊天，这些行为对扩充孩子的知识都有相似的作用。因此，巴巴拉·罗格夫（Barbara Rogoff，1990）提出了"指导性参与"的概念，这个概念准确地描述了发生在"最近发展区"的状况，因为它一方面强调了教学过程的互动性，另一方面又突出了儿童作为"学徒"的角色。

成人如何帮助儿童提高其解决问题的能力

儿童的第一任教师通常是其父母，而且指导通常在一对一的交流中自然进行。举个例子来说，下面是母亲和她 2 岁半的孩子在一起玩卡车拼图游戏时的对话（引自 Wertsch，1979）：

孩子：这个应该放在哪儿呢？（拿起一块黑色货物的拼图）

母亲：你看看另外一个卡车是什么样的吧，那个放在哪儿，你就会知道……

孩子：哦……（看看拼图，再看看图样）……我在看呢……嗯，这个里面有一块黑色的拼图放在了这儿。（指着模型中的黑色货物拼图说）

母亲：嗯……那你想把这块黑色拼图放在哪儿呢？

孩子（拿起黑色拼图，看着图形）：……在这儿（把拼图放在了正确的位置）

这是玩耍还是教学？对二者的区别意义不大，因为这个年龄的孩子无论学什么都是在一个玩耍的环境中进行的。通常是孩子们玩得很高兴，妈妈们则心甘情愿地跟随着他们的步伐。他们之间的交流不同于正式的教学，而是以对话的方式进行。这个母亲的指导都是以提问题的方式进行的，但却能吸引孩子的注意力，引导正确的行为。在短暂的谈话后，孩子自己把拼图放到了正确的位置上，从而获得了完成任务后的满足感。

成年人在指导儿童行为时，根据任务本身的性质和儿童的年龄及能力来决定采用何种方式。一些策略是经常被用到的，如表 7.1 所示。然而，这些策略并不是随随便便就被采用的，而是根据自己了解的儿童的能力，目的是最大程度发挥孩子的潜力。成人是以搭建脚手架的方式来帮助孩子的。

表 7.1　成人在帮助儿童完成一对一任务时采取的策略（如完成七巧板游戏）

策略	例子（参与完成拼图）
吸引孩子对目标的注意	指着，轻拍，标明
把任务排序	"先从角上开始拼，然后再拼边上"
把任务分解成更小的组成部分	"让我们先找到马的那块儿"
强调关键部分	"看，这就是角落上的那一块"
演示	把一块拼图放到空隙处
提醒孩子下一步需要完成的任务	"我们现在需要找到马的尾巴"
帮助孩子利用记忆库	"你能不能像拼那块正方形的拼图一样把这块放好"
控制挫折感	"你干得很好，就快大功告成了"
评价成功 / 失败	"你是个聪明的孩子，全靠自己把那块拼图找到了"
保持目标	"就只剩下这匹马了，我们马上就拼完了"

　　脚手架概念由戴维·伍德（David Wood）及其同事们提出（Wood，Bruner 和 Ross，1976；并见于 Wood 和 Wood，1996），用于描述在"最近发展区"成人对儿童提供的帮助和指导，特指促进学习所需要的行为。它最初产生于伍德等人（1976）对母亲如何帮助那些不能单独完成任务的 3 到 4 岁的孩子的观察。任务要求儿童将一套木块钉成金字塔的形状，观察儿童能否在大人的指导下完成这一任务。这个研究的结果表明，很多参加实验的孩子确实通过培训能够独立完成任务，但是更为有趣的是，母亲的指导是如何达到这个目标的，脚手架这个概念恰当地描述了母亲的作用。

　　母亲采用了不同的方式来帮助孩子，如帮助孩子选择木块，演示如何钉钉子，把不相关的木块挪开，指出任务的某些特征，等等。所有这些努力都是为了简化任务，使它适合孩子的能力水平。这个过程的关键在于母亲是如何根据孩子的水平来调整指导方式的。伍德提出了两条原则：第一，当孩子明显遇到了困难时，成人应该立即提供帮助；第二，当孩子干得很好时，成人应该减少帮助，逐渐降低对这一过程的干涉。成人提供的支持和帮助总是取决于孩子的进步，从而给孩子足够的自由发挥的空间，并在适当的时候加以指点。因此，母亲对整个过程的控制随着孩子所学到的能力的增加而减少，直到孩子有能力独立完成任务（就该实验中对母亲干涉程度的评判标准，请参见表 7.2）。

表 7.2　在帮助儿童完成任务时的成人控制水平

水平	例子
1. 一般性的语言指导	"现在你应该做某某事情"
2. 具体的语言指导	"拿 4 块积木"
3. 指出材料	指向需要的积木
4. 准备组装	把积木两两放好，让钉子对准钉眼
5. 演示	组装两对积木

搭建脚手架的概念可能会让人联想到一个固定不变的形象，但那并不是这个概念要表达的意思。附带的两条原则意味着成人的行为是灵活的，常常根据孩子的表现而调整。这样就可以保证所有教学上的努力都在"最近发展区"中进行，对孩子提供支持的性质和水平始终根据孩子当前学习内容的吸收情况进行不断调整。伍德观察到，要做到这一点很难，不管是对父母还是专业的教师来说，很少有人能自始至终按照这样的规律行事。只要孩子保持不断学习进步的状态，成人并不需要百分之百做到这一点，总体上来说，搭建脚手架要求指导者和孩子互动合作，并逐渐让孩子承担完成任务的责任。

其他一些研究也采用了搭建脚手架的概念来调查成人和儿童的合作培养儿童能力的问题。这些研究涉及了不同年龄段的儿童，指导者包括父亲、教师、陌生人，以及更有能力的儿童；涉及的任务也很多，比如学数数、复述故事、看图书、对物体分类、计划较复杂的事、做手工、解决科学问题，等等（专栏 7.2 显示了母亲们是怎样帮助孩子对数字入门的）。所有这些活动告诉我们有效教学的一些基本规律（Rogoff，1990）。

1. 指导者是儿童巩固已有知识和学习新知识之间的桥梁。

2．指导者通过在儿童活动中提供教导和帮助，为支持儿童完成任务搭建起到了脚手架的作用。

3．虽然孩子在开始的时候很难达到任务所要求的能力，但指导者可以引导孩子积极参与，从而能够成功地完成任务。

4．有效的教学需要指导者逐渐将责任转移到学习者身上。

专栏 7.2 和妈妈一起学习数字

　　很多研究对儿童的数字理解能力发展感兴趣，因此，我们现在了解到很多关于儿童在各个不同年龄段学到的数字知识和技巧的信息（Gelman 和 Gallistel，1978；Nunes 和 Bryant，1996）。但是，我们不知道儿童是怎样学到这些知识的，因为很多研究只针对他们所学到的内容，却并不关心这些知识的来源。因此，儿童的计算能力在很大程度上被认为是其自身学习的结果，只是近年来人们才逐渐重视社会环境对计算能力培养的重要意义。

　　有哪些社会因素影响到数字知识的发展呢？据观察（如 Durkin，Shire，Crowther 和 Rutter，1986），从婴儿时期开始，个体就会在每天的生活当中接触到很多数字。儿童周围的成人们的对话就带有很多关于数字的内容，家里发生的很多事情都和数字有关，比如帮忙摆桌子（"我们需要给每人准备两把叉子"）、买东西（"我们买四块蛋糕吧"）、描述时间（"我们去幼儿园已经晚了，现在都 9 点了"）、做饭（"再多加一勺面粉怎么样"）、选择电视频道，等等。另外，还有儿歌、诗歌、故事、简单的游戏、竞赛等，所有这些活动都以生动而有意义的方式告诉孩子数字的重要性。

　　当然，就算在家里也有比较正式的场合可以教孩子像数数和加法这样的技能。为了更好地理解脚手架这个概念，我们来仔细分析一下母子之间的交流。比方说，萨克（Saxe，1987）等人就进行了这样的研究。

一些 2 岁和 4 岁儿童及其母亲一起进行简单的数字游戏，比如数出物体的个数、把两行中的物体配对，等等。儿童的活动被录像，对这些录像的分析表明，母亲很恰当地根据孩子的表现来提供帮助，从而成功地提高了儿童的数字能力。总的来说，这些母亲都能很准确地认识到孩子遇到的困难，并有针对性地提供帮助：在孩子犯了错误后，他们详细地进行解释；在孩子取得一定成功后，她们则会提供更复杂的指导。年龄较小的儿童的母亲尽量将任务简化，同时在处理更困难的任务时尽量简化她们的指导。她们通过这样的脚手架建构帮助儿童达到更高的能力水平：儿童总是可以根据母亲的指导来调整自己的表现，而且常常能在母亲的帮助下完成自己无法单独完成的任务。4 岁的儿童比 2 岁的儿童在母亲的帮助下进步更大，因为在这些特定的任务上，4 岁儿童更接近所谓的"最近发展区"，而 2 岁儿童还远远没有达到这个发展水平。

这些观察结果很大程度上证实了维果斯基关于认知发展的理论。儿童并不是自己获得数字能力，而是在他人的帮助下逐渐获得的。这些帮助需要根据儿童的发展随时进行调整。更重要的是，成人需要尽量把这些活动变得生动有意思，这样儿童才有更大的动力去重复经验并学到更多的知识。

脚手架这个概念的优势在于，它给我们提供了一个生动形象的比喻，告诉我们成人需要和孩子合作来培养他们的能力。这个概念本身并不能解释孩子是如何牢记所学到的知识的，但它指出了这样有效的教学在什么样的条件下能发挥作用，并强调了其社会交往的本质。

如何提供有效帮助

不是任何来自成人的帮助都是有效的。那么怎样的帮助才是有效的呢？让我们来考虑以下三方面的影响，分别来自成人、儿童和他们之间互动的关系。

◇ 成人对他人的敏感性不一样，当然对儿童需求的反应能力也不一样。然而，要对儿童进行有效的帮助，这样的能力是必需的。这样就需要分别了解任务的哪些部分可以由孩子自己单独完成，哪些部分可以和成人合作完成，而哪些部分暂时超出了儿童的能力范围。一个缺乏这种敏感性的成人可能会给孩子提供过多的信息，但这些对于孩子来说不是太难，就是太易，也可能会施加过多的控制，不让孩子有自由发挥的空间，也可能采取不恰当的策略，比如只告诉孩子怎么做，而不亲自动手示范。无论是哪种情况，都不利于孩子搭建正确的脚手架以取得进步。

◇ 儿童接受帮助的能力不同。像我们所强调的那样，成人和儿童的交流总是双向的：儿童自身的特质决定了什么样的教学方式是最适合他们的，反之亦然。这在临床样本中有很明显的证据，比如对于唐氏综合征患者而言，这样的孩子通常很难灵活地控制自己的注意力，很难根据他人的行为来调整自己的注意力，也很难根据他人的反应来调整自己的行为——而所有这些能力都参与解决情境问题（Landry 和 Chapieski，1989）。早产儿也有相似的症状，至少在发展的早期（Landry，Smith，Swank 和 Miller-Loncar，2000）。还有其他一些儿童的特点，这些特点可能影响成人和儿童的交流。

◇ 成人和儿童之间的关系也需要考虑，因为父母和儿童之间的依恋关系会影响到儿童接受父母或者其他人指导的能力（Moss, Gosselin, Parent, Rousseau 和 Dumont，1997；van der Veer 和 van IJzendoorn，1988）。和父母关系融洽的孩子通常更有信心解决较难的认知问题，无论是单独处理还是和陌生人在一起时都会如此；当和自己的母亲一起完成任务时，他们知道自己的努力会被接受和支持。而缺乏这种安全感的孩子则会缺乏这样的信心；他们过去的经历使他们觉得自己的努力只会遭到忽视或否定，因此很难让他们主动地解决问题。一般来说，缺乏安全感的孩子和母亲交流时较少感到自己得到支持，母子关系不是那么融洽，因为他们的母亲不能对他们的行为做出积极的反馈。所以，具有安全感的孩子的表现常常能从合作关系中得到改善，而缺乏安全感的孩子却不一定能做到这一点。

同伴能扮演指导者的角色吗

当儿童互相帮助时，有两种情况产生。

◇ 合作学习：能力大致相当的儿童一起活动——这在第四章中已经讨论过。
◇ 同伴扮演指导者的角色：能力更强的儿童向能力稍差的儿童提供指导和帮助，从而最终使二者的能力达到相当的水平。

第二种关系与本章的内容相关。因为维果斯基的理论认为，教师和学生的关系可以有很多种变体，比如说可以是亲子关系，可以是师生关系，也可以是同伴中因能力不等而建立起来的互助关系。但所有这些关系都是建立在能力不等的基础上，从而使知识从一个人传输给了另一个人。

有许多研究关注同伴互助学习的问题（参见 Foot 和 Howe，1998；Foot，Morgan 和 Shute，1990）。因为这个问题对实际的教学有重要意义：相对于严厉的老师来说，同伴之间互助学习无疑对儿童具有强烈的吸引力。绝大多数相关的研究调查对象都是学龄儿童，包括与教育相关的任务，如读、写及科学问题（如理解漂浮物体或者斜面下降运动的原理）。这里有不少有趣的理论，一个人在共同问题解决情境中观察到的行为模式越多，他了解到知识传播方式的可能性就越大。

大部分关于同伴互助学习的研究报告显示出了积极的结果。儿童确实从同伴的指导中有所收获，即使同伴之间的年龄差距非常小。而且，根据一些研究，教的过程中作为指导者的儿童也从中获益。但是，并非所有研究都有收获：在某些情况下儿童甚至退步了。仅仅和一个水平高的同伴在一起还不够，其他条件也要符合。比如，当老师对问题有更多的但不是全面的理解时，指导过程很可能会失败。同样，假如指导者控制这个交流，没有给学生足够的空间，后者就不可能受益。同伴指导者（和成人教师一样）明显需要采用一些策略才能成为一个有效的指导者：他们必须对同伴的努力很敏感，及时提供正误的反馈，指导的速度也要与学生的接受能力相适应（Tudge 和 Winterhoff，1993）。让人惊奇的是至少从儿童期起，他们就能够经常采用这些策略，因此能够给比自己水平低的儿童当老师。

文化因素在成人对儿童的学习帮助中起什么作用

当比较不同社会文化中的儿童指导的性质时，我们清楚地看到在某些方面有显著的差别，但是也有基本的相似性。先来看看差别，这可以从指导的三个方面看出，即什么、何时和如何。儿童应该在什么科目上得到指导，取决于每个社会看重的那套特殊的技巧和知识，比如一个社会看重猎杀野物和剥皮，另一个社会看重电脑操作和应用。儿童何时应该受到指导也根据文化要求的不同而变化，比如，在一些严重依赖妇女田间作业的非洲部落中，4、5岁的孩子在日常的照顾过程中就开始受到训练，这样可以使妇女在生完另一个小孩后尽快返回工作。西方的父母会认为，孩子在这个年龄还没有能力学习必要的技能。

如何指的是指导的方式，比如，给孩子提供的学习量和方式，老师和学生角色的认识，融入到社会日常生活的指导过程与在特殊教育机构里的封闭式教育之间的比率。跨文化比较研究显示，教育方式在各个文化上存在着相当大的差异（详见专栏7.3）。因此，在一些社会中，儿童向成人提问题不受鼓励，被认为是不礼貌和侮辱。不同的社会强调不同的教学风格，有的把观察和模仿看成是教学的方式，有的强调儿童和成人一起积极参与。这些差异反过来与学习责任主要是在成人身上还是儿童身上有关。差异还表现在多少教学是在学校中进行的，多少是在日常生活中非正式的学习。

专栏 7.3 在危地马拉和美国的母子合作解决问题

在一项跨文化的研究中，巴巴拉·罗格夫（Barbara Rogoff）及其同事（1993）详细分析了来自不同文化传统的四个地方的母亲和儿童是如何合作解决问题的。这四个样本来自危地马拉、美国、印度和土耳其，但是我们这里只集中在差别最大的两组上。

危地马拉的被试来自一个叫圣彼得的地方，玛雅印第安人居住在那里，这个山地小镇一直与外界隔绝，不受外界的影响。直到最近才有了像电灯和收音机这样的现代技术。大部分的人都是贫苦的农民。美国的被试来自犹他州的首府盐湖城。这个城市有 50 万人，大部分家庭都是富裕的中产阶级。每个地方各有 14 对母亲和孩子（1～2 岁）参加这项研究，研究目的是看母亲如何帮助孩子应对两种困难任务，即使用各种新奇的物体，如给蹦蹦跳跳的木偶穿上衣服。

在两项任务中所有的母亲都和孩子在一起帮助、支持和鼓励他们。但是，合作的方式在一些方面差别很明显，这一点可以从对他们玩新奇东西的方式中看出（如表 7.3 所示）。与美国的母亲不一样，危地马拉的母亲不把自己看成是孩子的玩伴，她们认为这种角色让她们难堪，所以她们喜欢让另一个大点的孩子来陪小孩子玩，自己在旁边指导大孩子去帮助小孩子。这些母亲把自己看成是导师和指导者，她们不是不参与孩子的活动，她们大部分时间是示范应该怎么玩，然后把东西交给孩子（"现在该你做了！"）与美国的母亲相比，相处的气氛不一样：不管危地马拉的母亲对孩子的帮助有多大，她们的帮助是一种正式的方式，维持着她们与孩子之间地位的差别，不像美国的母亲那样，把这个活动当成是与儿童一起游戏。

这个差别还体现在两组被试采用的交流模式上。危地马拉的母亲没有把孩子看成是对话的伙伴，美国的母亲试图把孩子引入对话中，问他们问题，甚至试着让他们发表意见，但是这在危地马拉的母亲那里很少看到。

美国的母亲经常用孩子的语言，和孩子建立对话，为了激励孩子，她们经常会用夸张的兴奋的语调说话。总的来说，美国的母亲说得很多，而危地马拉的母亲更多地依靠非言语交流。后者很少表扬孩子的努力，但是在整个过程中会密切关注孩子的行为，随时都准备好在孩子需要的时候提供帮助。

表 7.3　危地马拉和美国的母亲在共同解决问题情境中的行为比较
（每种行为在情境中发生的百分比）

	危地马拉	美国
母亲做玩伴	7	47
母亲像同伴一样和孩子对话	19	79
母亲使用孩子式的语言	30	93
母亲表扬孩子	4	44
母亲表现出夸张的兴奋	13	74
母亲准备好去帮助	81	23

资料来源：改编自 Rogoff 等（1993）。

这个研究详细分析了两组母亲和孩子在面对同样的挑战时相互交往的方式，强调了她们在教育方式上的显著差异。这反映了每个社会分配给母亲和孩子角色的文化差异。比如在危地马拉，儿童被认为要对学习负主要责任，他们决定着努力的速度和方向。孩子的大部分活动都是自己发起的，母亲是监视性的指导。相反，美国的母亲认为她们不得不去鼓励学习，规划交往的框架，但是她们相信，达到这个目的最有效的方法是像孩子一样游戏和说话。

尽管有这些不同，然而，即使在采取不同教学风格的社会中，教学也都有一个共同的主题，即教学是一个合作性的活动，负责教的成人和负责学的孩子必须对方法和目的有共同的理解。看看下面这个例子，是关于一个中美洲印第安人部落的母亲（Rogoff，1990）。

报告说，1～2 岁儿童观看他们的妈妈做玉米饼，然后试图模仿。妈妈给孩子一小块面团，然后帮助孩子把面团揉成球、压扁。孩子做的"玉米饼"如果没有掉到地上的话，就会和妈妈做的一起蒸熟，然后吃掉。当孩子捏面团形状的水平提高后，妈妈会加上一些指导，怎么放面团才能更好地把它压平并做出示范。孩子可以一边观察，一边做下去。孩子仔细地观察、参与，母亲通常很有耐心，在一边帮忙。母亲降低任务的难度，使之与孩子的水平相适应，还在旁边做示范，给孩子一些建议。5～6岁的孩子就可以做一些晚餐用的玉米饼，9～10岁的女孩已经可以在需要的时候给全家做晚饭，掌握了做玉米饼的全过程：从把玉米磨成面粉，把面粉揉压成玉米饼，再到用手把玉米饼放到烫的煎锅上并翻动它。

这里我们看到，儿童参与成人的活动，并模仿他们；同时，大人用一些脚手架式的技巧鼓励孩子：简化任务，把任务分解成几部分，让孩子负责其中简单的部分，总是根据孩子的能力调整自己的指导，做出示范，并鼓励儿童。在其他社会中，同样的过程在传授其他技能中也同样存在。比如在利比亚教裁剪，在墨西哥教编织。所有这些过程都符合一个模式：成人放手让儿童去做这些任务，儿童逐渐地接过所有的任务，两人默契地合作达到目标。

合作胜于单干吗

我们终于要面对这个关键的问题了，因为它与认知的社会起源有关，所以它也是维果斯基所关注的一个基本命题。很多研究都探讨了这个问题，其中最令人信服的是那些为了验证这个命题而专门设计的实验。这些实验所采用的形式详见表7.4。

表7.4　关于合作学习的研究设计

	前测	解决问题的练习	后测
实验组	儿童单独活动	儿童和同伴指导者共同练习	儿童单独活动
控制组	儿童单独活动	儿童自己练习	儿童单独活动

首先，在他们单独活动时测量出儿童处理某些问题技巧的基本水平，然后让他们和同伴指导者共同完成任务，再测量儿童单独活动的成绩，看他们的能力是否有所提高。前测和后测之间的差异说明了合作指导的作用。实验组和对照组儿童的对比，则进一步显示出不同练习所起到的作用不同。

拿弗洛伊德（Freund，1990）做的一项研究来举个例子（如表 7.5 所示）。在他的研究中，3 岁和 5 岁的孩子在妈妈的指导下，将玩具分门别类地放到洋娃娃的小屋里——比如把沙发放到客厅里，炉具放进厨房里，等等。实验鼓励母亲们用任何方法来帮助自己的孩子，只要不显示出刻意的教导就行。通过对前后实验及对比组儿童的测量发现，经过合作训练的儿童明显比单独活动的儿童进步大。母亲所提供的最有效的教导方式，包括从不同的角度讨论问题的策略（例如，"我们应该把冰箱放在哪儿啊？"）和提醒孩子任务目标（例如，"我们先完成卧室的任务再来处理厨房吧。"）。由此，我们可以得出如下两点结论：首先，和一个知识更加丰富的人一起合作有助于提高儿童的能力；其次，儿童在合作中学到的知识直接影响到他们单独活动的表现水平。

表 7.5　3 岁和 5 岁儿童合作练习及单独活动的前后测得分情况（正确回答的百分比）

	合作练习		单独活动	
	前测	后测	前测	后测
3 岁儿童	46	70	41	36
5 岁儿童	52	94	51	64

资料来源：Freund（1990）。

大量的研究成果表明，儿童解决问题的能力通过和一个积极配合其学习的成人的合作练习能够得到显著的提高，而且这种能力的提高能够延续到此后单独活动时的表现。这种现象不仅仅在成人作为指导者中发挥作用，包括父母及陌生人，而且在同伴互帮互学时也颇为有效；同时这样的作用适用于不同的年龄段和任务类型。正如我们在很多研究中看到的那样（Kontos 和 Nicholas，1986），并不是所有的研究结果都一致证实了这种效果：有的研究中，实验组的儿童要么没有进步，要么进步程度和对照组的儿童没有区别。事实上，只有在一定条件下练习才能产生效果，指导者的技巧非常重要。正如弗洛伊德的研究所显示的，有些类型的指导要比其他的有效。有些类型的指导在某些环境中起到了消极的作用。没有"全能"的教学技巧对所有的教学活动都有效，只能因材、因地施教。例如，将一项任务分解为几个简单的部分，儿童将很容易解决这个问题，但是这对于成人来说却很难，如果指导者和儿童配合得不成功，那么儿童的能力水平将很难提高。

评价

虽然维果斯基的作品在 20 世纪六七十年代才被"发掘"，因为他的生命如此短暂，远远不如皮亚杰，但是他的影响比起后者来说却毫不逊色，他所开创的理论逐渐引起世人的关注，作为研究儿童认知发展的一种方法，他的理论的贡献和缺陷逐渐变得清晰。

贡献

首先，维果斯基的贡献在于他的理论是融入了环境因素的。因为他认为，孤立地研究人是没有意义的，必须把人放到社会、历史和文化的大环境中去观察。维果斯基并不是第一个持有这种观点的人，但是他却第一次分析了社会环境的构成，以及它是怎样同个人的智力发展联系在一起的。这是其他研究者所不能企及的。

传统的发展心理学认为儿童是在环境的刺激下成长的，要么是被动地在环境的作用力下被塑造成某一特定的样子，要么是孤立地构造自己。不管是哪种情况，儿童和环境都被认为是对立的，在个体发展的过程中互相制衡。对于很多人来说，这几乎已经成为了一种常识，但维果斯基的论述却让人心服口服。他认为，在对儿童进行分析的时候，将他们放到社会环境中去比把他们放到真空中要有意义得多。以下是维果斯基对皮亚杰理论的评价：

在皮亚杰的理论中，儿童不被看作是社会的成员，也不被看作是社会关系的一部分。恰恰相反，社会环境被认为是孤立于个体而存在的。

维果斯基最重要的成就在于他强调了儿童是作为社会的一部分，而不是孤立于社会环境而存在的。这比起传统观点来讲，是一种更开放的、更具有包容性的方法。

维果斯基对社会环境的详细论述也体现了他理论的价值。他认为，环境超出了个人周围小环境的概念，它是一个多层次的构造，包括历史、政治、经济、科技和文化等各方面的影响力，这些都是儿童所处的社会环境的内在因素。拿他的"文化工具"这个概念来说，这是人类历史发展的结晶，通过它儿童才能直接参与到社会活动中来。环境不是什么模棱两可的概念，它是具体的，在儿童成长过程中发挥着特殊的作用。同样，他的"最近发展区"的概念也有助于我们理解儿童和社会接触的情况。这些都有助于维果斯基有效地从各个层面阐述儿童发展心理学的状况。

维果斯基自己并没有能够尝试很多的实验，但是他的具体设想使很多后来的研究者前赴后继地将他的理论发展壮大。正如我们所看到的，控制在对于成人所起到的作用的研究中尤其明显。而其他一些理论，如文化工具在认知发展过程中的作用，等等，都激发了后人研究的兴趣。还有两个领域的研究也得益于维果斯基的贡献，分别是我们如何才能有效地定义环境的影响（Bronfenbrenner 于 1989 年创立的环境系统理论是最著名的例子）和 Rogoff（1990）的跨文化比较研究，其理论合理性来源于维果斯基所提出的儿童发展与社会文化环境之间的关系。

不足

当然，维果斯基的理论还有很多不足，但是我们现在主要针对其中两点，即他忽视了儿童个体的贡献，以及情感的影响。

对前者来说，虽然维果斯基致力于将文化、交往和个人三者合一，但他却忽略了个体的作用。他没有详细地阐明儿童自身是如何对其发展过程做出贡献的。他赞同皮亚杰的关于儿童发挥了积极作用的观点，但他没有深入研究这样的作用是如何产生的。他更看重成人和环境的影响。诚然，在他那个时代，人们对遗传学知之甚少，但是和他同时代的一些学者却认为没有两个儿童是相同的，而且个人在发展过程中的作用是独一无二的。维果斯基仅仅承认了儿童能力的极限是受其本身所处发展阶段和智力潜力的限制的，但他却没有认识到儿童的能动性。

这一点在维果斯基对年龄的忽略上也能看得出来。和皮亚杰不同的是，他的理论并不具有发展性。他认为，2 岁小孩和 12 岁小孩的行为方式没有什么不同之处，不考虑其间所经历的发展阶段。"最近发展区"的概念随着儿童年龄的增长而有所改变，但维果斯基却认为它的本质，以及成人和儿童分别扮演的角色并没有什么变化。同样，他也没有探讨儿童学习进步的具体形式。

另外一个不足是维果斯基对感情因素的忽略。虽然他给认知发展披上了社会化的外衣，但他和皮亚杰一样都认为儿童是"冷漠"的个体。他丝毫没有提及孩子们在学习过程中遭遇的挫折和欣喜感，也没有提及他们的努力和动机。虽然很多其他的心理学家也犯过同样的错误，但这个问题是很严重的。维果斯基提到了情感的品质及其表达，但他却没有将此与认知的社会文化理论联系起来，因此没有真正地融入到他的理论中去。

小结

维果斯基的认知发展理论和皮亚杰的理论一样，采纳了结构主义的观点。他认为，儿童积极地学习成长，并非停留于消极地吸收外界信息。但和皮亚杰不一样的是，他的理论强调了社会环境的作用，也就是说，儿童及其周围的文化环境是密不可分的。认知发展从根本上来讲是一个社会过程，是文化、人际和个人三者合力的结果。

1. 文化在维果斯基的理论中扮演了最重要的角色，因为他认为人是社会历史的产物。文化工具，包括语言、识数能力、书本、电脑都帮助儿童了解世界，了解他人。

2. 人际交往是儿童接触外界信息的窗口。他认为所有的知识都源于社会交流。认知发展过程在于通过人际交流将信息从他人传播给儿童，再由儿童自己将之内化。在大人的帮助下，儿童取得的进步要快得多。

3. 个体儿童的贡献并不是维果斯基理论的重点。他只认为儿童是认知发展积极的参与者，并没有更进一步的论述。

维果斯基的理论激发了很多研究的产生，这些研究致力于探索知识是如何代代相传的。它们提供了各种各样关于大人是如何帮助儿童获得知识的证据，很多研究结果都证实了维果斯基的基本理论，认为儿童的能力通过合作练习可以得到显著提高。

维果斯基的理论价值在于将儿童放到社会文化的大环境中去理解，但他同时也忽略了儿童个体的作用及对情感的解释。

阅读书目

Gauvian, M. (2001). *The Social Context of Cognitive Development*. New York：Guilford Press. 此书依据的是维果斯基的理论，它认为不仅儿童学到的，而且儿童学习的方法都与社会文化背景密切相关。通过展示任务解决、注意和记忆等认知过程方面的最新研究，作者证明儿童生活的社会环境为他们的认知发展既提供了机会，也设置了范围。

Miller, P. H, (2002). *Theories of Developmental Psychology* (4th edn). NewYork：W. H. Freeman. 本书中"Vygotsky's Theory and the Contextaulists"一章对主题做了清楚、简明的介绍，概括了这个理论的所有主要特征，并对其他的理论做出评价，追踪了其对以后研究的影响。

Rogoff, B. (1990). *Apprenticeship in Thinking：Cognitive Development in Social Context*. New York：Oxford University Press. Rogoff 深受维果斯基理论的影响，但是她有自己的解释，她特别重视文化的影响。此书既说明了她的理论立场，也描述了她的研究活动。

van der Veer, R., & Valsiner, J. (1991). *Understanding Vygotsky：A Quest for Synthesis*. Oxford：Blackwell. 此书是对维果斯基著作详细的、全面的介绍。把维果斯基置于他的个人背景和教育中，此书展示了他的理论、社会和政治之间的关系。

第八章

作为信息加工者的儿童

INTRODUCING

CHILD

PSYCHOLOGY

心理活动的模型

　　心理学家发现可以运用模型来了解心理活动。模型可以用来表示人类的特殊功能，因此可以帮助我们了解如何操作这些功能。以电话交换机为例，我们可以以此了解大脑是如何接收信息，以及如何建立适当的联结的。另外一个例子是调节器，这个模型可以帮助我们了解人们如何运用信息的反馈来完成目标。我们可以将这些模型当作不同的比喻：心理就如同一种装置，可以帮助我们了解事物。

大脑是计算机吗

　　近年来，大脑被比喻成一台计算机。这比喻来自于认知的信息加工观点（详细内容参见 Boden，1988；Klahr 和 MacWhinney，1998；P. Miller，2002）。这个观点将大脑的活动视为信息处理，通过感官接收信息，并以目标导向的活动作为输出的结果。认知可视为追踪信息的流向，以及辨别干扰过程的性质。举例来说，认知活动可以包括各种信息（视觉和听觉）的译码、信息的存储、对信息的解释、对已获得信息的补充，以及对这些信息的操作。根据实验操作的输入情况，分析在各种条件下个体处理信息的方式，我们可以推论出信息是如何被接收和被加工的，如图 8.1 所示。

　　计算机就像人类的认知系统一样，是一种信息加工的装置。它们接收特定的信息输入，也会将输入的信息转换成符号的形式储存。正如人类利用储存的符号作为思维的内容一样，计算机也可以运用储存装置内的数据执行某些活动。从某些方面来说，大脑就是一部计算机，虽然对某些从信息加工角度出发的拥护者来说，这不过是个比喻而已，但是某些学者认为并不是仅仅如此而已。如果以计算机程序来模拟人类的思维方式，我们自然会关注一些有关记忆或问题解决等功能的假设，如此一来，我们可以了解人在思考时我们实际上做了什么。

　　如同计算机本身可分为硬件（物理成分）和软件（操作程序）一样，信息加工观点的支持者也将人类认知区分为结构和程序两部分来思考。

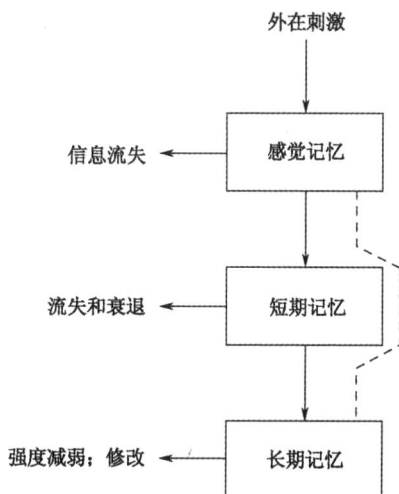

图 8.1　信息接收和储存流程图

◇ 结构可以视为认知系统的建筑单元，如图 8.1 中的方格所表示的，分别代表感觉记忆、短期记忆和长期记忆。虽然这纯粹是一种假设，但它却可以帮助我们了解信息加工在每个步骤中的特殊功能。这些结构并不太多，而且具有持久性和普遍性。它们是心理的硬件，它们所具有的特性也对人类心理活动形成一种限制。

◇ 程序可模拟为计算机的软件，也就是操作系统所需要的程序。不同于结构，程序的数量不但多，而且会随着不同的人或年龄层而有所不同，随着环境的不同而有所差异。从认知发展的角度出发，程序可以分为控制（需要努力）和自动（不需要努力）两种。这个区别是建立在执行程序需要付出多大程度的注意资源上。控制类程序需要大量的注意力，它们耗时耗力，而且需要大量的认知空间。自动类程序相对快速且省力，通常涉及一些熟悉的惯例或刺激。大部分的认知发展，是关于从控制类程序演变成自动程序的过程。举例来说，问 5 岁和 10 岁的儿童关于 "5+4" 等于多少的问题，前者会花不少时间理解问题，寻求答案，并且检验答案的正确性。后者则会立即回答，而不需要经过上述的过程。同时，因为需要很少的注意⼒，后者有余⼒去进⾏新的⼼理活动。

　　已经有许多⼈尝试将信息加⼯的观点应⽤在对⼉童认知的研究上。举例来说，有⼈尝试以这个⽅式来分析⼉童是如何解决⽪亚杰的守恒任务和排序任务的。这种⽅法也被运⽤在处理有关阅读、书写和算术⽅⾯的教育问题。持这个观点的研究者也在⼉童的记忆研究上有重⼤的贡献。⼀般⽽⾔，这类的研究主要集中在理解⼉童思维时的⼼理机制：他们如何接收和提取信息，有多少能⼒来储存信息，以什么⽅式来提取和加⼯这些信息，以及不同年龄的⼉童在执⾏这些功能时有什么差别。我们尤其关注最后⼀个问题，因为这有助于理解认知的发展程序。正如我们所知的，⽪亚杰运⽤阶段的概念来理解这个问题。但是在⼤部分信息加⼯观点的研究中，通常避免使⽤阶段的观念，⽽是着重⽐较不同年龄的能⼒差异，特别是加⼯速度、记忆能⼒，以提取和加⼯信息所使⽤⽅法的多少和灵活性（发展变化的例⼦已在表 8.1 列出）。研究发现，随着年龄的增长，⼉童能够重复⼀串数字或者⽂字。这反映了⼉童在短期记忆⽅⾯的能⼒有所增长（如图 8.2 所示）。⽬前我们还不清楚，究竟⼉童在哪⼀⽅⾯的信息加⼯能⼒有所改善。举例来说，年龄较⼤的⼉童较容易记住事物，究竟是因为他们的记忆能⼒增加（硬件的差异），还是因为他们能够较有效地来加⼯信息（软件的差异）。当然，也可能两种能⼒同时增长。例如，⼤脑发育的同时许多功能也不断发展。然⽽，⽬前我们了解更多的是"如何"改变，⽽⾮发展⼼理学普遍谈论的"为何"改变。

表 8.1　信息加⼯发展的例⼦

信息加⼯⽅⾯	发展进展的特征
加⼯能⼒	通过感觉记忆接收的信息量，随着年龄增长⽽增加
加⼯速度	速度随着认知各部分器官功能的增加⽽增加
加⼯策略	随着年龄增加，各种策略（如记忆和解决问题）变得多样化
知识基础	随着年龄增加，⾯对新经验的相关知识的量增加，并且有助于处理新信息
平⾏加⼯	年幼⼉童⼀次只能处理⼀件事；年龄⼤的⼉童可以同时处理许多⽅⾯的刺激，并且整合成⼀种经验

那么，我们如何运用这种信息加工的方式？将大脑视为计算机的做法是否有所帮助？这些问题仍然被许多人广泛讨论着，甚至有许多人抱有强烈的质疑态度。哲学家约翰·瑟尔（John Searle，1984）就是其中之一。

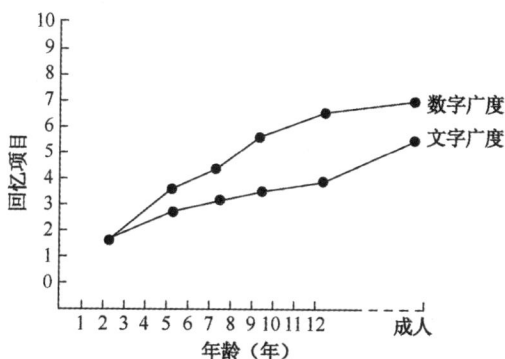

图 8.2　信息加工能力与年龄的关系：

数字和文字的记忆广度（根据 Dempster，1981）

将大脑视为计算机的说法，并没有比早期的各种比喻具有任何的优势。我们可以将大脑视为计算机，或是电话交换机，或是电报系统，或是抽水机，或是蒸汽引擎。这些比喻之间并没有什么不同。

其他学者则持比较积极的态度。在详细检验各种将计算机视为一种心理模型的观点和争议后，玛格丽特·博登（Margaret Boden，1988）认为这个方式在心理学的研究上已经产生一些突破。例如：

计算心理学者（computational psychologists）习惯去寻找一种精确度来描述复杂的心理活动，这有助于找出理论上的漏洞，并且加以填补。对于精确的理论细节的关注并非是一时的爱好，而是一种源自于科技社会的趋势，这对心理科学有长久的贡献。这种关注提供了一种严谨和清楚的标准，对此我们永远也不觉得过分。

有人担心将心理比作计算机会使心理学失去人性化，博登驳斥了这一观点。她认为，我们不应该因为计算机这个比喻太过机械化，就认为这个模型没有办法解释心理方面的观念。今天的计算机不再是一件被动的机械装置，而是具有自我评估和自我修正能力的智能机器。我们没有理由认为计算机不可以模拟动态的心理活动，如动机和情绪等。的确，信息加工的方式目前是以一种较冷酷的态度来看待人类，将他们当作纯粹的认知系统，而忽略所有社会情绪的部分。然而，没有理由不可以将后者也纳入信息加工方式的研究中。目前，已经有学者着力于寻找依恋发展和信息加工能力的关系。关系假设有归属感的儿童有可能产生认知空间，以此来注意和应变环境的挑战。这种相关的研究目前虽然缺乏充分的证据支持，但至少代表信息加工观点可以将社会情感方面的研究纳入进来。

同时，对于信息加工方式在方法和概念上具有明显优势这种说法，需要稍微修正一下。对思维方式的精确分析，伴随着对问题解决的详细描述，不仅具有理论上的优势，同时也有实践上的贡献。例如，错误分析应用在理解儿童如何试着达到教育要求时，不仅可以帮助我们判断儿童能否完成任务，同时也能相当精确地指出造成儿童失败的原因，特别是指出在信息加工的过程中哪里出现了问题：是儿童缺乏足够的能力掌握这些信息，还是储存信息的能力不足，或者是缺乏提取信息的策略？从这个观点出发，对任务、执行方法，以及它们之间的关系做出明确的诊断，将有助于找出较为成功的解决方式（Siegler，1998）。

思维的本质

人类的信息加工过程相当于一般所讲的思维。虽然设定思维的范围并不容易，但一般来说，思维包括推理、使用符号、问题解决及拟定计划等心理功能。

思维的能力是人类的特性，但是某些灵长类动物也具有类似的特质。不过相对来说，人类的思维远比其他动物复杂和广泛，而且具有修复性，特别是人类能够对于超越目前的情况加以思考，以及具有抽象和综合方面的思维能力。然而，虽然我们已经对于所谓的思维非常熟悉，但是要掌握思维的特质却相当困难。思维就像某种东西出现在我们的脑海一样，持续进行着，并且对此我们具有某种程度的控制。思维的重要性在于协助我们以一种独特的、具有创造性的方式来处理环境中的信息。因此，对于如何教育儿童在思维方面有所增长是特别重要的。不可否认，要研究儿童的思维无疑是相当困难的，但是我们可以在早期儿童身上找到许多思维过程的特性。

如何开始

首先，我们所关心的是如何研究这些属于儿童私人的、看不见的思维。我们如何去接触儿童的内心世界？当然，我们是无法确切听到或看到这些"想法"的。但是，从儿童在特定情境中所表现出来的行为，我们可以推断出他们正在思维，并且也可以猜测出他们思维的特性和内容。以下是一些在儿童认知发展研究中所使用的方法。

◇ 会话分析。从儿童与他人的对话中，我们可以找到丰富的研究数据。以下面的对话为例，一个 4 岁大的儿童与母亲的对话（选自 Eisenberg, 1992）。

儿童：我可以去公园吗？

母亲：你没有穿你的鞋子。你穿着芭蕾舞鞋。

儿童：没有关系。

母亲：不行，因为你不可以穿着芭蕾舞鞋在外面玩。它们会坏掉。

儿童：那么我可以穿我的鞋子去吗？

母亲：嗯，这个周末我们不去，因为天已经开始黑了，而且晚上的时候，公园内很危险。

儿童：为什么？

母亲：嗯，因为坏人晚上会出来做坏事。

我们可以想象出来，儿童并不只是被动地接受别人的指示，相反，他们会主动地询问母亲，以及要求她说明理由，儿童可以根据这个去思考社会的规范。对于"为什么"问题的使用，可以表示出儿童正在寻找他们所在环境的原因和秩序，而非单纯地只是表面接受事物而已。正如邓恩（Dunn）所说，

2岁大的儿童不仅会依照父母的指示，而且会主动思考他人的期望，并尝试去了解为什么他们应该表现出某些行为，而不是另外一些。

◇ 记录独白。从儿童的独白中，同样也可以找到相关的研究数据，凯瑟琳·纳尔逊（Katherine Nelson）的研究就是一个例子。这个研究是对一个2岁大的儿童埃米莉——当她夜晚单独躺在床上时，对她说话时所进行的观察记录。相对于和父母的对话，埃米莉的独白在许多方面更丰富，也更有价值，且在语言上更为成熟。这些独白包括她白天的经验，发生了什么事，以及她相信什么事将会发生。以下是一段关于她即将去看医生的独白：

可能是医生拿了我的睡衣，我不知道。可能是我自己脱了我的睡衣。但是我留下我的尿布，脱了我的睡衣，将它们留在医生那里。我已经做了检查，所以我脱下我的睡衣。我可能脱下了我的睡衣。我不知道我怎么处理我的睡衣。或许医生拿了我的睡衣，因为我可能还要检查，所以要脱睡衣。

埃米莉之前曾去看过医生，当时并没穿着睡衣，但她记得要将衣服脱下，并且将这段经历和她现在的情况结合在一起，虽然她并没有考虑到她在白天的衣服可能会有所改变。正如纳尔逊指出的，埃米莉重复着"可能脱下我的睡衣"暗示着她的推理来自过去的经验。不仅如此，这也显示出她对于医生和衣服之间的关系有充分的了解。这只是埃米莉对她生活中所发生的事物进行思考和解释的其中一个例子。因此，正如纳尔逊所指出的，埃米莉可以在心中建立起了一个可理解的世界，并找到她的位置（详见专栏8.1）。

◇ 游戏方法。心理治疗师很早就发现游戏的价值，游戏可作为一种了解儿童内心世界的方法。儿童拥有丰富的想象世界，却无法用语言表达出来，但是在游戏中，却可以展现这一方面。因此，儿童通过木偶表演可以表达出他们对家庭关系的看法。同样，采用讲故事的方式，儿童也可以表达出他们对其他人、对与他人的关系，以及对日常环境中的自己所持有的看法。在一项了解虐待儿童对他们内心生活的影响的研究中（Waldinger，Toth和Gerber，2001），通过讲故事和木偶表演的方式探讨身体虐待、性虐待，以及受到忽视等经验是如何影响儿童对他们自己和对他人看法的；父母对他们的不同态度是如何影响他们对家庭关系所产生的看法的。正如研究中所述，访谈中，当询问受虐待儿童与施虐母亲的关系时，儿童会回答"很好"。但是在讲故事中，儿童却详细描述了母亲的不关心、抛弃和惩罚等行为（Buchsbaum，Toth，Clyrnan，Cicchetti 和 Emde，1992）。

◇ 在实验情境中引发行为。上面的例子主要指出了思维的内容，例如，儿童如何陈述自己的经历。其他技术则着重思维的形式，例如，儿童如何运用他们的认知能力。以德洛克（DeLoache）的研究为例，这个研究是让 2 岁半和 3 岁大的儿童观察一个房间的模型，在房间模型内的某个地方藏着狗的模型。然后，要求儿童在实际大小的房间内，在相同的位置找到一只布偶狗。为了找到狗，儿童必须用房间的模型来代表真实的房间。根据德洛克的发现，多数 2 岁半的儿童无法找到狗，但 3 岁大的儿童则没有问题。这个发现让我们进一步了解了儿童的思维过程，年龄小的儿童既没有能力将模型看作一个物体，也没有能力将其看作代表其他东西的一种符号。但是，很快他们会具有这种能力。

专栏 8.1　埃米莉睡前的独白

埃米莉是家里的第一个孩子，父母都在学术研究单位工作。她是一个明显具有高智商的儿童，语言的发展要高出平均水平许多。她睡前习惯和父母对话，一旦他们不在，她会和自己说话，直到睡着为止。在她 21 个月到 36 个月大时，一位对早期语言发展感兴趣的心理学家凯瑟琳·纳尔逊以录音的方式记录她和父母的对话，以及她自己的独白。后来，这些记录的结果被一些研究者分析，最后由纳尔逊总结成书，书名为《床边絮语》（*Narratives from the Crib*）（1989）。

这些结果中，最让纳尔逊惊讶的是埃米莉的对话与独白之间的差别。一般假设，儿童的语言发展需要依赖对话者的协助，但是埃米莉独白能力的发展却优先于她的对话能力。尤其令人惊讶的是，她具有用一个主题将她所说的话串联起来的能力；而当她与成人对话时，却只用短句来回应。在埃米莉的独白中，最常见的主题是她以说故事的方式来讲述所发生的或她想象中的事。从这些叙述中，我们可以看出埃米莉的心理发展和她对自己的经验所做的解释。

这些记录表明儿童会积极地了解他们所生活的世界。埃米莉以一种系统的方式来思考她自己的经验，寻找因果关系，并以语言的方式在心中思考：对这些经验加以说明、分类、归纳，以及最后区分哪些是有问题的。这就好像她的大脑把系统化的经验组织起来，并且这种独白反映了她试图去创造一个一致性的心理世界。

纳尔逊指出，这个研究最重要的发现是明白儿童本身是可以思考、感觉和行动的，有能力与其他从事相同活动的人互动。15 个月的研究发现，随着埃米莉的成长，她会增加使用对个人的指代，如"埃米莉"和"我"等词大量出现。这表示她开始察觉到自己本身，并能区分自己与他人的不同。首先，埃米莉不但会思考那些已经发生和将要发生的事，还会思考哪些应该发生，这也显示出她已经有一种规范的概念，这些规范是她自己和别人需要遵守的；其次，她开始将想象的元素放进她的描述中，而不再只是现实的事件，这足以让她的心理活动更加丰富。最后，显示了埃米莉对时间概念的掌握。她使用越来越多的表示时间的词，如明天、待会儿、不久，等等。这显示她能以时间先后的方式来整合事件，以一种特别的时间顺序来思考事件。

埃米莉并不是一个典型的 2 岁儿童，特别是她优秀的语言表达能力。从记录中可以发现，她是属于比较敏感的儿童。但是，她的好奇心及努力了解周围事物的特性，可以在其他儿童身上找到。从他们的语言中，可以帮助我们了解到他们是如何应对日常生活的挑战的。

通过这些方法我们有机会去了解儿童的内心，即使是那些年龄小、无法用言语来表达他们想法的儿童。当然，我们所获得的结论是基于我们的推论，前提条件是儿童所思考的正如他们所表现的一样。但是，这个推论也是我们日常中所表现的：我们周围都是思考着的人类，因为他们的行为方式正如我们思考时所表现的。因此我们可以说，儿童的行为表现出他们很早就具有思维能力，而这种能力会发展成越来越复杂的形式。

符号表征：语言、游戏和绘画

在思维的核心中，存在着以符号表征人、事物及经验的能力。信息加工观点将表征的能力视为人类认知的主要特征。皮亚杰认为，从感觉运动阶段跳跃到前运算阶段是瞬间过程，此时代表着儿童内隐的心理功能出现，而不再只是外显的心理功能。儿童不再需要实际操作真实的对象来获得某些结果。反之，他们可以将这些对象符号化，然后操作这些符号来得到所要的答案。

符号表征是一种能用一个事物代表另一个事物的能力。我们以符号代表真实的物品，虽然说也可能以许多不同的符号来代表一件物品。举例来说，苹果可以用"苹果""apple""porrune""Apfel"或其他不同语言的词汇来表示。我们也可以用不同的方式画出或用手势来表示苹果。在游戏中，我们甚至可以拿类似形状的东西来表示苹果，例如球或土块儿等。符号与所象征的物品之间的关系有时是没有任何原因的，也就是说，它们之间并不存在一种必然的关系。例如，聋哑者所用的手语，并不需要一定和所代表的东西相似。然而，为了便于沟通，依照社会规范所制定的符号通常最为合适。在此，让我们简略地描述一下对于符号表征的使用。

◇ 表征是个人思维的工具：它们可以随个人意愿自由改变，而不影响到真实的对象。儿童可以对他们的新生兄弟有着恶意的幻想，但如此做并不会激怒他们的父母。

◇ 借助表征，我们可以回忆过去，并且期待未来。我们不再局限于此时此刻，而是能思考目前所不存在的事物，依据过去的经验来面对即将到来的事件。

◇ 特别是语言方面，表征能以一种简约的方式使真实的对象抽象化。例如玩具这个词，可以代表许多具有同样特征的东西，我们不需要再去一一标明所有对象。

◇ 表征具有高度的灵活性。如苹果的例子，我们可以用各种方式来表现相同的东西。同样，在想象的空间中，同样一件东西也可以拥有各种不同的功能。例如在游戏中，一块木头可以代表一条船或者一把枪。真实的对象并无法限制它的意义。

◇ 表征符号可以和别人分享也可以是自己独有的。分享的符号是社会普遍接受的，可以作为沟通之用。例如，用手来指物的方式普遍被认为是用来将我们的注意力吸引到某个物品上。同样，使用 SOS 符号是假设其他人听到会来施予援助。个人符号则是属于个人的。一个儿童可能会发展出他个人的书写方式，用来记录他内心的想法。或者，在双胞胎之间会发展出只有他们自己理解的对话方式。

符号表征有许多形式，但是在儿童身上，一般常见的是以下三种：语言、游戏和绘画。

1. 语言

到目前为止，最常见和最有效率的表征事物的方法是语言。从某种角度来说，一个词汇只是一些声音的组合，但是它也是用来代表事物的最有效的方法。儿童在 1 岁左右开始对着某些地方说话，使用一些单个的字。2 岁时，开始说一些词组和句子，然后语言会很快成为一种符号表征的复杂系统（有关语言发展的详细讨论见第九章）。在这个发展中，最引人注意的地方是刚开始的时候，也就是当儿童发现物品有名字时。

儿童说出的第一个词可能并非我们所惯常使用的词，但是我们之所以将它认为是一个词，是因为它代表着某个物体。举例来说，斯科隆（Scollon）观察一个名叫布伦达（Brenda）的小女孩在 1～2 岁间语言发展的过程，在她 14 个月大时开始有词汇出现，这些词被持续以一种特定的方式来发音，但是词的意义需要通过她的行为和环境来理解（如表 8.2 所示）。声音和指代物并不具有准确的一对一关系。例如，nene 代表着牛奶和瓶子，但也代表着母亲和睡觉。这反映出儿童在开始时并无法准确地掌握符号和表征物的关系。但 5 个月之后，布伦达掌握了几十个词汇，而这些词和所指代物品的关系具有约定性和一致性。

表 8.2　一个儿童在 14 个月大时的词汇能力

词汇	意义
aw u	我想要；我不想要
nau	不
d di	爸爸；宝宝
d yu	下；娃娃
nene	牛奶；果汁；母亲；睡觉
e	是
maeme	固体食品
ada	那一个；那个

资料来源：Scollon，1976。

当儿童第一次使用词时，只有在被命名物品出现的情况下才会发生，也就是说他们以一种联想的方式来建立词和物的关系，这就好像是说，他们不理解字可以代表物品，并且可以用于这些物品不在现场的时候。2 岁时，儿童可以从联想发展成符号化，一些研究者用这个结果来解释为什么儿童在这段时期的词汇量突然大增。儿童的词汇量在 18 ～ 21 个月大时会成倍地增加，同样的情形也发生在 21 ～ 24 个月大之间。无论这是否是关于对词与物之间关系的掌握，儿童的确在这些阶段会突然着迷于命名的活动。"那是什么"成为他们最常问的问题。他们甚至会在正确学习到某些事物的名称之前，发明一些新词来指代这些事物。由此可知，语言的学习显然不是被动的事情。

儿童刚开始用的词大部分是名词，这些名词通常是关于他们感兴趣的东西，例如瓶子、球、牛奶、小猫；或者是熟人的名字，如爸爸、妈妈或他们自己的名字。这些并不令人惊讶，因为确认物品要比确认动作或关系要容易许多，虽然像"给"或"拍"等动词，或者"更多"或"那里"等词很早就出现在儿童的词汇中。从某种程度上来说，对名词的强调取决于儿童所学习的语言。

中国儿童开始熟悉的字往往是动词而非名词，因为中文强调的是前者而非后者
（Tardiff，1996）。即使在美国儿童之中，对于名词的使用也有不同的偏好。
大部分的儿童集中于学习物品的名字，也有部分儿童偏好学习各种不同类型的
词汇（Goldfield 和 Reznick，1990）。一般来说，早期的词汇集中在较具体的东
西上：玩具、食物、人、衣服、吃、喝、睡觉、哭等。这些是儿童在生活中所
关心的事物。能够用语言表示这些事物，使得儿童有能力去思考和沟通。对于
抽象词汇如快乐和自由等的需求，会在之后出现，因为儿童在那时候已经有能
力去思考这些概念了。

2. 游戏

当儿童开始掌握语言时，游戏的性质也开始改变。游戏可以让我们进一
步了解儿童的认知能力，而由一些发展模型中，我们可以知道随着儿童的成
长，他们的游戏是如何演变的（如表 8.3 所示）。在这个发展过程中，假扮性
游戏的出现无疑是重要的一步。皮亚杰指出，这代表了儿童从感觉运动阶段
进入到前运算阶段，因为儿童此时不会仅仅将物品视为物品而已，而是可以
运用想象让这些物品代表其他东西。例如一根棍子，在手上可以作为一把剑，
但是当跨坐在上面时，可以作为一匹马；一段管子可以当作医生的听筒，但
是也可以假装成一条蛇。儿童可以假想自己扮演各种角色，像牛仔、王子或
赛车手，抑或是明星、皇后或时装模特儿。

表 8.3　游戏的阶段

阶段	游戏的类型
感觉运动游戏（18 个月大之前）	用感觉，以及摇晃、吸、丢等动作来探索和操作物体
建构游戏（1 岁以后）	物品被用来建构事物，如搭建积木、拼图或用土造物等
假扮性游戏（也在 1 岁以后）	游戏变成儿童想象的工具；游戏不再受限于真实物品，被用来代表儿童所期望的任何物品
社会装扮游戏（4 岁之后）	儿童扮演某些角色：牛仔和印第安人、医生和病人、教师和学生等
规则游戏（从上学开始）	儿童了解游戏受规则所支配，他们必须遵守这些规则，特别是他们参与团体游戏时，这种游戏逐渐取代假扮游戏

当儿童参与假扮游戏时，现实暂时不起作用，而由想象所代替。香蕉可以当作一部电话。但同时，儿童也可以很快回到现实之中：当幻想结束时，儿童不会有任何迟疑地把这部"电话"给吃掉。的确，当这种幻想过于逼真或者过久时，父母会担心儿童是不是会弄假成真。特别是在儿童假装有想象的玩伴时：当儿童对空气说话时，父母会紧张地认为他们是否过分沉溺于幻想之中。但是，即使儿童沉迷于逼真的幻想之中时，他们仍然能够区分真实和幻想。那些儿童没有能力区分真实与幻想的说法，在实验上并没有找到充分的证据来支持（Woolley，1997）。而且即使当幻想过于逼真时，儿童也有能力回到现实之中。加维（Garvey，1990）引用一个关于两个男孩参与一个非常逼真的游戏的例子。这个游戏是关于一辆出故障的救火车，男孩需要扮演修理工让救火车可以重新上路。要求他们首先想象着必须对抗一只什么都吃的羊，羊正在吃车子的引擎。然而，当他们进入一段新的游戏，游戏要求他们对抗一群要吃掉修车工具的鬼时，一个小男孩停止了游戏，并提醒他的伙伴：他们只是在假装而已。过了一会儿，另一个男孩在他继续游戏之前也说到"没有鬼这种东西"。

假扮性游戏有许多用途：情感的、认知的和社会的（P. Harris，2000）。有关情感方面，让孤单的儿童有机会生活在充满友爱的世界，虽然现实的环境无法提供给他们这个机会。同样，被遗弃的儿童也可以想象着有一天他们会被他们"真正"的父母找到（通常他们期望父母有名望和富有，并且仁慈和充满爱），将他们带到新的环境。幻想可以成为真实的代替品，儿童可以在幻想中做一些被禁止的事。皮亚杰（1951）以一个5岁大的儿童为例，他对父亲发火，在想象中他要求伙伴佐贝去砍下他父亲的头，但是"他又用很强的胶把头黏上，虽然现在不太稳固"。从这个例子，我们看到现实会以内疚的形式强行加入，虽然并不完全。此外，假扮游戏也提供了一个让儿童学习面对不好事情的机会，如紧急住院等。如果儿童扮演医生，而让他的玩具熊扮演病人，至少能让他对这种事件有所掌握，而有机会以此了解现实中的事件。

在认知方面，我们必须注意想象力的发展。如加维所说，富于想象的扮演者拥有操作、重新组合，以及延伸词与物、人物与行为等关系的经验。我们可以说，扮演帮助我们发展了抽象思维。儿童如果参与大量的假扮游戏，他们通常更能够集中注意力，构想出更多的点子，更能灵活地解决问题，以及表现出更优秀的计划能力来组织他们虚构的活动。

在社会方面的影响可以通过比较不同年龄层的表演中显现出来。当儿童有能力参与较复杂、较长时间的活动时，他们的社交能力会有长足的进步。过去单独从事的有趣活动，现在会和伙伴们一起完成。然而，整合两个或者更多的幻想是一件复杂的事。弗思（Furth）和凯恩（Kane）的研究提供了一个很好的例子。他们的研究是观察三个4岁半到6岁之间的小女孩如何完成一个名为皇家舞会的假扮游戏。这场游戏长达两天，包含了王后和公主，以及一切皇室的行头。这场游戏需要大量的计划和准备，包括了角色的指定及道具的取得（如斗篷和电话），这些都需要进行协商，而以此提供给她们一个学习如何解决冲突以获得所有人的认可的机会。在她们的对话中，不断出现的词语有"如何""好""对吗"等，可以看出她们努力在达成共识，虽然她们的协商常常以一些奇怪的形式出现。

儿童A：（指着B椅子上的马甲）安妮，因为是我第一个发现它的，我可以使用它吗？

儿童B：如果你希望的话，你可以在舞会上穿它。

儿童A：只有在舞会上。

儿童B：你可以在舞会上穿它，第二次舞会。因为我要在第一次舞会上穿它，第二次舞会你来穿它，然后再下一次我来穿，我们轮流穿。但是这一次是我来穿它。

因此，儿童付出很大的努力来构思舞会的规则，例如地位的高低和头衔。只有当这些被决定出来之后，游戏才能继续。这种共同的想象活动，并非仅仅是让儿童提出各自不同的幻想，而是有机会去学习如何融合不同的意见和期待，使结果能让所有人满意。

假扮游戏提供儿童一个空间去练习不同的技巧。他们可以延伸他们的想象力，以及学习符号表现的使用。他们会面对情绪的问题，而当试着去了解这些问题时，他们会发现如何与别人合作来完成共同目标。所有这些都是在一个有趣的场所中完成的。在早期的学校生活中，假扮性游戏会逐渐从儿童的行为中消失，而由具有正式规则的游戏（如球类运动）所代替。然而，内在的想象会成为一辈子的事。例如，幻想成为公主的小女孩，长大后可能会沉溺于成为公司老板的梦想中。事实上，她在公司中只是一个职员而已。

3. 绘画

一幅画，正如一个字或一个玩具，是一个可以代表真实事物的符号。图画具有两项特色。第一，它由图像来表现，以二维的方式呈现三维的真实效果。第二，图画并不像字或玩具一样，可以以任意的方式呈现，而需要与真实的物品有某种相似性。

在儿童2岁左右时，就了解到图画是有意义的。当他们看到自己的照片时，会高兴地说出"我"；或者看到书中的苹果图案时，会从水果篮中取出一个苹果，并说出"苹果"。然而如同语言一般，理解往往先于制作。儿童需要花许多时间来学习用图画来表现实物。他们开始用纸笔来涂鸦。虽然已经有许多人尝试在这些涂鸦中寻找形式和意义，但是仍然未发现有力的证据。儿童涂鸦，极大可能只是为了高兴而已。涂鸦本身只是让儿童有机会去理解纸笔这种媒介，并发展画画所需的知觉和肌肉的协调能力。

用绘画来表现实物的能力常常按顺序逐渐地出现。要正确理解这种发展，我们可以看看卢葵特（Luquet，1927）提出的模型。卢葵特是研究儿童绘画的早期学者，他的模型分为下列四个阶段。

1．偶然的写实。大约在2岁左右，儿童忽然觉察到他的其中一张涂鸦像一些物品，像球、鸟或桌子，即使这在他人眼中并不相似。虽然儿童并没有计划要画这些东西，这种事后的解释显示出儿童开始具有将图画作为一种符号的能力。当这个情形出现时，如果成人能在一旁加以批注，如"这是房子吗？""你是在画奶奶吗？"则会有更大的帮助。

2．失败的写实。之后，儿童会刻意画一些特别的图案。然而，他们并无法维持很长的时间，特别是在他们无法画出他们想要的，或者他们的画和真实的东西并不相似时，他们可能会改变意图（我画的不是奶奶而是树），或者会重新恢复成无意义的涂鸦。

3．智慧的写实。大约 4 岁左右，不论是技巧或意图都趋于稳定。儿童开始希望他的图画可以被人理解。虽然他所画的可以被我们接受，但它们并非如真正的东西一般。例如，要求他画他所住的屋子，他并不会画出一模一样的屋子，而是具有房子特征的房子。这种表达方式显示出他希望表达他所知道的房子，而非他所看到的特定形式的房子。

4．视觉的写实。大约 7 岁或 8 岁，儿童的画与他所见到的物品相似。房子具有它本身特定的形式，不再只具有一般特征，因此画中开始出现越来越多的细节。有些儿童的画甚至有意处理一些困难的问题，例如线性透视法，以及尺寸与距离的关系。

在儿童的画中，人物是最常见的。这里也可以看到儿童在画画方面有一个系统性的成长。从考克斯（Cox，1992，1997）的研究中发现，一旦儿童超越了涂鸦的阶段，他们会开始画"蝌蚪图"：所画的人物由一个圆形物和两条竖线组成（如图 8.3 所示）。圆圈内可能加上一些脸部特征或者加上手臂，但是没有躯体。头或者两腿间的空间代表着躯干，这可以由我们问儿童肚脐的位置时得知。3 岁的儿童已经知道肚子和胸部，但是对他们来说，要组合如此复杂的人物仍然是十分困难的，他们会先画出头和手。

对成人来说，蝌蚪图可能是表达人物的最简单的方式。但即使如此仍可以看出儿童从此开始使用符号来进行表达：直线代表四肢，两个小圈代表眼睛，短线代表嘴。儿童并没有打算画出逼真的画，而是以符号的形式来表现。然而，从图 8.3 可知，随着儿童的成长，画也越趋于现实。据考克斯所说，在画出蝌蚪图之后，儿童会进入过渡期，躯体开始出现，手臂也从头部移到躯干部分。我们可以肯定地说，儿童不再认为直线可以代表四肢，而是代表一个空间的界限，这个空间可以被填满。5 岁左右，儿童会采取一种标准的方法来画画。儿童试着以一种可以被人理解的方式来画画。例如，当他画一个杯子时，儿童会画一个手把，即使在现实中，这个杯子并没有手把。主要原因是手把是杯子的主要特征。为了相同的理由，人物会具有完整的脸，因为这样可以提供较多的信息，来代表所画的图形是人。图画中会有双手、双脚和两眼。画人的侧面会少了某些部分而失去某些辨识性信息，因此通常不会在此时出现。最后，儿童会体会到这个方法的限制，因此在 7 岁或 8 岁时，视觉的写实会在他们的身上出现。他们开始尝试画人真正的样子，包括手指和睫毛等细节。人体的各个部分也会以适合的尺寸和关系被画出。

（1）蝌蚪阶段（大约2岁半到4岁）

（2）转换阶段（大约4～5岁）

（3）规范阶段（大约5～7岁）

（4）现实主义阶段（大约8岁以上）

图 8.3　儿童画人物画的变化

对于所有的表征，儿童都必须学习某些文化习俗。在画画的例子中，这些习俗是非常明显的，尤其是在比较不同社会如古埃及、中国与英国的图画时。作为成人，我们通常无法了解这些习俗的分布有多广，以及它们对儿童的学习有多重要。我们将它们视为自然生成的，不需要任何努力就可以掌握的。例如，将一个人垂直画在纸上，代表站着；横放则代表躺着。对此，儿童并不会费心去注意这些习俗。只有当他们缺乏必要的视觉经验时，如盲童，才可能无法学习到这种习俗（详见专栏 8.2）。

专栏 8.2 盲童画人物

下面是一些人物画（如图 8.4 所示），它们之所以引人注意是因为这是由天生的盲童们所画的。这些盲童从来没有看过人的形状和外貌。这群盲童共有 30 个人，年龄从 6 岁到 10 岁不等。这个研究是由苏珊娜·米勒（Susanna Millar）所领导，并有一群由一般儿童所组成的对照组。要求他们画人物，所有盲童头一次就完成了这项要求。

图 8.4　10 岁的盲童画人

并不令人惊讶，相对于盲童，一般的儿童能画出比较完善的画。盲童的画中通常缺乏身体各部分的整合，也比较缺乏许多细节。但令人惊讶的是，盲童可以画出相似的人物外型：头画成圆圈，眼画成点或小圈，四肢画成线。的确，这些特征主要在 10 岁大的儿童的画中出现，而 6～8

岁的儿童通常不容易画出可辨识的人物画。因此，在一般儿童和盲童之间，存在着一定的发展差距。但是即使最幼小的盲童，也能做出合理的尝试。他们会说："虽然我不知道头像什么，但我想我会画一个圆圈来代表。"究竟盲童是如何习得将三维的身体以二维的方式表现的呢？这是一个有趣的问题。

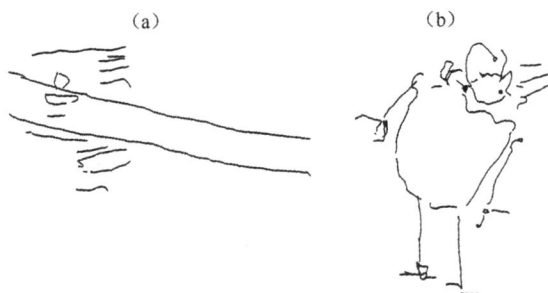

图8.5　8岁（a）和9岁盲童（b）画人

　　另一方面，盲童先天上是有不足的，他们很少认为人物应该要垂直地摆放着。几乎所有的正常儿童都遵守这个规则，而大部分盲童画的人物却是颠倒的，横放的或接近横放的（如图 8.5 所示）。这显示盲童缺乏放置的规则。当他们被要求指出地面时，他们会画一个圆圈围绕着人物，或是指着纸说，地面围绕着人物。因此，对一个从未画过人物的盲童来说，他会先画横躺的人物，然后再画倒转的人物。但是如果告诉他们，地面是以平行纸张边的直线表示，他们会正确地画出垂直的人物。这些规则的习得被视为儿童学习以符号表现东西的必要部分。

组织能力

　　当我们遇到新的经验时，我们会立即将它与过去的经验联结起来，以此来理解这个新的经验。我们很少单纯地思考新的经验，因为这样的做法将会让我们每一次都面对不同的东西。事实上，我们会比较新旧经验之间是否相似、是否相同，或者具有不同形式，以此我们可以赋予新经验某种意义。换句话说，大脑会有一些架构来组织和安排新的经验，以帮助我们解释这些新经验。这种能力在年龄小的儿童身上可能并不成熟，但是即使如此，我们在儿童很早的阶段就可以发现这种能力的存在。接下来，我们将探讨这种能力与两种组织活动之间的关系，即概念形成和脚本建构。

概念形成

　　一种用来呈现我们的世界的简单方式，将具有相同特性的东西集结起来，而这集结的结果形成了概念。概念是心理的范畴，它能够将不同的东西以一个单位来思考，从而达到某种目的。因此，动物这个概念可以将狗、苍蝇、象等放在一个类别中。这些生物之间有许多不同，但是却具有某些相同的特性。概念能帮我们将这个世界切割成可以掌握的范畴；它能帮助我们以有意义的模式来组织我们的经验，有效地储存这些经验，并帮助我们了解新的经验，而不需要每次都花同样的时间来学习新的东西。

　　概念和语言之间有着紧密的关系：因为概念通常是用一些词来表示。然而，分类的能力很早就出现在儿童身上，甚至在他们还不具有语言能力时。如果让一个18个月大的儿童来玩一堆东西，其中一些是用来吃的，一些是用来洗的，儿童会自动依照东西的用途来分类。即使这些在同堆物品中看起来并不相同（Fivush，1987）。如果采用"新异刺激偏好技术"测试儿童，可以发现儿童在很小的时候就具有了分类的能力。这种方法是指重复给予儿童某种特殊的刺激，等他们熟悉之后，儿童就会越来越少地注意它。当这种刺激与不同的不熟悉的刺激配对出现时，儿童会偏好注意后者。以这种方式，儿童很早就能分辨什么是相同的，什么是不同的。通过这些技术，保罗·奎因（Paul Quinn）及其同事通过一系列的研究发现，3个月大的婴儿会将许多特殊的刺激视为相同。他们会将不同方向、颜色、姿势的马的图案视为相同的图案，同样的情况也发生在猫的图案上，这就好像婴儿已经拥有猫和马的范畴概念一样。

随着年龄的成长，儿童会发展出更细致的分类。这个现象主要可以在两种发展趋势上看到：分类的依据由知觉的特性转变为概念的特性，以及儿童通过等级的概念进行分类的能力。

◇ 从知觉到概念：儿童早期的分类方式主要是看这些东西看起来有什么显著之处。当要求儿童把类似的东西放在一起时，他们会将帽子和球放在一起，因为这两种东西都具有明亮的红色；而不会将帽子和围巾放在一起，即使它们都是可以穿戴的。主要原因是，后者是一种抽象的规范，因此需要比较复杂的心理能力，通常要年龄大一点的儿童才能掌握。其他如时间、空间、自由和生死等较抽象的概念，都是在年龄大一点的儿童身上才出现的（详见专栏8.3）。然而，儿童依赖知觉特性来分类的方式很容易被强化。依照皮亚杰的说法，任何一种抽象概念都只有经过了前预算阶段之后（通常在开始上学的时候）才会出现，但最近的研究显示，许多儿童很早就具备了依据不显著的特性来分类的能力。换句话说，儿童能够依据那些东西所产生的结果来分类，这种方式是一种功能特性，而非知觉特性。

◇ 建立等级的分布：如图8.6所示，我们的概念的世界是以等级的方式形成的。越高的等级，包括的种类越多，也就越抽象。依据埃莉诺·罗施（Eleanor Rosch）等人的研究，等级通常可以分为基本、从属及上级三种。儿童在基本的等级上容易分类，因为儿童有能力找到相似的特性。例如，"狗"属于基本的等级，因为这个概念是自然存在的，远比其他如"动物"这个上级等级的概念，或者如较难归类的"牧羊犬"这个从属等级概念要更早出现。然而，并非所有人都同意概念的形成是依照这样的次序来发展的。但是我们所能确定的是，儿童会逐渐学习到以等级的方式来组织他们的心理，因此有助于他们以更有意义的方式来思考这个世界。

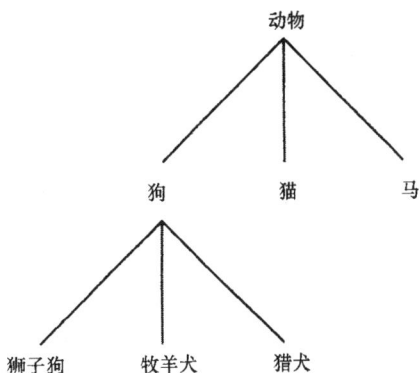

图8.6 基本、从属和上级

专栏 8.3　儿童对生死的看法

所有我们形成的概念中，那些有关生死的无疑是最基本的。然而，从儿童的观点来说，这些概念无疑也是最复杂的，难怪许多心理学家企图去了解儿童是如何思考这些概念的。皮亚杰正是其中之一。在他早期的研究中，他企图了解儿童是否能够区分有生命与无生命，而以此了解他们认为什么现象是生命和意识。如同我们在第六章所阐述的，他认为儿童刚开始会认为所有东西都具有生命，也就是说，一种泛灵论的概念。儿童会认为所有的东西都具有意识：石头、山丘、自行车、风，等等。在儿童眼中，所有这些东西都知道他们在做什么。随着年龄的增长，他们不再认为所有东西都具有生命，但直到幼年中期之后，他们才会知道只有人和动物才有意识。

后来的研究者对皮亚杰的论点有所质疑，他们认为皮亚杰的问题不对。皮亚杰假设生命是一种单一概念，而儿童会知道哪些是有生命的，哪些是无生命的。然而，最近的研究指出（例如，Inagaki 和 Hatano，1996；Rosengren、Gelman、Kalish 和 McCormick，1991），生和死都不是一个单一的概念，而是由许多次级概念所组成的，这些次级概念也不需要在儿童身上同时发展。以生命的概念来说，一些研究将这个概念分为成长、繁殖、自主运动、遗传和发展改变等次级概念，这些次级概念可以被分开来研究。他们研究的结果和皮亚杰的发现大不相同。例如，3 岁大的小孩已经知道动物会长大，而东西不会。即使年龄更小一些的儿童，他们也会知道变大代表着长大的意思：这种特性只会在人和动物身上发生。同样，自主运动也是很小的儿童用来区分生物还是非生物的方法。即使学前的儿童也已经开始知道动植物之间有一些共同的特征，而将它们两者都认为是生物。例如，4 岁大时，儿童已经可以了解动植物之间有着共同的功能，包括对养分的需求等，而人造物则没有这种需求，因此将它们划分成不同的现象。即使是遗传的概念，在某些范围内，年龄小的儿童也已经可以掌握。他们知道母狗会生出小狗，而非小猫；而且知道动植物的颜色取决于它们的父母，而人造物则由人类的创造所决定。因此，对于儿童在生命的概念上的发展，我们需要注意这些次级概念，而不是将生命视为单一的概念来研究。

对死亡概念的研究也是相同的（Lazar 和 Torney-Purta，1991）。他们认为这可以分为四个次级概念：不可逆性（死者不会复生）、停止性（所有生理和心理功能停止）、因果性（因为某些客观因素而导致死亡）和不可避免性（死亡是所有人都会遇到的，即使儿童也会遇到）。当这些次级概念被分开研究时，我们可以发现彼此的开始和发展过程并不相同。不可逆性和不可避免性首先出现：6 岁左右，儿童已经可以掌握这两种概念。其他两个概念则发展较晚；至少两者之一必须出现在儿童的经验之中，儿童才能够理解。但是，即使儿童已经能够掌握这些概念，当要求他们做详细的说明时，他们通常会说出奇怪的答案。据 Lazar 和 Torney-Purta 的研究发现，当问 6～7 岁儿童有关死亡的原因时（他们已经被提示死亡是由癌症、艾滋病和心脏病造成的），许多人还是会回答"因为吃了肥皂"或者是"因为雪"等答案。奇怪的是，他们很少认为死亡是由年老造成的。

我们可以肯定地说，学前儿童已经可以分辨生物和非生物。然而，他们的理解并不透彻，最初可能只能由某些明显的部分来判断。无疑，个人的经验会影响儿童发展的过程，例如，他们弟妹的出生或者祖父母的过世，都会让儿童理解生命的真实性，而且让他们有机会去获得客观的信息。皮亚杰在某些方面是正确的：儿童要在很大的年龄（大约 8～9 岁）才会对这些概念完全了解。但是，由于他将生和死视为单一概念，忽略了某些关于生死的次级概念的发展，因而低估了幼小儿童对于这些次级概念的掌握程度。

脚本建构

我们不仅仅是根据静止不动的物体，同时也依赖于正在进行的事件来思考世界。早晨去上学或上班、到附近超市购物、家庭晚餐、拜访亲友，这些活动及其他一些例行活动以一种有规律的方式充斥着我们的生活。使生活具有一种可预测性，让我们安心。我们对于这些事件的心理表现正是所谓的脚本。

脚本告诉我们哪些事可能会发生：它们是由经常发生的、惯例的经验所组成的模型。当适当的情况发生时，可以用它们来引导我们的行为。脚本有三个特性值得我们注意（Nelson，1978）：

◇ 一个脚本包含以特殊的规律进行的必要活动；
◇ 留有给非必要事件的位置；
◇ 除此之外，脚本会安排不同演员担任不同的角色。

例如，家庭晚餐包含如烹饪、摆桌子、吃饭及清洁工作等基本活动，这些活动共同决定这个事件。然而，煮什么和吃什么，以及谁来参与，可能会随不同的情况而改变。虽然如此，谁来烹饪和谁来安排桌子或清洁等则需要指定人去完成。因此，从整体来说，事件需要有一个能够经常被重复的一致的时间架构，即使在某些特性方面会有所变化。

至少从 3 岁开始，儿童已经能为相当多的日常例行活动建构脚本。他们不仅知道在相关的事件中如何表现，展示他们知道下一步应该做什么，而且能够对这些例行事件做正确的描述，这些都显示他们能够将这些活动以某种具有组织顺序的形式储存在记忆里。凯瑟琳·纳尔逊（Katherine Nelson）等人在这方面有许多开创性的研究（1986，Nelson 和 Gruendel，1981），他们要求儿童对熟悉的事件加以描述，例如买菜或去麦当劳等。下面是一个例子。

我走到那里，然后我，我，我问我爸爸，然后爸爸问那位小姐，而小姐明白了。一小杯可乐，一个吉士汉堡……他们希望在这里吃，所以他们不需要袋子。然后他们找了一个桌子。我吃光全部。全部。然后我丢了……纸，丢了，吉士汉堡到垃圾桶。再见！再见！跳上车……呜！呜！

值得注意的是，3 岁大的儿童已经可以用正确的时间顺序来讲述故事。幼小的儿童对于事件的顺序具有某种敏感度，并能依此来记忆事件。如果事件不依照时间顺序来进行，则可能会使儿童感到不安。一个 2 岁大的儿童，对于在饭前洗澡而非饭后洗的情形感到非常焦虑，因为她会认为她可能在当晚不能用餐。因为时间顺序对小孩如此重要，以至于当他们说错事件的发生顺序时，他们接着会重述事件以更正错误。对于经历过的事件，儿童会以一种时间顺序来思考；即使只有过一次经验，儿童也会以适当的顺序来描述这个事件。

随着儿童的成长，脚本的性质也会改变，最明显的改变是脚本会变得更长而且更详细。年龄大的儿童会注意及解释具有较多内容的行为，而给予比较复杂的描述。除此之外，他们也允许有较多的变化：3 岁大的儿童能够维持事件的基本架构，而 5 岁大的儿童会加入各种额外的选择（你可以要火腿汉堡或是吉士汉堡）。此外，前者只会注意活动本身，而后者则可以谈论角色的目的和感觉。

脚本在认知和社会性方面都很重要。对于前者，纳尔逊将脚本当作认知的基石：所有关于这个世界的信息都以这种心理结构来组织；脚本也被当作是更复杂、更抽象的认知技巧的基础，例如在理解故事和写作技能方面。关于社会性部分，脚本提供了一种可以和他人分享有关这个世界的知识的方法。因为它们多数是有关传统的日常活动，这可以让儿童有机会和别人交换经验，从他人的描述中学习经验，并且以不同的观点来讨论应不应该继续这些事件。

记忆

这是信息加工的核心部分，包括使用从过去经验中所获得的知识，这些经验以一种表现的形式储存在记忆中。但问题是：什么是记忆？儿童又是如何发展记忆的？

记忆的本质

记忆就如同储存库，我们或多或少地会自动将我们的经验放入库中。我们不断地将这些经验从库中取出，即使这些经验可能因为储存时间过久而有所损坏，甚至完全消失。儿童的记忆与成人的记忆方式相同，唯一的差异是他们的储存库比成人的要小。

关于这方面的研究很多（见 Tulving 和 Craik 的综述），现在我们知道这个观点存在许多问题。例如，记忆系统是相当复杂的结构，包含很多个储存库，而且每一个都具有特别的功能。此外，我们的经验并不会自动储存，相反，这是一个非常主动积极的过程，它会被其他因素影响，譬如个人目标、先前的知识和社会意志等。当考虑到儿童的记忆时，我们可能会局限在储存能力的因素上，但是事实上，在其他方面儿童也可能与成人不同。

当我们考虑到记忆系统的结构时，如图 8.1 所示的流程图提供给我们一个基本的雏形。它告诉我们三个主要构架。

◇ 感觉记忆：非常短暂地保留外在的刺激，这个刺激是第一次被感觉器官所接收的。

◇ 短时记忆：从感觉记忆接收信息，但由于能力的限制（大约 7 个项目），它保留信息的时间也有所限制。例如，在几秒之后或最多几分钟之后，我们就会把电话号码忘记，除非我们能用一些策略帮助记忆，如重复叙述等。短时记忆并不是一个单一结构，而是由三个部分组成：视觉—空间系统，关于视觉所获得的信息；语音系统，关于声音的信息；中央执行系统，这部分主要是执行不同的高级功能，如在短时记忆系统中协调信息，以及重复叙述等策略的运用。

◇ 长时记忆：接收来自短时记忆库的信息，通常可以维持数月或数年之久。这个结构也包含许多个别的成分，例如，情境记忆与语义记忆的区分。前者是关于我们个别的经验：昨晚的宴会、两年前在土耳其的节日、上个月的驾照考试，以及其他重要事件等。这些事件能以脚本的形式保留，并且依据时间的顺序来储存。后者则是关于我们对于这个世界的知识，这些知识以不同的类型来保留，如概念等。这些知识的取得与时间无关。例如，我们知道瑞士的首都在哪里，但是我们并不记得我们是什么时候知道的。

我们有充分的理由相信，这些不同的结构无论是在大脑中的位置，还是它们的发展过程，都是分开的。例如，大脑某些区域的神经损伤可能只会影响语音系统，而不会影响视觉—空间系统部分（Gathercole，1998）。同样，短时记忆和长时记忆的区分可以用这样的方法说明：随着年龄增长，前者的衰退比后者的衰退更迅速。

记忆的发展

如果我们考虑到记忆系统的复杂性，我们便可以知道儿童的记忆发展并不只是变得会记忆东西而已。发展可以分为四个方面：容量、知识、策略和元记忆。

1. 容量

这方面显然被认为是在儿童记忆中随着年龄发展最关键的因素。年幼儿童记忆不佳，可能就是因为缺乏足够的记忆空间来处理信息，换句话说，他们的神经发展尚未成熟。但是，我们缺乏足够的证据支持这个说法，因为研究结果显示，感觉记忆和长时记忆的容量并没有随着年龄的增长而有所变化。正如图 8.2 所描述的，只有短时记忆的容量可能有所改变，因为随着年龄的增长，儿童重复数字和词的项目会有所增加。即使如此，也可能不是因为容量增加，而是使用容量的方式增多所造成的。举例来说，年龄大一点的儿童具备更多有关数字和词的知识；熟悉度可能会加快儿童辨别数字或词的能力，而更有效地记住它们。此外，儿童也可能运用更多的策略来帮助记忆。他们有能力将记忆看作是一项心理活动，能够想出许多方式来有效地利用他们原有的记忆。因此，记忆容量是与知识、策略、元记忆三者密切相关的，任何一方面能力的增加都会影响其他方面，而不仅仅是大脑容量的增加。

2. 知识

我们所知道的将会影响我们所记忆的。越熟悉的主题，我们越容易保留有关这方面的信息。一般来说，年龄大一点的儿童因为知道的比较多，也会被认为可能记忆更多。

但是，如果当儿童在某些主题上比成人有更多的知识时，又会如何？在研究中发现，8～10岁擅长下棋的儿童复原他们在10秒钟前看过的棋局的成绩要远远好过那些没有什么下棋经验的成人。但是，当这些儿童和成人做关于数字的测验时，儿童的成绩却落后于成人（如图8.7所示）。从这个研究中我们发现，儿童在记忆方面的表现只限于棋局部分，因此，已有知识所起到的作用远远超过了年龄的作用。

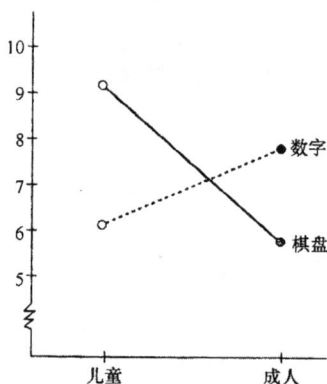

图 8.7　儿童棋手和成人新手在回忆棋局和数字上的成绩

3．策略

随着儿童的长大，他们会逐渐使用一些策略在各个记忆阶段帮助他们对信息进行编码、存储和提取。他们会刻意使用一些技巧，通常这些技巧是儿童自己发现的，可以用来增强他们的记忆能力（一些常见的技巧见表8.4）。重复复述是最常使用的。当儿童知道他们需要回忆一连串的字或数目时，在要求他们回答之前，我们常会听到他们在背诵给自己听或者看到他们在默读。然而，在7岁之前，这种现象很少发生。年龄小的儿童在某些特别的情况下，可能会被引导使用某些特别技巧，但是他们并不懂得在其他情况下也能运用这些技巧。然而7岁之后，儿童使用策略的次数增加，而且更加灵活，因此儿童能更适当地使用他们所获得的记忆能力。

表 8.4　儿童所采用的记忆策略

策略	操作方式	例子
简单复述	再三地重复信息	重复默念，可以看到嘴唇在动
组织	以较熟悉的形式重新组织信息	依照类别来区分动物、食物和家具
精细复述	在不相关的项目间建立联结	建立包括不同项目的句子，例如，猫在沙发上喝了一瓶酒
选择注意	选择性地对要求记忆的项目加以注意	当被告知要询问一堆玩具中的几个玩具时，儿童会在等待的时候刻意去注意这几个
提取策略	如果知道哪些项目需要被记忆	将难记的名字分为几个容易记忆的，这样可以帮助记忆

4．元记忆

元认知指的是个人能察觉或知道的他们自身的认知过程，它包含了元记忆。元记忆指的是对于自己的记忆如何动作、有哪些限制、什么情况下能表现较好，以及以什么方式来增强等有所了解。元记忆所隐含的意义是，个人有能力超脱自身的限制，以一种客观的角度来观察心理是如何活动的。这种能力是随着年龄增长而获得的；当他们年龄越大，他们在记忆知识方面会更详细和更正确。由于这种自我的认知，儿童对于他们所要记忆的，会持比较实际的态度。年龄小的儿童会对于他们自身能力持一种非常乐观的态度，而年龄大的儿童在自我评价方面则会较客观。

首先，记忆发展并不是单方面的，任何方面的发展都与其他方面互相牵连。根据库恩（Kuhn，2000）所说的，我们所记忆的是我们目前所经历的、已知的，以及我们推论的整合。我们的兴趣、目的、技巧和洞见都会对记忆产生影响。记忆活动与我们所有的活动都有关系，而非只局限在一小部分而已。其次，不管是储存或使用记忆方面，记忆都不是一个机械性的、惯例的活动，而是一种积极的参与，为此我们会运用所有策略，以达成我们希望记忆的目标。最后，当考虑到这些目标时，我们很少将记忆本身作为一种目的，如库恩所说，人们记忆是为了完成其他目的。如同专栏 8.4 所示，当儿童有很好的理由去记忆时，他们有时会有预期之外的记忆表现。缺乏这种理由，相对来说，记忆本身可能会缺乏效率。

专栏 8.4　澳洲土著儿童的记忆技巧

已经有许多针对澳洲土著儿童的认知发展的研究，包括 IQ 测试、教育成就测试和皮亚杰任务测试。差不多所有的研究都表明，澳洲土著人表现不如白人，不论是在成人还是儿童方面。我们是否可由此判断澳洲土著人在认知能力方面不如白人呢？

然而，这也可能是因为这些研究缺乏文化公平性，因为他们并不能测试出生活在与西方世界截然不同的环境下的人的能力。朱迪思·卡恩斯（Judith Kearins）认为应该使用不同的方法来测试，她主张只有那些在社会的自然环境中所必要的能力才能够证明一个人的最佳能力。传统来说，澳洲土著人生活在广阔的沙漠区域，这些区域缺乏特殊的地标来引导他们从甲地到乙地的路线。然而，为了在这种地方生存，澳洲土著人必须有能力找到水源，而这些水源通常在那些不显著的地方；他们也必须想办法找到他们的营地，尤其是花一天的时间在贫瘠的地区寻找食物之后。为了达到这些目标，他们需要一种对空间关系的正确记忆。因此，卡恩斯针对这种生活方式来设计衡量他们认知能力的方法，同时将这种衡量方法应用在对土著儿童和白人儿童的比较上。

卡恩斯对 7 ～ 16 岁的儿童进行一系列空间重新定位的测试。在每一个测试中，在矩形网格线之中放置 20 个物体，要求儿童在 30 秒内记住这些物体的位置，然后重新排列它们。在这些物体中，有些是土著儿童所熟悉的（如种类、羽毛、骨头等），其他则是白人儿童所熟悉的（如橡皮擦、顶针、火柴盒等）。结果发现，土著儿童明显比白人儿童表现得要好，即使他们不熟悉的东西也是如此。因此可以看出，土著儿童在空间记忆方面优于白人儿童。除此之外，卡恩斯也观察到两者在解决问题时的不同反应。白人儿童倾向于不停地移动、拿起物体，同时对于他们所做的事评论和嘀咕。土著儿童则安静地坐着，注意观察这些对象的排列，同时也没有发出任何声音。这个结果显示出两者是以不同的方式记忆的：后者通过视觉记忆，而前者则是用复述的方式来帮助记忆。这也可以解释为什么白人儿童比较容易记住他们所熟悉的物品，因为他们能够给这些东西命名；而土著儿童则对于熟悉与不熟悉的物品都有相同的表现。

在爱斯基摩儿童身上也发现了相同的结果。他们在空间记忆方面的表现，要优于高加索儿童。爱斯基摩儿童同样也生活在缺乏景观特征的区域，需要依赖这种空间的认知技巧来生存。比较来看，这些被称为"原始社会"的人，在这些方面的表现远比白人要优秀。

自传式记忆

在刚出生几周后，儿童就会拥有一些基本形式的记忆。再认记忆是第一个出现的。刚出生的婴儿能够辨识母亲的声音，并且很快就能够认得她的脸。回忆——比较复杂的记忆形式，也随之出现。因此，8～9个月大的婴儿会因为看不到母亲而大哭，也能够去寻找不见了的东西。如果向他们示范一些动作，他们也有能力在一段时间之后模仿这些动作。这些都可以显示儿童在很早的时候就具备储存信息的能力。

令人奇怪的是，我们会对刚出生那两年的事情完全没有记忆，而且对以后两三年的事也会淡忘。这个现象被称为"婴儿期遗忘"，这个问题吸引了许多学者的关注。按照弗洛伊德的观点，这可以解释为是对性欲的压抑所造成的；其他人则以为是大脑机制尚未成熟所导致的；还有早期记忆的碎片特点，婴儿在自我概念上的缺乏，以及儿童无法以成人理解的方式来将信息符号化等各种说法。然而，因为缺乏足够的证据，这些说法都没有得到肯定。

能确定的是，在第三年左右，儿童会对他们的过去着迷，并以一种一致的方式来描述他们的过去，因而形成一种自传式的记忆系统。基本上，自传式记忆是关于儿童个人的生活经历，是一种由过去发生的事件所组成的情境记忆。这些事件对儿童本身具有重要作用，并且会成为个人自我意识的主要部分。儿童刚开始说话的时候，差不多就是他们有能力叙述过去的时候。但是他们刚开始所叙述的，往往是那些刚结束不久的事件。然而在2～3岁，他们会明显地谈论很久前发生的事。这显示儿童开始发展一种明确的个人历史感。这个发展最早会出现在儿童与父母谈论过去的时候。

下面的谈话是一个21个月大的孩子与母亲之间的对话。

母亲：你上周见到盖尔（Gail）阿姨和蒂姆（Tim）叔叔了吗？

孩子：有，有，蒂姆叔叔。

母亲：你和他们在一起做什么？

孩子：说再见。

母亲：你和他们说再见？

孩子：是，去上车，上车。

母亲：上车？

孩子：是，蒂姆叔叔上车。

母亲：蒂姆上车？

孩子：盖尔阿姨和蒂姆叔叔。

这段摘录显示这个孩子对事情各个方面已经有清楚的记忆，但是在清楚地表达时却很困难。在很大程度上，是因为儿童缺乏必要的语言技能，然而这与其说是儿童的词汇表达能力不够，不如说他们在参与对话方面和提供连续的叙述时有困难。然而，我们也看到母亲努力在帮助儿童描述事件，其中使用的方法包括：创造机会与儿童对话；给予儿童适当的提醒和重复他们的话，并且鼓励儿童说出他们的经验；和母亲分享记忆；等等。分享记忆对于儿童早期记忆的发展特别重要。从与母亲的对话中，儿童了解到过去是重要的，知道分享记忆需要的一些叙述技巧，也了解到当追求个人抱负和希望时记忆是有用的。正如里斯（Reese，2002）所说，儿童不只是学习去记忆什么或者如何记忆，也必须学习为什么去记忆。在父母的帮助下，儿童逐渐有能力以一种沟通的形式去组织和使用他们的记忆。

然而，不同的父母对于帮助儿童回忆过去方面，采用的方法也不同，其中下面两种最常见（Hudson，1990）。

◇ 热心型：这类父母常常讨论过去，并且当他们如此做时，常会对于明显的事件加入大量详细的描述。他们鼓励儿童给予相同详细的描述，问许多问题，以及大量谈论儿童的回答。

◇ 冷淡型：这类父母对过去没有兴趣，很少讨论他们与儿童之间经历过的事件，并不支持以大量的对话来处理这些事件。对于儿童的记忆，他们很少关注，他们也倾向于提出直截了当的问题，并要求简单、正确的答案。

这两种不同类型父母的孩子会用不同的方式来谈论过去。前者的儿童会用较复杂的方式来描述过去，以一种比较一致和具有意义的方式来组织这些事件，并且倾向于使用过去的事件来引导目前的行为。因此，父母如何与儿童共同回忆过去，如何组织关于过去的谈话，如何协助儿童自己去谈论过去的事件，这些都对儿童回忆及思考个人记忆具有重要影响。这就是自传式记忆发展的社会互动模型。这个模型主张儿童的个人记忆依赖父母的社会实践。依据维果斯基所说，记忆这种认知技能起源于与父母的互动，也就是说，记忆开始是通过与父母共同参与的描述所建立的，并且是由成人支持儿童描述过去事件所产生的。由于父母的帮助，儿童最后可以独立完成回忆的工作：首先是以与他人对话的外显性活动的方式呈现，之后会变成一种内化的、隐秘的、由自己私底下完成的功能。因此，由父母引导的关于过去的对话，会成为儿童个人记忆能力发展的基础。

语言在从外显式到内隐式记忆的发展上，扮演了一个重要的角色。父母提供给孩子的语言工具，使孩子能够描述和思考发生了什么事。语言能够用来帮助儿童将注意力集中在过去经验中的重要事件上，赋予这些事件一定的意义，并帮助他们在记忆中呈现这些事件。但并不只是因为谈论过去才能让儿童记忆的能力有所发展。在事件发生时谈论这个事件，以及谈论的方式，都会对儿童的记忆能力有所影响。根据特斯勒和纳尔逊的研究，在母亲与4岁的儿童参观博物馆后的对话中发现，儿童记住的往往是那些由母亲和小孩共同讨论的部分，远远多于那些单纯由母亲所讲述的或者儿童所讲述的，以及那些没有被提及的部分。这个结果也由黑登（Haden）等人研究证实。他们记录母亲和儿童在特别活动之后的行为，这些活动包括赏鸟活动和冰激凌店的开幕等。同样，他们共同讨论的部分被儿童所记忆。而且，语言互动（如母亲说某个东西的名字之后，儿童重复这个名字并做出解释）具有特别的效果。当与非语言互动（如母亲与儿童共同操作一件物品）做比较时，语言互动较容易被儿童所记忆，也容易使用这些记忆。我们可以断言，语言是一种最适合在记忆中表征经验的工具。语言可以以一种有意义的方式来组织经验，也可以帮助儿童以一种一致的方式来储存信息，同时也使得过去的经验较容易被详细描述，以及与他人分享。或许，从这些结果中我们可以说，婴儿期遗忘是儿童缺乏或没有足够的技巧将经验转换为语言的形式所造成的。

儿童作为目击者

根据在儿童记忆方面的研究发现，儿童有能力扮演目击者的角色。越来越多的儿童被要求在法庭上作证，儿童证言的可信度及随着年龄的不同而改变，已经成为记忆研究的重要课题（综述见 Bruck 和 Ceci，1999； Ceci 和 Bruck，1995）。

这方面的研究大多采用实验研究范式，例如，设计某些事件，然后让儿童在一段时间之后回忆这些事件。研究方法包括自由联想和提示访问。从这些研究中总结出下面的一些特点。

◇ 儿童自由回忆的信息量视年龄而定。年幼的孩子一般来说能回忆的材料很少，但大概 5 岁以后就会大大增加。

◇ 至于儿童回忆的信息的准确性，让人吃惊的是，从 6 岁开始，至少是在与个人相关的重要事件上，不同年龄的孩子没有什么差别。学龄儿童自由记忆的准确性和成年人一样好。

◇ 然而，在很大程度上，这取决于事件发生和回忆之间的时间间隔。如果间隔超过 1 个月，年龄间的差异在准确性上就会很明显：超过这个时间段，年幼的孩子比年长的孩子遗忘得更多一些。

◇ 年幼的孩子在接受提问时更容易受到别人的影响。当被问到一些误导性的问题时，他们很容易被提问者吓倒并因此而改变答案。

◇ 但是，这种暗示的感受性取决于很多因素，包括提问进行的方式、问题的类型和提问者被认为所处的地位。

总的来说，那种认为儿童一般不能作为可靠证人的观点是没有根据的。年幼孩子的回忆可能比较粗略，因为他们在事件发生时感知的信息量少，并且在回忆时也更容易受到外界环境的影响，因而更容易受到诱导。但是，目前对帮助年幼孩子回忆的研究有了很多进展，通过运用特别为他们设计的提问技巧，可以从各个年龄阶段的孩子获得有用的证词。

对于他人的思考

在儿童的生活里，其他人是最有趣的也是最重要的一部分，因而毫不奇怪他们为何总是想要了解别人。他们很小的时候提的问题就体现出了这一点："爸爸为什么今天心情不好""约翰喜欢我吗""我的裤子撕破了，妈妈会怎么说我"。像成年人一样，孩子们也需要了解其他人，并且他们为此设定了描述人类的概念和解释他们的理论。那么，这些概念和理论与成年人使用的那一套相同吗？年幼孩子所处的世界与成人的世界是一致的吗？我们将从两个方面来分析这个问题：第一个与儿童用来描述其他人的方式有关，即回答"他是什么样的人"；第二个是关于儿童尝试解释人类的行为，即关于"为什么他这么做"。

描述他人

听听孩子们对认识的人的描述，很容易看出不同年龄的孩子观察他人的能力和特征描述的词汇明显不同。这些不同在利夫斯利和布罗姆利（Livesley 和 Bromley，1973）对 300 多名 7 ～ 15 岁儿童的研究中清楚地体现出来。要求这些儿童描写他们认识的各种人，描写这些人的特性而不是外貌特征。这里有两段描述，第一个是样本中年龄最小的孩子写的，第二个是年龄最大的孩子写的。

他很高。深棕色的头发。他在我们学校上学。我不知道他有没有哥哥姐姐或者弟弟妹妹。他在我们班上。今天他穿了一件深橘色的外套、灰裤子、棕色的鞋子。（7 岁）

安迪很谦虚。碰到陌生人时，他比我还害羞，但是当他遇到认识的和喜欢的人时就很健谈。他看起来总是好脾气，我从来没有见他发过脾气。他总是想贬低其他人的成绩，但也从不夸耀自己。他不会把自己的想法告诉别人。他是个很容易紧张的人。（15 岁）

这两段描述完全不一样，说明当孩子长大时，对他人的认识方式发生了某些改变。现在，我们来总结一下这些改变发生的类型。

◇ 从外貌到内在特质。与预先要求的相反，利夫斯利和布罗姆利研究中最年幼的孩子写下来的主要还是他人的外貌、穿着和其他外部特征。很多孩子根本就没有提到任何心理特质。年龄稍大的孩子对心理特质的描述要更明显，似乎孩子们逐渐认识到一个人的本质应决定于他的精神物质而不是身体特征。

◇ 从一般到特别。最开始，孩子们喜欢使用含义广泛的词，比如说"人很好""好"或"坏"这些评价性的词汇。后来他们描绘得越来越精确，用类似于"谦虚"和"紧张"这些更能反映被描述者特征的词汇。

◇ 从简单到复杂。年纪小的孩子倾向于给他人下定论，因而他们不能理解一个人既可以好也可以坏：如果一个人是优秀的运动员，他就不会撒谎。当这些孩子变得更大些，他们则开始认识到人性的复杂，并可以容忍任何人假话中的矛盾。

◇ 从笼统到区别。年龄小的孩子在交谈中容易绝对化（比如说，他很讨厌），大一点的孩子（像前面引用的 15 岁的孩子）则会区分不同情况而宽容一些（比如，害羞但只是在陌生人面前）并且引入了程度的概念（就像我们看到的"总是想"），因此描述变得更加精确。

◇ 从以自我为中心到以社会为中心。越是年幼的孩子，他人施加的影响就越容易在孩子身上体现出来（比如"她人真好，因为她给我糖吃。"）；大一点之后，他的描述会变得更加客观，对他人的描述不再是以传达的印象为中心。他们承认不同的人对同一个人会有不同的看法。

◇ 社会比较。前面引用的年龄大的孩子在他的描述中提到"甚至比我还害羞"。这种跟自己或跟其他人之间的比较在 10 ～ 11 岁变得很明显，但是之前很少体现出来。

◇ 组织。年幼的孩子在描述不同特征时零散且缺乏组织；相反，大一点儿的孩子尝试着描绘出一幅连贯的图画使人物的个性更加突出，令人印象深刻。

◇ 稳定性。随着年龄的增长，儿童逐渐认识到人的行为多少会有连贯性，所以可以根据人们以前的行为来预测他们未来的行为。年龄小的孩子几乎没有体现出考虑了这项行为规律，并且没有将他们的描述限制于过去或现在。

上面提到的第一个发展趋势，由外貌到内在特质的转变已经吸引了众多注意。这一点说明年幼的孩子没有意识到心理的特征，注意的只是他人的外部特点。但是，最近更多研究表明这有些言过其实，很大程度上只是调查儿童对他人感知力的方法的一种表象。像利夫斯利和布罗姆利使用的（"告诉我有关……"）自由描述的方法，对语言能力有限的孩子要求就太高了。如果采用较简单和更熟悉的方法，即使是学前儿童也会表现出能够注意到例如个性特征、动机和情感状态的能力（Yuill，1993）。这种内在特质和外貌方面观察的比率可能要比年龄大一些的孩子要小得多，而且年龄小的孩子对这些特征也大多停留在最基本的认识上。也就是说，这种由外至内的发展趋势是真实的。但是正如我们下面所看到的，很小的孩子也多多少少地注意到他人的内在特质，并不是完全根据他人的身体或行为特点来看待他们。

解释他人

意识到他人也有思想，看起来算是一个很了不起的进步，但是有迹象表明即使是刚学走路的孩子也对心理现象及其与身体特征不同的方式有粗浅的认识。比如说，告诉3岁的孩子们，有两个很饿的男孩，一个想吃一块饼干，而另一个确确实实有一块饼干。当被问道"哪个男孩能看到饼干"和"哪个男孩不能碰到饼干"时，大部分3岁的孩子都能正确回答这些问题（Wellmam 和 Estes，1986）。同样，当3岁的孩子面对戴着眼罩的人被问到这个人能不能行动和思考时，大部分孩子都能正确说出"他能想一件物体但无法看见"（Flavell，Green 和 Flavell，1995）。所以，这些都证明了他们已经知道心理现象具有独特之处，特别是它们与人的内心活动有关，不像具体的物体，这些想法无法被看见或被触摸。通过这些评论，正如一个学前儿童所说的："人们看不到我的想象。"这个年龄的孩子已经了解心理现象是私人所有，不受外界公众的审查。或者用另一个也是学前儿童的话来说："你的思想就是用来在周围没有电影或电视时移动物体或看待物体的。"这里，我们可以清楚地看到这些年幼的孩子对心理活动的使用有一定了解，并且认识到思想是一种召唤现实中可能不存在的事情的方法。因而，他们对人类的概念并不限于外部行为：他们理解其他人也拥有心理特质，并且如果要揭示他人的行为就必须考虑到这些特质。

在与孩子们自由交谈而不是在特定的提问—回答环节中，孩子们对他人的描述也同样证明了这一点。根据一项研究（Miller 和 Aloise），像"人很好""好"和"坏"这类词汇在 2 岁的孩子中的使用率分别为 70%、93% 和 87%。正如我们在第五章情感发展中看到的，从 2 岁半开始，孩子们就越来越多地提到他们认为的其他人的感觉。但是，年幼的孩子对他人的了解还有相当大的局限。他们能使用的词汇量还很少，不够准确也很主观。他们提到的也主要是暂时的精神状态而不是稳定的个性特征，而且 3 到 4 岁以上的孩子还不能理解心理特质和行为之间的偶然关系。比如说，如果人们得到想要的东西就会看起来很高兴，否则就会很悲伤，或者一项特别的行为的发生是因为行为人有意为之。年幼的孩子可能不只是把他人看作是很多外部特征的总和，但是他们的概念仍然缺乏连贯性。毕竟，他们还需要发展一套心理理论。

正如我们在第五章中所看到的，心理理论这一术语指的是认识到其他人都拥有一个内心世界，并且因人而异，独一无二。这一理论能让儿童由假定的不可见的存在（希望、信仰等）解释可见的事件（他人的行为），因而它成为理解人们行为举动的原因的工具。在某种程度上，这种了解他人心理状态的能力成为一种参照物，用来预测他人的行为。用理论这个术语则表明了，参与活动的儿童跟那些使用假定实体来预测可观察到的事件的科学家很相似这一事实：如果存在 x 条件，那么就可推导出 y。当然，儿童的心理理论不像科学家建构的理论那样清楚，但是当发展完善后，在假定实体的基础上它们也能用来解释可观察到的现象。

主要是在 3 ～ 5 岁之间，儿童对思想的理解会发生重大的改变（Flavell，2002）。他们逐渐意识到心理状态的主观性，例如，他们看到的放在桌子上的一幅画在坐在对面的人看来就是倒过来的；他们非常不喜欢的食物可能是别人的最爱；而且他们非常喜欢的狗却是其他孩子害怕的东西。总的来说，儿童对思想感情方面的理解超前于他们对认知方面的理解。在巴奇和韦尔曼（Bartsch 和 Wellman，1995）分析年龄较小的儿童关于他人的自发谈话时，他们发现从 3 岁起，儿童开始使用比如"想""希望"和"要"这类词来谈论他人的期望；直到 4 岁这些儿童才开始使用"想""知道"和"奇怪"这些词，表现出他们意识到人们的信仰和想法；5 岁以后，这些儿童才会使用这些信仰和想法来解释一个人的行为。

当儿童理解思想的能力在幼年期发展时，他们对于错误信念的理解就成为检验是否已获得成熟心理理论的试纸。错误信念理解的概念指的是，儿童认识到一个人有关一些现实世界特定事件的信念是一种内在的心理现象，可能现实中跟这个儿童自己的信念有所不同，这种信念因而可能是正确的或是错误的，并且因人而异。思考下面洋娃娃和玩具表演的有关萨莉（Sally）和安娜（Anne）这两个女孩的故事（如图 8.8 所示）。萨莉在篮子里放了一个弹球，然后离开房间。安娜把弹球挪到了别的地方。萨莉回到房间开始找那个弹球。参加测试的儿童被问到萨莉会去找哪些地方。几乎所有 3 岁的孩子都表示他们会找自己已经知道的那个放弹球的新地方——也就是说他们都无法预测萨莉的行为。但是，4 岁以上的孩子给出了正确的答案：他们知道他人的想法可能没有真实地反映现实，而且他们的行为将反映出错误的信念。

年龄小的儿童继续猜想外面只有一个世界，也就是跟自己经历相符合的世界，并且其他人也将按他的方式行动。然而，他们不能理解一个特定的事件可能有多种存在的模式：一个是他们自己的，另一个是与之相反的别人对此事件的错误信念。但是，4 岁以后的儿童就有这种能力表达另外一个人的看法，尽管与自己的不一样；他们可以认识到人们思想中的只是对现实的一种反映，并不一定准确，但是会影响到一个人的行为。所以，与年龄较小的儿童相比，年龄大的儿童的心理理论要更复杂，在理解他人方面也更有效。他们理解心理的技能变得更加高级，预测他人行为的能力也更加准确。心理理论在 5 岁以后继续发展并更加细致，但是正如错误信念测试中所突出的 3 ~ 5 岁之间概念性的改变是儿童在解读人们心理过程中最重要的一步（Wellman，Cross 和 Watson，2001）。

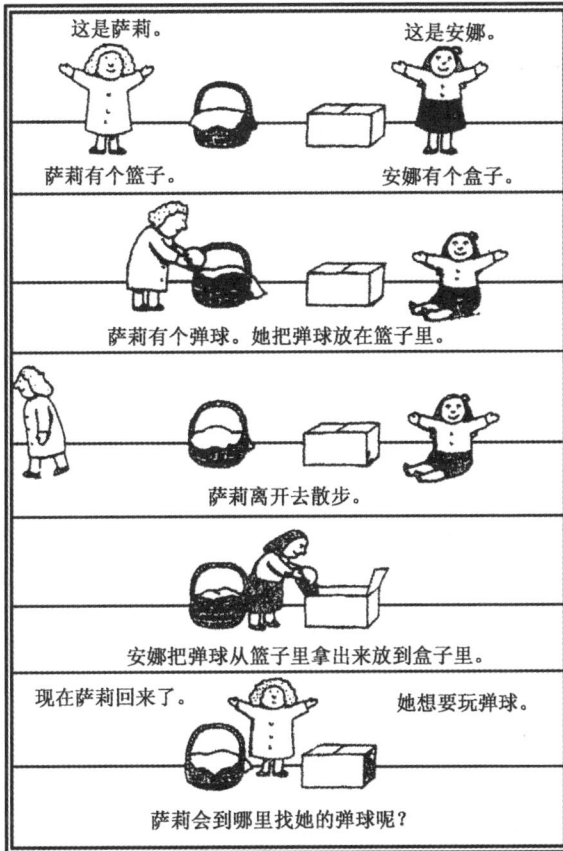

图8.8 有关错误信念理解的"萨莉和安娜"测试（来自 Frith，1989）

　　显然，解读心理是一项成功与他人交往的重要技能——只要看看那些因缺乏这种能力而患孤独症的人就知道它有多重要了（Baron-Cohen，1995）。鉴于它的重要性，很可能它的发展是先天决定的，因为它是人类内在固有的行为模式的一部分。但是，正如休斯和利克姆（Hughes 和 Leekam）（出版中）所展示的，有迹象表明儿童的社会经验影响心理理论发展的各个方面。父母养育的方式、安全依恋感、兄弟姐妹的数量，以及与其他人进行的有关内心世界交谈的多少等，都会影响儿童了解人类思想的速度和范围。由于有如此多的影响心理发展的其他因素，尽管生理因素可能是基础，但需要后天的培育来促进先天所决定的条件的发展。

小结

　　了解儿童认知发展的一个方法就是分析信息处理模式。这一模式将心理看作是重要的信息处理装置，需要追踪的信息流开始于感官获取的输入，并以某种行为方式输出结束，其中由同化、储存、转化和恢复这些干扰作用连接。有人认为，把这个过程看作计算机运行的方式会更容易理解。像计算机一样，心理依靠某些特别的结构（硬件）和程序（软件），这是它们联合运作的结果，并且如果我们要了解其发展的话，还需要对这一运作进行规定。

　　思考依赖于将物体符号化的能力。对于儿童来说，这一能力主要表现在三个方面：语言、游戏和绘画。语言可以让儿童使用一个单词来表示一个物体，因而发现物体有名称是感知能力向前发展的非常重要的一步。同样，在游戏中，当儿童能够伪装时，他们不再需要依靠实物，而能运用想象让一物代替另一物，这样大大扩展了他们的内心生活。在绘画中也是如此，实物转化成了符号，在这里也就是图画。儿童在他们的图画中表示物体和人类的方式，则为研究者提供了进一步了解他们思想过程的机会。

　　如果我们能将经历依次简洁地整理好，思考会变得更容易。这么做的方法之一就是形成概念，也就是将不同的事物归类到同一标题下。另一个方法就是建立脚本——对以原型状态（事件本应发生的方式）发生事件的心理表征的命名。脚本是至少 3 岁以后形成的模式；它们能为儿童日常行为提供有序的结构，并且证明临时顺序对年幼的儿童是多么的重要。

　　我们如何思考与我们如何记忆密切相关。人类的记忆系统是一个高度复杂的组织，它的发展过程也不是简单的优化过程。有四个方面的因素要考虑到：各种记忆结构能力的改变、儿童现有的知识基础、记忆的策略和儿童的元记忆，即他们对记忆功能的意识和理解。其中尤为重要的是，自传式记忆的发展——儿童建立个人历史感的方式。3 岁以后，儿童对自己过去的浓厚兴趣是跟父母在一起回忆时第一次变得明显了；父母如何"搭建"孩子参与关于过去的讨论的平台，将影响孩子回忆能力的发展和对个人记忆思考的方式。

　　关于对儿童记忆方面了解的增加也表明儿童可以作为人证的能力。年幼的儿童往往没有年龄大些的儿童回忆的内容多，特别是在长时间间隔以后；他们也更容易受到暗示的影响。但是，认为儿童不是可靠证人的看法是没有根据的。只要采取适当的提问技巧，就能从几乎所有儿童身上得到有用的证词。儿童思考他人的方式从两个方面得到了研究：如何描述他人和如何解释他人的行为。儿童在描述他人时，因为年龄的不同而在很多方面有所不同，尤其是年龄大点的儿童，更能意识到他人的心理特征而不只是集中在外部特征上。但是正如前面指出的，即使是年幼的儿童也意识到了他人也有内心世界，例如他们提到的他人的各种心理状态。然而，首先儿童必须要发展出一套"心理理论"，也就是认识到每个个体都有一个独特的对现实世界的心理反应，并且以此而不是现实本身为基础来行动。特别是，理解他人行动的基础理念可能与儿童自己的理念不一样，并且很可能是一种错误信念，这一点是儿童思想解读技能向前发展的重要一步，使得他们能更准确地预测他人的行为。

阅读书目

　　Bennett, M. (ed.) (1993). *The Child as Psychologist*. Hemel Hempstead：Harvester Wheatsheaf. 包含一些与本话题直接相关的章节，比如脚本知识的发展、儿童对他人性格的描述及儿童心理理论的建构。

　　Bjorklund, D. F. (2000). *Children's Thinking：Developmental Function and Individual Differences* (3rd edn). Belmont, CA：Wadsworth. 远远超出了儿童思维的一个非常广泛的描述，包含其他认知内容，即感知、语言发展和智力研究。

　　Cowan, N., & Hulme, C. (eds) (1997). *The Development of Memory in Childhood*. Hove：Psychology Press. 全面详尽地列出一系列关于儿童记忆发展最新的研究成果。

Mitchell，P.（1997）. *Introduction to Theory of Mind*. London：Arnold. 简洁但广泛地描述了儿童对他人心理和感觉的理解，特别是这种能力的发展过程。包括有关孤独症儿童和心理理论技能进化起源的详细研究。

Siegler，R. S.（1998）. *Children's Thinking*（3rd edn）. Upper Saddle River，NJ：Prentice-Hall. 由心理发展研究领域做出极大贡献的当今知名学者撰写，该书对本领域进行了权威和清楚的描述。

INTRODUCING

CHILD

PSYCHOLOGY

在前面几章中我们反复提到儿童对语言的使用——在思维上、解决问题上、谈话中、跟成年人、跟同伴或单独一个人，在行动中或者独自一人。语言遍及人类活动，没有它，我们将会完全不同——少了很多智力、创造性和社会交流。在这一章中，我们将注意力集中在语言和儿童时期的语言获得上，将讨论它的本质和发展过程。

什么是语言

看一下两个聋人的对话。他们面对面看着对方，在观察对方手势时，表情警觉而生动。这些手掌和手指正传达着一种显然彼此能懂的信息流。当然，整个过程他们都没有出声。他们正在使用的是语言吗？这一术语常常等同于言语，但是我们在下面可以看出来，这不是语言的一个定义性特征。声音渠道是表达语言的方式之一，但不是唯一的方式：手势也能达到同样的目的，并且在很多方面与单词的功能相同——因此，更恰当地说聋人所使用的是符号语言。

语言的本质和功能

语言已经被定义为一套符号的任意系统（R. Brown，1965）。正如我们在上一章看到的，单个的单词"代表"事物——物体、事件和人——并且孩子去学习符号和所指之间的关系，因此积累了他们自己的表达词汇。实际的单词（手势和我们在书面语言中运用的符号也是如此。）大部分都是非常任意的：比如，没有强制性的理由要求为什么"狗"不能用来指"猫"，为什么要选择一个特别的声音组合而不是另一个——除非出于特殊考虑，否则符号应该被社会其他成员认识。毕竟，语言是与他人交流的重要工具；它能使我们与他人分享知识和感觉，因而关于如何指称事物在每个社会成员间必须达成一致。就儿童学习说话而言，他们有必要认识到应正确使用事物特定的名称。然而，事情并不总是那么明白直接的，他们还要学习其他的东西。其中一项就是，儿童使用的名称可能不合适让其他人使用。对于孩子来说父亲是"爸爸"，但是对于妻子来说是"约翰"，对于邮差来说是"史密斯先生"，对于工作中的同事来说是"老铁匠"，而对于孩子的奶奶来说是"儿子"（更让人糊涂了）。名字是一个符号，不仅取决于它的接收者也取决于它的使用者。另一项是，一个社会中"正确"的事在另一个社会中则无法理解：日本的孩子学习说日本话，西班牙的则学习西班牙语，甚至美国的聋哑孩子学习的手语（美式手语）跟英国的聋哑孩子学习的（英式手语）也不一样。所以，儿童必须了解通过他们自己特定符号交流的能力是有限的，他们如果想要与本社会以外的个体进行交流的话，还需要学会熟练使用其他种类的语言。最后，非常重要的一点是语言不仅仅是单词的集合，它也是一个连贯的整体，其中用特别的方式将这些单词连接起来。也就是说，儿童要成为语言的熟练使用者，不仅要掌握词汇，还要掌握一种语法。

语言具备很多功能。它是交流、思考和自我调节的工具。

1. 交流

语言交流的有效性是很明显的。但是，跟另一个人交谈需要的不只是掌握语言就可以了。获得词汇和语法是一回事，在日常生活中的运用又是一回事。要跟他人交谈，就必须意识到听众理解谈话内容的能力，因而适应信息传递的内容、时间和方式非常重要。儿童可能不像皮亚杰所想的那样以自我为中心，但是他们考虑其他人看法的能力还不成熟。年幼的儿童容易认为他人理解自己，就像是了解自己一样。通常他们没有意识到他们的信息是不完全的，如果发现自己所说的对听众来说毫无意义，他们会觉得非常沮丧。他们也需要学习社会交往中使用语言的一些规则——比如，交替谈话的规则，儿童与同伴轮流扮演说话者和倾听者，避免同时说话。因而，社交技巧与语言技巧是密切相关的，两者对于有效的交流非常重要。

2. 思维

正如我们在上一章所看到的，语言符号是思维过程的有力工具。它能使我们回想过去，预测未来，联想现实生活中彼此独立的事物，形成概念和抽象化。语言和思维在发展中是如何互相联系的已经引起了相当大的争论。皮亚杰认为：思维先于语言，因为思维表现的发展使得单词的使用成为可能。语言只是思维表达的一种模式，因而皮亚杰在他对认知发展的描述中着墨不多。这与维果斯基提出的观点截然不同，维果斯基把语言看作是到目前为止人类拥有的最重要的心理工具，能够改变我们思考世界的方式和改变他所说的"心理功能的整个流程和结构"（Vygotsky，1981b）。因而，语言先于思维：使用单词的能力的发展使得表象思维成为可能。

关于早期语言的本质，皮亚杰和维果斯基的看法不一样。双方都同意在生命最开始的几年里言语倾向于自我中心，也就是自我言语，并且即使是大声说出来的，通常针对的也是自己而不是别人。在皮亚杰看来，这些言语就思维而言没有什么特别的功能，一旦表象思维发展起来后就会慢慢消失。相反，维果斯基把自我言语看作是思维的外部具体化形式，年幼的儿童在解决问题时经常使用它来指导思维和计划行为。然而，到3岁左右，儿童已经知道交流言语与自我言语的不同：两者都是外部的，但是前者是有意针对他人，而后者是儿童行为伴随的当场连续评述。接近学前期末时，自我言语逐渐消失——不是皮亚杰所说的退去，而是转为秘密的无声的语言思维。在早期学龄期，针对自我的言语还能听得到，特别是当儿童面临一项较难的任务时，词语会变得更简洁，更不容易听见，也更明显地指向自己。

对自我言语的研究大多证实了维果斯基的论点，并且证明语言和思维在发展过程中是如何紧密交织在一起的。自我言语经常伴随着问题的解决，甚至年幼的儿童也是如此。但是随着年龄的增长，这一言语会从大声变成越来越难以听见的小声，直至最后的无声言语。比文斯和伯克（Bivens和Berk，1990）的研究描绘了这一过程。他们仔细观察教室里独立做数学题的6～7

岁的儿童，记录下来他们的喃喃自语和表达方式：是否包含与任务不相关的明显的言语，或者明显与任务相关的言语，或者以听不见的喃喃声或唇动形式的与任务相关的内部言语。同样的程序在一年和两年以后又重新出现。这种儿童在学习时自我言语概率非常高；另外，在长达三年的观察中这一概率仍然保持在相似的水平，但是这种言语的本质在这一时期内发生了改变。如表9.1所示，任务相关言语和非任务相关明显言语都有所下降；另一方面，任务相关言语大大增加。然而，随着儿童逐渐放弃外化的更容易被听到、更不成熟的自我言语，他们越来越多地使用内化的自我言语。这有力证明了外化的自我言语正在被隐形的思维所代替，因而证实了维果斯基的关于自我言语发展角色的论点。

表 9.1 不同年龄的自我言语方式的变化

自我言语方式	6～7岁	7～8岁	8～9岁
外化，与任务无关	4.6	1.4	1.2
外化，与任务相关	23.8	10.3	6.9
内化，与任务相关	31.9	48.7	50.8

来源：截取自 Bivens 和 Berk（1990）。

3. 自我调节

语言影响的不仅是思维还有行动。当弗罗（Furrow，1984）观察2岁儿童在家里玩耍时，他注意到这些儿童是如何时不时给自己一些指令的："不，不是那里""我把那个放在那里""放下来"，等等。比文斯和伯克在上述的研究中也注意到，这种内化言语的发展与儿童日益变强的外部行动和不安表现，以及密切注意任务是平行的——这与维果斯基的观点是一致的，自我言语的发展逐渐提升了自我控制能力。卢里亚（Luria）是维果斯基的同事和追随者，他认为儿童使用语言来指导行为的能力有三个发展阶段。在第一个阶段，大约3岁时，他人的言语指导能激发一项行为但不能抑制它。给一个橡皮球让儿童挤，他们会正确地回应这项"挤压"的指令；当被喊"停"时，他们仍会再次挤压。在第二个阶段，大概 4 ～ 5 岁时，他们以冲动的方式回应这项指导：当灯亮起时，被告知要压那个球，他们会反复挤压，回应的不是言语的内容而是它的激活性——因而，指导的声音越大，他们挤压的次数就越多。最后，5 岁以后他们将回应言语的内容，并能运用它来约束并激活他人的行为。所以，虽然这一规则在幼儿期还需要大大发展，但不论是由儿童自己或他人所制定的，行动的语言规则都起到了主导作用。

使用语言是人类特有的能力吗

语言的使用被公认为是人类特有的能力。当然，其他物种确实也有各种与同伴交流的方式，并且有时这些方式还非常精细，比如蜜蜂在回巢时的舞蹈，用于通知其他蜜蜂有一处花粉充足的花源的精确位置。但是，这些信息不能算是语言；它们做出的那些行为可能具有代表性，但并不是基于一套潜在的系统规则以各种不同方式来组合各个要素的。也就是说，动物可能拥有一套词汇（大多数是非常有限的），但缺少一套语法。

已经有很多努力试图研究猿猴是否能获得语言（相关研究历史的简要描述详见 Savage-Rumbaugh, Murphy, Sevcik, Brakke, Williams 和 Rumbaugh, 1993）。大部分研究针对那些在研究者家中饲养的年幼的黑猩猩，有时，研究者会将它们跟自己的孩子放在一起，以便教它们一些人类的技巧：用勺子吃饭、开门、辨别图片并且分类，等等。这些研究都表明黑猩猩获取这些技能的熟练性远比之前预计的要高；但是教授语言的试验结果却很不一致。让黑猩猩发声说话的训练大部分都不成功。考虑到黑猩猩发声器官与人的大大不同，这个结果倒不奇怪。另一方面，利用黑猩猩手的灵活性，教它们聋哑人使用的手语则有一些发现。其中最著名的是对加德纳（Gardner，1971）收养的名叫沃什（Washoe）的黑猩猩的研究。他们教它美国手语（ASL）。从婴儿起，ASL 就是沃什主要的交流方式：

不允许在它面前发声说话，并且将所有的手势都融合到了它的日常生活中去。沃什不能像人类的儿童那样通过模仿学习手语；但是，当加德纳夫妇手把手教它做各种正确的手势时，它很快就积累了词汇，在 3 岁的时候获得了 85 个不同的手势。然而，它组合手势的能力是有限的：根据主—谓组合（"沃什吃"）或者谓—宾组合（"喝果汁"）来造句似乎超出了它的能力。之后，其他研究者又做了很多努力，研究了不同的猿，用词汇板代替手势，集中研究对于符号的理解而不是做出符号的手势。比起以前的研究，这些研究发现了猿具有更加广泛的语言技巧，包括以交流为目的将符号融入有意义的句子中（Savage-Rumhaugh 等，1993）。但是，这项工作还是有争议的：对于这些动物的成功有各种解释，否认它们是对语言的真正理解；此外，无论这些动物学会了什么，本质都是十分有限的，而且比起人类儿童的语言获得来说要慢得多、难得多。毫不奇怪，任何形式的语言使用都不是动物天性可以使用的自然技能，因而它们能否学会这种基本的技能并不是那么的重要。

还有一些其他的看法——语言是否是人类的特权。伦南勃格（Lenneberg，1967）对此进行了详细讨论，包括以下几点（Bjorklund，2000）。

◇ 语言是种族共同的。所有在正常环境下长大的正常人类都发展了语言。即使是最原始的社会也拥有同高级社会一样复杂的语言。

◇ 很难阻止语言的发展。只有在特别的环境中才能阻止儿童学习语言，比如，严格的隔离或者剥夺。即使是聋哑或其他形式的残疾也不能阻碍交流的欲望，人们会转而求助于其他渠道如手语进行交流。

◇ 语言是按照一定法则有顺序的发展。各种语言发展阶段的顺序和时间，对于所有正常发展的孩子来说都是大致相同的，甚至智障儿童的也一样，虽然时间会长些。这意味着成熟的影响力，也就是说语言的发展是由人类内在生理结构所决定的，就像动作发展一样。

◇ 语言是基于各种特定解剖结构的进化。它包含了满足人类说话目的的口腔、咽部和发声器官的进化，这些区别于其他灵长类动物。另外，还有大脑中的核心部分，其中左半球是语言运用的主要部位，其中有两个特别的区域，即布洛卡区（Broca's area）和维尔尼克区（Wernicke's area）（如图 9.1 所示）。这些区域受到损伤的病人会有语言障碍，但是没有其他症状。

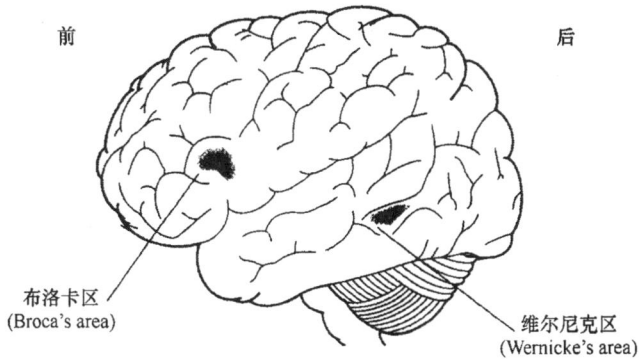

图 9.1　大脑语言中枢的位置

◇ 语言形成于婴儿期以后出现的预适应能力。这不同于伦南勃格的书中的两条研究线索，但支持了他关于在人类言语发展中生理因素起到重要作用的观点。首先是在第三章内提到的，比起其他声音来，婴儿更注意的是人类的声音；也就是说，基因上已经决定了婴儿对他人的言语有特别的反应。其次，众所周知的是婴儿能区分复杂的声音信号，像成人一样拼凑出语言，并在他们能听懂之前就显示出对言语中声音差别的敏感性（Eimas，Siqueland，Jusczyk 和 Vigorito，1971）。似乎从出生起婴儿对声音的敏感性与他们从周围听到的言语之间就有独特的关系。

我们可以得出这样的结论，语言潜质是人类遗传的结果（详见 Pinker，1994）。儿童从一出生就"准备好语言"了，并在各种条件下发展理解和产出言语的能力。当然，这并不是要将环境条件的作用降至最低；正如我们所重申的，先天不会排斥后天。语言发展的原材料需要由环境来提供：成年人如何提供，提供多少语言刺激形式的原材料也会在语言获得的过程中发挥很重要的作用。

在语言的发展过程中，大概 12 个月大的孩子就符合标准了。

然而，复杂的是语言有四个不同的方面，每一方面都有自己的发展时间表。

◇ 语音，有关语言语音产生的方式。语音的发展是一个延续的过程。婴儿早期的发声仅限于哼哼和哭泣，只有当他们 5 ～ 6 个月大开始咿呀学语的时候，才会出现一个日益变化的、更像是话语的模式。一旦"真正的"单词出现，儿童能发出的声音范围会更大。但是，完全的语音能力一般直到学龄时期才能获得，甚至学前儿童发现某些声音比其他声音更难。因而，尽管能够使用正确的单词，但他们的语言仍然很难被理解。

◇ 语义指的是单词的意义。在咿呀学语的阶段，声音只是纯粹为了好玩而发出的，所以婴儿可以长时间地躺在那里快乐地重复"babababa"。从 2 岁开始，儿童就知道一个听起来像"mama"的特别的声音确实有实在的意义。在这里，发展也被延迟了，因为不仅儿童需要掌握大量的单词，单词的意义也变得更加复杂、抽象，并且与其他指示物的意义混杂在一起。

◇ 句法包含了我们将单词连成句子的知识。儿童需要学习的不仅是构成句子成分的一个单词，还有通过组合不同的单词而表达不同意义的语法规则，如"爸爸亲亲"跟"亲亲爸爸"的意义完全不一样。但是，单词的顺序只是句法的一个方面；还有许多其他语法规则需要学习，比如用来提问、否定的表达和被动句子的运用。正因如此，我们需要去学校学习相关的知识。很多人可能从来都没有过这种学习，即使这种知识通常是隐性的而不是显性的。

◇ 语用学关注的是如何在社会环境中使用语言。语言是与他人交流的重要工具，需要根据我们谈话的对象、所处的环境和谈话的原因来调整。所以如果儿童想要有效地与人进行交流，就需要学习大量的谈话规则。比如，他们必须知道传达给另一方的信息要根据对方现有的知识进行调整；与距离较远的人说话要比跟附近的人更大声一些；以及声音的语调也可以在所说内容之间传达出神秘感或敌意。也就是说，儿童需要学习的不仅是怎么说，还有如何运用语言。

语言获得包括四个方面的能力，并且每个方面都包含了许多不同的技能。这项任务很复杂，让人吃惊的是儿童很快就具备了这些能力；到 5 岁的时候，尽管还需要完善，但几乎所有重要的语言能力都基本获得了。下面我们来更详细地看看这个发展过程的一些主要特征。

咿呀学语

大部分儿童在 1 岁左右开始说话，他们说的第一个真正的单词与他们之前发了一段时间的咿呀声很相似。他们选择发音最容易的单词，正如西格尔（Siegler，1998）所指出的，这解释了为什么很多不同的语言中，指代父亲和母亲的单词是如此的相似（如表 9.2 所示）。不论他们听到的周围的语言是多么的不同，但全世界婴儿的咿咿呀呀实质上都是相同的，因此这也就不足为奇了。

表 9.2　各种语言中年幼儿童用来指父亲和母亲的单词

语言	母亲	父亲
英语	mama	dada
希伯来语	eema	aba
纳瓦霍语	ama	ataa
中国北方话	mama	baba
俄语	nana	papa
西班牙语	mama	papa
中国台湾话	amma	aba

资料来源：Siegler（1998）。

同样，儿童每一次学会的单词所指的事物在全世界都差不多。它们是与一个 1 岁多孩子的经验相关的各个部分：父母、兄弟姐妹、宠物、玩具、衣服和食物。会移动的物体比不能移动的物体更容易被提及：汽车而不是灯；公共汽车而不是街道。但是，不能想当然地认为儿童使用单词的方式一定与成年人一样，因为最开始儿童倾向于使用外延过度和外延不足的单词。外延过度是指将一个单词包含的词义扩展至比习惯用法更广的范围，例如，已经学会小狗（doggie）这个词，儿童可能会用这个词来称呼猫、兔子、羊和其他的小动物。外延不足指的是缩小习惯用法的词义，就像儿童认为小狗（doggie）是家里宠物的名字，因而不适合其他狗；或者当一个单词被用于一个特定语境下的物体后，就不能用于其他物体。比如，马里恩·巴雷特（Martyn

Barrett，1986）举了她 1 岁儿子的例子，只有在用玩具鸭子打浴缸边的时候，他才用鸭子（duck）这个词，但是在其他情况下，玩玩具鸭子和看见真鸭子时从来都不用这个词。外延过度和外延不足都证明儿童需要时间和社会经验来学习与他人使用单词一致的方式。儿童语言的早期特质可能有一定的吸引力，但是也引起了混淆，他们的父母也不可能长时间被动地接受它们。

现在还不清楚儿童最初如何准确了解特定单词的涵义。即使当一个成年人在通过"单词课程"来解释事物时，比如，指着一条狗说"小狗（doggie）"，也不清楚这个单词是指整个动物，或是某个特定的部分，或是它的颜色，或是它的行为。有人认为在这种环境下是整体对象限制（whole-object constraint）起作用，即在缺乏其他信息时，学习语言的儿童自动认为所指的是整个对象（Markman，1989）。这也许能很好地解释为什么儿童能这么快掌握名词，并且指出了儿童学习单词的策略之一（详见 Messer，1994）。

但是，通常儿童不是在简单的词汇课程中听到单词的，而是作为一种快速连续的语流的一部分而听到的。当他们自己还处于单个单词的水平时，他们是怎样在这种单词几乎没有什么停顿的语流中切分并学到有意义的词呢？答案之一就是，成年人常常自动化地或不知不觉地根据儿童加工这些语言的能力调整了他们自己的语言，从而为学习者提供了额外的帮助和支持。比如，他们会在单词间留出停顿、放慢速度、在句子某些部分做特别强调以保证儿童能适当地集中注意力；在他们说的单词中插入手势和其他非语言的提示，为儿童提供额外的信息，使他们理解和模仿这些单词变得简单许多。我们将在下面详细分析成年人提供的这种帮助。应注意到的是，语言获得很大程度上是一种社会交往过程，任何想通过学习者单独努力而获得语言的尝试都是注定要失败的。不过，从下面的例子可以看出，儿童最开始断句的能力还不是很完善（Ratner，1996）。

父亲：谁想吃点芒果作为甜点？

儿童：什么是点芒果？

值得注意的是偶尔儿童会犯这样的错误，但是大多数时候他们是正确的。儿童在刚开始的时候词汇量的增长十分缓慢。在 2 岁的前半年里，他们每个月能学会大概 8 个新词；但是以后词汇爆炸性的发展会突然发生，儿童变成了平克（Pinker，1994）所称的"单词吸尘器"，每天能学会多达 9 个新词（如图 9.2 所示）。在儿童早期阶段，新单词学习的速度十分惊人（如表 9.3 所示）。正如苏珊·凯里（Susan Carey，1978）所说的：到 6 岁时，一般儿童已经掌握 14 000 个单词。假设词汇的发展大约是在 18 个月以后才真正开始，那么儿童平均每天学会 9 个新单词，或者在醒的时候每个小时学会 1 个新单词。

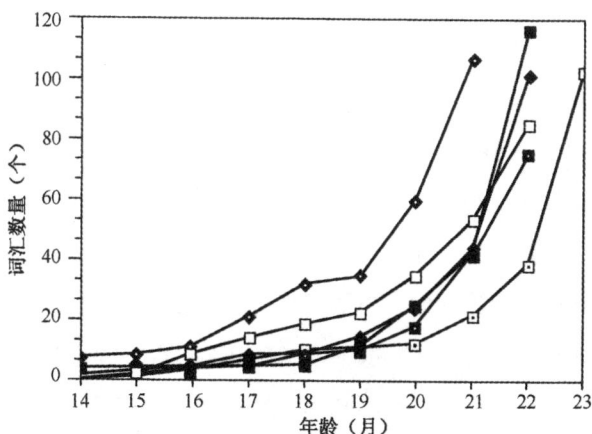

图 9.2　6 个 2 岁的儿童的词汇增长量

表 9.3　最初 6 年内的词汇增长

年龄（年~月）	词汇量（个）
1 ~ 0	3
1 ~ 6	22
2 ~ 0	272
2 ~ 6	446
3 ~ 0	896
4 ~ 0	1540
5 ~ 0	2072
6 ~ 0	14 000

资料来源于多个文献。

如果学习新单词像儿童学习第二语言那样缓慢而艰难，需要很多尝试，以及随后的重复练习，那么这种速度将是不可能的。但是，5岁左右的儿童在学习听到他人用过的词汇的意义并自己能使用之前，大多数情况下都只需要接触很少的几次，有时候只有一次。这种意义常常是不完全的，需要以后的数月或者数年逐渐加工和修改使用的方式。但是，这第一步就表明了儿童学习语言的非凡能力。这种快速获得被称为"快速绘图"（fast mapping），早在儿童2岁时就开始，在儿童期的最后阶段速度会减慢。

句子的形成

从18个月开始，儿童开始将单词串起来形成"句子"。一开始，这些"句子"与成年人使用的非常不同，所以要加上引号。它们简洁、短小，语法上常常不正确，但是大多数时候意义却非常清楚。"多牛奶""坐椅子""牛叫""看宝宝""汽车再见"——在每个句子里，儿童都在尝试传达某些意义，尽管说的还只算得上是电报式语言（telegraphic speech）（R. Brown，1973），但通常能够成功达到交流的目的。确实，对语境的提及通常需要了解儿童脑海里的多种意义。举一个经常被人引用的例子：路易斯·布卢姆（Lois Bloom，1973）观察到一个孩子在两种不同的情况下使用"妈妈袜子（Mommy sock）"。第一次是她捡起妈妈的袜子时说的，第二次是她妈妈在给她穿袜子时说的。前者的意思是"这是妈妈的袜子"，而后者完整的句子是"妈妈在给我穿袜子。"但是，在这两种情况下孩子都能进行单词组合的这一事实，说明她能表达出比单个单词复杂得多的意义；不仅仅是指称或者命名某些事情，这个孩子现在在认知上已经能表达像妈妈和袜子这样的关系了。

从3岁起，句子的长度、复杂性和语法的正确性就有了快速的增长。虽然组合句子的规则非常复杂，但儿童(不像是猿)从很小的时候就精通。因而，他们很快就意识到句子不只是单词的串联，并且单词排列的顺序在表达意义上也非常重要。"爸爸亲亲（Daddy kiss）"和"亲亲爸爸（kiss Daddy）"完全不同，但是这不需要像教课程一样教给儿童，而是由他们自己注意并且理解。事实上，儿童获得语言的这种创造力最让人吃惊的是，他们能快速掌握构成有意义的句子的规则。比如，英语动词加"-ed"表示过去时的规则。首先，儿童会忽视这条规则。当他们描述过去的事情时会这样说"奶奶今天早上弹钢琴（Granny play piano this morning）"或者"我昨天晚上睡在大床上（I sleep last night in big bed）"。在 3 岁的时候，他们知道了"-ed"原则，但是却运用到所有涉及过去的："play"变成了"played"，但是"sleep"变成了"sleeped"。他们已经了解了这项规则这个事实本身是非常重要的：没有人教过他们，并且正如许多观察研究所发现的，父母很少会纠正他们孩子的语法。似乎是孩子在积极自发地学习这些规则，并由此成为获得语言的主要方法。过度规则，即不加区分地将规则运用于所有语言的使用倾向，意味着在一段时间内像"goed、wented 和 comed"这种词汇被使用——显然，孩子们不会从大人口中听到这些词汇，因而不能解释为是模仿来的，而是孩子们在体会如何交谈的整个过程中的创造性努力。很快，他们就会了解到"-ed"原则是有例外的；然而，根据库塞拉（Kuczaj，1978）的研究，即使是 6 岁的儿童有时在个别的情况下也不是很确定；在被问到是否某个词好或是不好，大部分儿童认为 eated 不好，但是认为 ate 和 ated 都可以接受。

还有一些其他的语言惯用法儿童也必须学习，比如如何造一个否定句或者一个疑问句。最开始，他们处理这些问题的方式非常简单：有时在肯定句前加 no 或者 not（"not I have medicine"或者"no I go"）；有时仅仅是把句子的后半部分变成升调而已。他们会及时学会更复杂的结构，并且逐步造出语法正确的句子。在名词后面加"s"表示复数的规则为我们提供了另一个过度规则的例子：在刚开始意识到这条规则时，儿童会不加区分地使用，正如我们所见到的，他们会先说 foots，然后改成 feets，最后才能正确地说 feet。

随着年龄的增长，儿童会造各种形式的复杂句子——包含并列连词的句子，比如，"小宝宝哭了，但我亲亲她，她就不哭了"；被动句："窗户被打破了"；嵌入句的句子："雨停的时候，我能出去玩吗"；以及反问句："我画得最好，不是吗"，等等。每种形式要达到正确的程度，儿童都有一个循序渐进的过程。拿提问的发展变化来说，最开始仅仅只是句子末尾使用升调（"我骑单车？""I ride bike？"），但是 3 岁以后的儿童就可以问出含疑问词"wh-"的句子，虽然形式非常简单（"玩具熊在哪里？"或"Where teddy？"）。之后儿童会学习到添加像"does"这样的助动词，虽然他们还不知道怎么样将这些助动词正确地加入句子中，例如他们会说"Why does Annie cries？"只要是简单的，他们就能造出正确的疑问句；而复杂的问题直到早期的学龄期仍然很难掌握。我们可能注意到，这种进步完全是自发的：儿童很少被特别地教授如何问问题；即使有这种尝试，通常也是白费力气。要表达某些句子，需要一定的敏捷度；一旦儿童获得了这种能力，他们的语言也会有所调整。考虑到这与认知发展的关系，对于不同语法结构形式在儿童语言中出现的顺序和各种进阶所需的时间就一般儿童来说差不多也就不足为奇了——事实上，这种类似程度对于使用手语的聋哑儿童来说，也表现出了与学习口语的普通儿童一样的发展规律（详见专栏 9.1）。

专栏 9.1 手语的获得

天生在听力方面有严重或较大缺陷的儿童很难学习说话，因而更容易学习一些手语的交流方式,比如美式手语(ASL)或者英式手语(ESL)。因而，相当数量的研究，尤其是对 ASL 的研究已经表明这些手语是"真正的"语言系统，只是因为它们是用手而不是用声音表达，在方式上与口语不同。每一种手语都有自己明确定义的结构，它们不会与口语相似或者来自于口语。因而，手语并不是言语的直接翻译，比如说，英语里的"你叫什么名字"在英式手语中就是"名字你什么"。但是，正如口语一样，所有的手语都是以符号为基础并受规则制约的（详见 Bishop

和 Mogford，1993；Klima 和 Bellugi，1979）。

和单词一样，每个人的符号大部分本质上是任意的，由一系列手的动作方式的特定组合构成，其中手语跟身体和运动方式有关（如图9.3所示）。

多少？　　　　　　　　　　　我不知道。

电子邮件　　　　　　　　　　医生

图 9.3　手语的一些范例

面部表情和身体运动也起到了一些作用。很多时候，手势是图标性的——也就是说，表达的方式预示着它的内容。比如，在美式手语中，哭是一个手指分别从脸颊两边向下划，好像泪水在流，而树的手语看起来就像是一棵在风中摇摆的树。但是，不管这些手语的本质是什么，它都是约定俗成的，被该特殊语言群体的成员承认并作为与他人交流的手段。

当父母也是聋哑人时（虽然这种情况只占十分之一），并且也懂手语，儿童则像听力没有损害的儿童学习说话一样容易学习手语。对于这样的儿童，第一个手语通常出现在第一年的末期，几乎是同时，正常儿童开始第一次说话。第二年时出现了两个手语的组合，在相当的年龄，正常儿童开始说两个单词，并且在以后的几个月中成功地说出更长和复杂的词汇组合。不仅是开始的时间，组合的本质也相当一致，比如说，个人的手语经常是以主—谓—宾的顺序排列的（比如，"I hug baby 或我抱宝宝"），表明这个孩子已经能够以有意义的和一致的方式来运用句法规则，并且因而习得了这个年龄段的基本语法。甚至聋童手语中句法的错误也跟学说话的儿童同时发生；比如说，聋童也有同样过度规则的倾向，并且在他们第一次表示过去时的时候，会做如手语版本的动词，goed 和 sleeped。

对于父母不会手语的聋童进行研究有特殊的科学价值。这些儿童在早期没有机会接触任何语言，无论是口语或是手语。苏珊•戈尔丁（Susan Goldin-Meadow）和她的同事证明（Goldin-Meadow 和 Morford，1985），这些儿童交流的欲望是如此的强烈以至于他们将会建立一套他们自己的手语，首先是根据自然的手势，像指示和打手势（比如，手握成拳靠向嘴表示吃东西）。在没有指导和范例的情况下，这些儿童很自发地运用表示人、物体和行为的词汇，及时组合成根据语法规则连贯排列的手语"句子"。由于跟任何语言输入的来源完全切断了，儿童进一步的语言发展不会太远，但是，我们能再次看到被剥夺正常说话的儿童用手语表达自己的这个发展轨迹与口头语言的发展几乎是平行的。

语言获得是否有关键时期

正如我们所看到的，语言的发展一般是在一定时间内按照一定的顺序发生的。大部分的基本语言技能在 1 岁半至 5 岁之间出现，并且是有规律地表现出来的，非常类似于儿童运动技能的发展。随着运动能力的发展，语言的学习与年龄相关的性质说明成熟化的过程正在起作用。也就是说，当孩子在特殊环境下长大时，他们是根据作为先天基因的一部分而植入他们神经系统的程序来习得语言的。

但是，当某种原因干扰了这个过程，并且这个儿童没有机会在正常年龄阶段学习口头语言的话，事情会变得怎么样呢？这种学习有没有关键期呢？

关键期是指儿童只有在某个特定时期获取某些重要的经验，心理功能才能得以发展；没有这些经验的话，发展就不会发生。目前，支持这种观点的证据有点混乱。一方面，在双眼视觉的情况下，有可靠的证据证明儿童在最初的2～3年需要适当地使用双眼。例如，在这个时候纠正斜视很重要，这样儿童能在早期学会调节双眼（Banks，Aslin 和 Letson，1975）。另一方面，关于依恋的形成。现在，有充分的理由相信在正常年龄被剥夺机会的儿童仍能在晚些时候弥补过来——至少在一定范围内（Schaffer，1998）。

支持语言获得有关键时期的论点主要来自于埃瑞克·伦南勃格（Eric Lenneberg，1967），这也是他关于语言建立的生理基础试验的一部分。这一时期被认为从 1 岁半延伸至青春期，据称期间大脑特别擅长获得语言技能；因而语言获得在儿童早期更容易，而到了青少年和成年，获得语言也不是不可能，但确实也是困难一些。根据洛克（Locke）的观点，评价这一主张可以从四个来源获得证据。

◇ 第二语言的学习。当乔森和纽波特（Johnson 和 Newport，1989）测试生活在美国的中国和韩国移民的英语语言能力时，他们发现这些移民的语法知识跟他们开始学习英语的年龄密切相关。那些 7 岁前来美国的移民的英语跟英语是母语的人士一样熟练；但是 15 岁以后的移民的英语则不那么精通，即使他们和年纪小的移民在新的国家待的时间一样长。因而，虽然没有迹象表明获得这种能力有一个明确的限度，但至少在第二语言的学习上证明了语言学习的年龄决定性。

◇ 聋童对语言较晚的接触。一些聋童直到儿童晚期才有机会学习一种正式语言，如口头语言或者手势语言。对这些儿童的研究（如 Newport，1990）得到了与第二语言学习研究同样的结果：第一次接触语言的时间越晚，学习者就越难精通这门语言。但是，同样无法找出特定的分界点。

◇ 不同年龄段大脑损伤的影响。很多研究证明了大脑左半球语言中枢被损害的结果很大程度上取决于伤害发生时个人的年龄。年龄越小，就越有可能由其他区域代管，并使得孩子恢复失去的功能。随着年龄的增加，这种恢复将逐渐消失，使得个体更难获得语言能力。

◇ 在隔绝环境中长大的儿童。几个世纪以来，大量案例报道了儿童因为完全没有或很少接触人类，语言能力几乎没有或很低（Newton，2002）的实事。其中最著名的就是人们所谓的"Aveyron 野孩"（the Wild Boy of Aveyron），1800 年冬天，人们在法国 Aveyron 附近的森林里发现他，显然他是在刚学走路的时候被人遗弃的。从此便生活在那里，一直没有接触人类。他被发现的时候大约 12 岁，全身赤裸，有时喜欢四肢着地奔跑，习惯吃橡子和树根，当然，也不会说话。他被带到了巴黎，由聋哑学院的年轻医生爱塔德（Itard）照料。爱塔德医生在以后的几年中倾注了自己大部分的时间让这个男孩变成"人类"，即教他社交技巧，最重要的是学习语言。但是许多年的努力后，爱塔德医生不得不承认失败：这个野孩只能学会一些单词，虽然到了 40 多岁，还不会说话。还有一些其他类似的孩子在正常年龄被剥夺了学习语言的机会，只是具体情况不同。其中很有意思的是"Genie"，她在 20 世纪 70 年代引起了人们注意。因为从 18 个月起就被锁在家里，从此她几乎接触不到语言。等到 13 岁被发现时，她根本无法说话；在经过长达数年的强化语言培训后，她取得的进步非常有限，没能学会正常的语言（详见专栏 9.2）。就像是 Aveyron 野孩一样，让她弥补失去的时光似乎已经太晚了。

专栏 9.2　Genie 的故事

很难想象还有比 Genie 的遭遇更残忍和冷血的悲剧故事（Rymer，1994）。从 18 个月起，她的父亲，一个憎恨孩子的变态，就把 Genie 关在一间小房子里，她被锁在儿童座椅上，几乎不能移动。她没有玩具可玩，整个时期她周围空空的，没有什么可以看或者可以摸，也没有声音的刺激——没有收音机和电视，不能跟她的父亲和懦弱半瞎的母亲说话；并且如果她自己说话，她父亲便会打她。晚上她被锁在小床上，在那里她也被严格地管制。直到 1970 年，她母亲才鼓起勇气带着她离家出走。那时，Genie 已经 13 岁半了，还不能直立站立，大小便失禁，并且严重营养不良，必须住院治疗。她情感上极度的混乱，不会社交，总是沉默。

人们做了种种尝试去帮助 Genie 克服很多心理和生理的问题（不幸的是这些尝试常常没有很好的协作，由于参与的专业人士之间的竞争而没有成功）。最重要的是，她语言能力的缺乏被心理学家看作是一项挑战，想以此来证明是否儿童在青春期以后还能够学会语言。苏珊·柯蒂斯（Susan Curtiss，1977），一个心理语言学专业的研究生，进行了精心细致的安排，努力教授 Genie 语言技能。在以后的几年内，柯蒂斯花费了大量的时间，尝试激发 Genie 学习使用语言与他人交流的兴趣，并详细记录下这个孩子的每一点进步。Genie 逐渐开始理解并说出单词，并由此建立起了词汇。在经过单个单词阶段以后，她开始组合单词并且像其他孩子一样说出更复杂的话语，但是她的进步是非常缓慢的。比如说，经过 4 年的强化训练后，她在标准词汇测试上只达到了 5 岁孩子的水平，并且她对双词的记忆储备只有 2 500 个。她的进步不仅缓慢而且非常有限，特别是在学习语法或如何造关系从句和被动句时。因而，她的言语仍然是非典型的，基本上是"I want Curtiss play piano."（我想柯蒂斯弹琴）"Like go ride yellow school bus."（喜欢乘坐黄色校车）和"At school scratch face."（在学校擦伤脸）这样的句子。大多数儿童在大概 2 岁半时就具备了造出英语句子主要结构的能力，Genie 在 4 年后开始组合单词，但是她说出的话在这方面还有很大缺陷。

Genie 接受的众多测试中，有一项可能跟她有限的语言能力密切相关。通常语言功能跟大脑的左半球相关，但是在 Genie 说话时右半球是主要的电波活动区域。有趣的是，她语法缺陷的本质跟大脑左半球手术后恢复的人相似，这些人不得不转由大脑的其他部分来控制。

Genie 发生这种转换的原因我们还不得而知，虽然很可能是她童年时被虐待而损害了她大脑的某些部分。

我在写这本书的时候，Genie 还活着——一个非常不开心、情感紊乱的中年妇女，由于她的交流能力非常有限，她仍然与其他人隔绝着。她学习正确语言的失败是否是因为时间"太晚"还只是猜测；因为在 Genie 幼年时期发生了太多产生消极影响的事情，因而不能下任何结论说在正常时期语言获得的缺失是决定性因素。

语言获得有没有关键时期呢？没有人能给出清楚的答案，因为证据得从"自然实验"中获取，而语言剥夺以外的条件，比如社会隔绝、营养不良和恶劣的生活环境都会影响最终的结果。关键时期的概念起源于动物的试验，因而可能操纵实验隔离条件、时间及开始隔离的年龄。即使是这样，实验结果也不是那么清晰明确；特别明显的是，人易感性的年龄范围是非常灵活的，在某些条件下会被大大地拉长。现在，我们使用的是敏感期这个术语，指的是比起其他年龄，某个年龄段内更容易有新的发展。这也是由上述人类语言发展证据得出的一个比较保守的结论（虽然不是很惊人）：儿童期是语言学习的最佳时期。不过，儿童需要开始这项任务的准确时间是非常灵活的，并且也没有确定的证据支持伦南勃格的关于青春期以后任何进一步的学习都是不可能的观点。

交流能力

语言能力一定是与交流能力紧密联系的。完美的语言本身并不够；个人根据所处的特定的社会语境来调整自己的语言非常重要。针对成年人的内容可能不适合年幼的儿童；比起跟熟人说话来，跟陌生人说话采取的方式就不一样；跟不熟悉谈论话题的人谈话就必须提供与熟悉话题的人谈话不同的内容。正如语法有规则一样，语言的交流使用也有规则，并且儿童既需要了解前者，也要熟悉后者。

格赖斯（Grice，1975）曾提到，有一些会话原则包含了主导语言交流的规则种类，它们包括：

◇ 数量。有必要向他人提供理解谈话必要的所有信息——不能多也不能少。因此，儿童需要学会怎么样考虑他人现有的知识和根据这些来调整自己谈话的内容。

◇ 质量。我们通常都假定所说的内容是真实的。儿童要懂得别人期待他们说实话，虽然他们也知道有一些例外，比如，笑话、开玩笑和讽刺。

◇ 相关。两个人互相交流时，要双方都谈的是同一个话题，并且轮到自己发言时要接上对方的话。让人吃惊的是，这一点在年幼儿童的对话中，有时候会缺乏，它们有时看起来就像是两个独白而不是对话。

◇ 礼貌。要进行适当的交流，个人要做到轮流发言和倾听。打断别人不仅是不礼貌的，而且也不利于双方之间的信息传递。

年幼的儿童刚开始时并不善于遵守这些规则。瓦伦和泰特（Warren 和 Tate，1992）记录了 2～6 岁儿童与一名成年人的电话对话，3 岁的艾莉斯（Alice）和她祖母的对话就是其中的一个例子。

艾莉斯：我有一个绿色的东西。（开场白）

祖母：你有一个什么东西？

艾莉斯：一个绿色的东西。

祖母：一个绿色的东西……

艾莉斯：那里有个宝宝。（指着窗户）

祖母：有个……

艾莉斯：宝宝在那里。

祖母：啊。

显然，艾莉斯违反了许多会话原则，首先她没有给电话另一端的祖母提供足够的信息，比如没有指明"绿色的东西"指的是什么或者她指的宝宝在哪里。正如瓦伦和泰特发现的，这些错误在学前期都是正常的，特别是在打电话而不是面对面的交谈时。因而，他们所记录的儿童经常摇头但是不说"不"，或者点头不说"是"，或者指着什么但不说话，还说"看这个"，好像有听众在场一样。到6岁时这类现象就少了很多；那个时候儿童会更容易看到他人的视角，不再局限在他们自己的个人视角内。

虽然自我中心毫无疑问或多或少地限制了年幼儿童的交流能力，但也有很多观察表明皮亚杰关于学前儿童完全不能跟他人进行对话的观点有些言过其实了。埃莉诺·基南（Eleanor Keenan，1974）录下了她2岁零9个月的双胞胎孩子托比（Toby）和戴维（David）的谈话，当时还是清晨他们没起床。下面是个例子。

托比：（闹钟响了）哦，哦，哦，铃。

戴维：铃。

托比：铃，是妈妈的。

戴维：（喃喃自语，无法听清楚）

托比：是妈妈的闹钟，是妈妈的闹钟。

戴维：闹钟。

托比：是，会叮咚叮咚响。

这种交流很明显是相关的，毋庸置疑的是双胞胎之间熟悉的关系使他们的交流更加容易，但对于这个年龄的孩子来说还是令人印象深刻的。首先，孩子们轮流按顺序发表自己的看法，每个人都等对方说完了才开始说。其次，儿童仔细倾听对方谈话的内容，模仿或者扩展所听到的，并且通过重复提到同一个话题来保持连续性。假如儿童想要跟另一个人交流，这些都是需要发展的重要技能。另一个例子是根据听者的理解水平来调整谈话的能力。格尔曼（Gelman，1973）的研究证明，这一能力在学前期的末期也会变得很明显。4岁的孩子们轮流跟另一个4岁的和一个2岁的孩子组成一对，并且向他们的同伴解释一件玩具的玩法。对他们语言的分析表明，这些儿童系统地改变了他们说话的方式：当跟年龄更小的孩子说话时，他们会使用比跟同龄人更短的、更简单的句子和更吸引注意力的方式。对谈话对象需求的良好的敏感性在这里表现得非常明显。

跟语言能力一样，交流能力的发展也是一个长期的复杂的过程，贯穿于儿童期的大部分时间。在这一过程中，儿童学会用语言表达很多行为，也就是使用语言来完成特定的目标，例如寻找信息、请求、坚持自己的权力、改变他人的行为、表达情感、强化或者断绝某种关系，等等。也就是说，儿童逐渐认识到人们可以通过语言达到目的；一个人说的话可能会带来实际的后果。但是，语言行为表达要想获得最佳效果需要遵守一些约定俗成的原则。比如，如果一个孩子要喝水，简单的一个词"喝"对于 18 个月大的孩子来说足以让旁人接受了；但是如果是一个 6 岁孩子说的，人们就难以忍受了。这么大的孩子被期望懂得某些礼貌原则，并且知道请求的"正确"方式应该是"对不起，我能喝点水吗？"即使话语的形式是问句，而孩子的目的是获得行动，而不是回答"是的"。有趣的是，大部分父母，很少纠正孩子的语法或者发音，却花很多时间教孩子礼貌规则——大概是他们意识到前两者不太可能成功，而对后者的教导则会有所改变。

讲话行为的学习是一个更加一般性的发展过程，即元交流的获得。至少从早期的学校教育开始，儿童就开始按他们的方式思考单词。因而，他们把单词看作物体，计划如何为特定的目的而使用它们，并且日益能控制自己的语言。这一点可以从他们认识到自己传达的信息可能需要纠正或额外的信息看出来。所以，当一个 7 岁的孩子说"我们去了——嗯，我和琼去了那家商店，你知道就是街拐角那家卖糖的店"，她似乎认识到她的同伴不知道"我们"指的谁，并且要解释去了哪家店。似乎她在倾听自己，思考她交流的有效程度，并且能够通过必要的语言修补采取恰当的措施。元交流技巧在学校学习期间发展起来，它们使儿童在面对其他事物时，通过制造双关或者说废话来玩文字游戏。它们不仅有助于儿童理解暗喻和嘲讽，并且培养故意在他人中引发混乱的能力。似乎，儿童学会了如何在自己和言语之间插入间隔，以便客观地看待后者，进而更有效地使用语言进行交流。

读写能力

语言不仅有口头的，还有书面的形式。像口语一样，书写也用来建构并且传达意义；但与口语不同的是，读写能力不是人类内在整体的一部分，相对于我们物种的历史来说出现的比较晚。它是一种文化成就，虽然我们现在把它对于社会和智力活动的影响看得很重要，因而人们将重点放在了教儿童读写技能上。

读和写的技能之间不是简单、直接的关系，因为一方不仅仅是另一方不同媒介的翻版（Wood，1998），没有一对一的关系。我们写的与说的不同，这也是为什么儿童会觉得读写要比听说难得多。在社会交往中很自然会学会口语：儿童借助语言中内含的大量手势和环境提示来理解他人的话语；并且从他人那里获得自己的语言被理解的即时反馈；没有必要追求完美无缺的句子，因为不完整的句子也足够让他人猜到儿童想要传达的意义。写作则是一项更精密、仔细计划的事情：儿童需要有意识地思考语言的结构并造出句子；他们必须意识到写作的规则（从左至右、单词间空格、使用大写和标点，等等）；并且这些都是在单独的语境中进行的，没有同伴的直接反馈。因而，学习写作对于儿童来说比学说话要求高得多，写作发展出现的较晚，并且需要成年人有技巧的帮助也就不足为奇了。能够读写不只是获取一系列有关方面的技能，比如认字母、书写和拼写。学习如何读写包含了很多方面的细节（如 Adams，1990s；Harris 和 Hatano，1999；Oakhill，1995）。这里，我们重点说一下成为文化人的最开始阶段，即什么叫作读写萌发——这一术语表示儿童最早对书写语言的意识和态度（Whitehurst 和 Lonigan，1998）。

读写萌芽的概念引出了一个非常重要的概念，能够读写不仅包含了如何读和写的知识，还有对阅读和写作的兴趣——一些早在正式上学之前就开始的东西（McLane 和 McNamee，1990）。在现代社会，儿童从一出生就被印刷品包围了：他们卧室墙上挂的画上，穿的印有标语的 T 恤衫上，喝的可口可乐瓶子上，他们在家到处看到的报纸和杂志上，以及在外面遇到的商店标志和广告。他们很快会发现，这些印刷称号不仅是视觉形象——其他人会注意它，而且可以从中引申出某些意义。但是，这种对读写活动的兴趣动力主要还是来自于直接的参与，这通常是由父母来引导的。一起读连环画就是早期最明显的例子——这项活动已经被大量研究仔细调查过了（见 Snow 和 Ninio，1986）。当父母和年幼的儿童一起读书时，他们通常会进入互动和合作的过程：父母不只是朗读者，孩子不只是听众，双方经常会谈论书中发生了什么事，并且用提问—回答的方式阐明故事的原因。父母会指着图片问，"这是什么？"或者做出一些评论"你记不记得我们什么时候做过这样的火车啊？"儿童因而被要求做出回答，从而成为积极的参与者。他们的兴趣由此得到激发，同时了解到书是干什么用的、如何使用它们——书是用来阅读而不是玩的，每次翻一页，图和文字要结合在一起看，而且最重要的是书能传达意义，并且能提供很多乐趣。

父母为这种读写活动的早期兴趣提供的帮助越多，儿童在以后学校的正式读写学习中的进步就越大（Senechal 和 LeFevre，2002）。父母自己对读写的兴趣也有影响：比如，家里书籍的数量、花在阅读上的时间，以及去图书馆的次数都是儿童接受教育能力的预报。儿童受益于良好的榜样，他们也受益于父母提供的与读写活动相关的材料，比如涂写用的纸和钢笔，以及阅读用的图画书。至少到 3 岁时，儿童开始将这些材料融入到他们装扮的游戏中：他们会扮演像电视新闻播报员一样朗读新闻（虽然他们读的纸是空白的），或者交通管理员分发要填写的票，或者餐厅服务生记录下用餐者点的菜。他们在这些场合下的涂鸦很清楚地表现了他们对文本的理解，如图 9.4 所示，2岁半的儿童还不太了解书写的形式；3 岁的儿童则能表达出线状的涂鸦；而到了 4 岁，他们知道书写是从左至右，而且单词之间是有空格的，即使他们还不能写出能辨认的字母来。

因而，儿童在学会读写之前，他们已经对此了解不少了。这些技能起源于儿童在家的书写活动，特别是当他们觉得读写是宝贵、有用并且令人愉悦的活动时。通过这些前期准备，儿童发展出了"正确的"接受教育的能力。

（a）2岁半

（b）3岁

（c）4岁

图9.4 2岁半、3岁和4岁儿童的书写

解释语言获得

我们现在讨论的内容从描述转为解释，问题从"什么时候"和"发生了什么"转到了"怎么发生"和"为什么"。虽然关于使儿童发展语言技能的机制研究还有很多不清楚的地方，但各种各样的理论被提出来可以帮助我们理解这种发展在很多方面存在极大的差异。有三种主要的理论类型：行为主义观点、先天论观点和社会交互作用论观点。

行为主义观点

20世纪中期，行为主义在心理学领域占统治地位，特别是在美国。这主要归功于斯金纳（B. F. Skinner）的努力，1975年，他在《语言行为》（*Verbal Behavior*）一书中开始将行为主义原则运用到语言获得上去。这一主张认为，儿童像学习其他形式的行为一样学习语言，也就是说通过操作性条件作用，即被成年人认为正确的行为会被强化。对于语言行为的强化是通过奖励，比如父母的表扬或者表现出理解儿童所说的，这样导致儿童以后更容易重复这一行为。所以当婴儿说出"妈（ma）"时，母亲可能会很高兴地回答"妈妈，是啊，我是妈妈。"这样不仅母亲接受了这一话语并尝试让它成为孩子将来应重复的正确单词。儿童也可能同时模仿成年人的话语，在得到某种形式的强化下，学习就产生了。但后来这种解释不再让人信服。让人怀疑的主要原因如下。

◇ 没有证据表明父母像斯金纳预想的那样都是语言老师。相反，父母在孩子小的时候会容忍他们孩子的言语，无论是什么形式的，所以如果孩子说"Me bigger than Joe."（我比乔大，英文的语法错误），他可能会被父母问到他所说话语的真实性而不会被纠正句子的语法。过度规则的错误（如 goed 代替 went）几乎总是被接受且被强化，但是，孩子们不会保留这样的错误，而是很快自己去纠正。

◇ 当父母企图像语言老师一样教授孩子时，他们孩子的语言发展不是加快而是放慢了。父母越是想要干扰和指导孩子的自由表达方式，就越有可能阻碍孩子的进一步发展，并以失败告终。

◇ 模仿单个词语在学习中很有用处，但是这不能解释语法结构的获得。没有证据表明儿童试图模仿成年人的句子。就像我们已经看到的，他们自己创造了自己的句子，并且按照符合他们特定发展阶段的方式去做。

◇ 基本上，斯金纳把所有的责任都归因于成年人及他们作为强化者和教师的身上，而把儿童只是看作是这些努力的被动接受者。但是，语言获得过程不仅生动地展现了儿童是多么积极地尝试掌握交流的方式，而且他们是多么努力地找出支配语言的规则的。这一创造性的发展被行为主义者采用的机械方式的描述完全抹杀了，这就注定该理论的失败。

先天论观点

先天论者的观点主要是强调语言发展是儿童天生的能力，而不受任何环境的影响，比如教育和模范。这一观点最有影响力的支持者是诺姆·乔姆斯基（Noam Chomsky，1986）。他在1959年对斯金纳《语言行为》的批评，称得上是有史以来最具摧毁力的书评，使行为主义观点退出了统治舞台。正如他所说的："我无法找到什么理由可以支持这一学说……通过不同的强化慢慢塑造出语言行为。"他特别批评了斯金纳没有考虑到语言的生成力——儿童可以通过不同的方式组合任何他学到的单词，因而能够造出他从没有听过的句子。乔姆斯基认为，这是语言的精华，以操作性条件作用为基础的理由不能解释儿童如何学习支配句子构成的规则。

对于乔姆斯基来说，任何试图解释语言发展的中心都必须是语法的习得。他相信，有两种语言需要区别。

◇ 表层结构，即儿童实际听到的他们父母和其他成年人使用的语言。然而，光靠这些对学习语言的儿童没有多大帮助，因为成年人的语言大多太模糊太复杂而无法让年幼的儿童推导出这些话语的依据原则。

◇ 深层结构，即控制着我们将单词组合成有意义的话语的潜在系统。在这个水平，儿童在语言获得中的主要任务就是学习知识；但是，考虑到语言的复杂性和儿童学习说话的速度，得出的结论是从一出生某些天生的机制就在起作用，并且驱使语言的获得。

因而，在乔姆斯基看来，人类出生时就具备了语言获得机制（Language Acquisition Device），简称 LAD，这一机制使我们能轻松地发展出语言技能。他设想这种假想的实体为某种人类所共有的（也是独有的）大脑结构，包含了我们对普通语法（universe grammar）的天生的认识，即所有人类语言的共同部分（例如，名词和动词的区别）。儿童听到他人使用的语言是经过了这一机制的过滤，抽取了语言中的规则，并为儿童提供一套理解和说出话语所需的原则。LAD 是人类天生的一种程序，保证儿童能很快学习错综复杂的语法——当然，如果他们依靠成年人的教育和示范的话，学得会更快些。

正如我们已经看到的，毫无疑问，语言发展的各个方面取决于我们的生理构造。另外，所有儿童（包括使用手语的聋哑儿童）在语言获得过程中经历的发展阶段非常一致，也有力证明了成熟过程在指导顺序和时间长短上发挥了作用。但是，是否乔姆斯基的 LAD 也包含其中仍颇有争议。比如说，关于普通语法的观点就有人提出过质疑：斯洛宾（Slobin，1986）表示，世界语言的语法规则在使用上具有广泛的多样性，这是乔姆斯基的理论所不允许的。此外，乔姆斯基被批评在先天—后天方面，与斯金纳相反的方向上走得太远了：后者忽视了生理结构的影响；前者则实际上没有提及环境因素的影响，没有将其融入到他提出的理论框架内。

社会交互作用论观点

语言发展的第三种观点的支持者认为，人类具有获取语言技能的生理结构，但也应更注重社会因素，特别是儿童在早期与成年人的互相交流。这一观点被大量的研究证明，因而比起前两者，我们会多花点时间在这一观点上。

最有影响力的是杰罗姆·布鲁纳(Jerome Bruner, 1983)的著作。他说道，"如果我们坚持极端的行为主义，或是纯粹先天论的观点，我们就不会前进半步。"应该寻找一条中间道路来正确对待儿童天生语言能力与语言使用的社会经验之间精妙的互相交织的关系。这些经验开始于语言前期，尤其是在儿童有大量机会跟熟悉的、能积极回应的成年人交流学习语言的时候。下面举一个母亲和她的小宝宝之间对话的例子（来自 Snow，1977）。

宝宝：（笑）

妈妈：哦，笑得真可爱！

是，难道不是吗？

看。

笑得真可爱。

宝宝：（打了几个嗝）

妈妈：打得真好。

是，更好了，是不？

是。

是。

母亲在这里扮演了两个角色，既有她自己，也有孩子，但是在她的话语中留出了停顿，好像在期待儿童回答，并且通过问问题，她把孩子看作是平等的一方，因而使他熟悉交谈的艺术。因此，有关语言的学习在儿童第一次说话之前就已经开始了；它发生于熟悉的日常生活中，并且因为母亲和其他成年人仔细向孩子表达语言的方式而变得简单。乔姆斯基认为儿童被他人言语杂乱地包围着，他们自己的语言获得机制（LAD）则设法抽取该语言运用的规则。这一主张遭到了布鲁纳（Bruner）的否定，他认为儿童是依靠LASS——语言获得支持系统（Language Acquistition Support System）学习语言的，即布鲁纳所指的成年人提供的各种形式的帮助和支持。正是这些才使语言获得成为可能而不单单是儿童天生的语言获得机制，即 LASS 与 LAD 共同协作。

成年人对语言获得的支持有多种形式。我们将挑出两条多数人认为起到了特殊作用并经过研究者仔细研究过的来分析一下。它们分别是，有关成年人的谈话方式和他们说话的时间与儿童当时行为的关系。

1. 成年人谈话的方式

成年人跟小孩子的交谈方式跟成年人之间的谈话完全不同。不仅是说的内容不同，而且说的方式也不同。在成年人与小孩子的交谈中，一种完全无意识的、不同的方式被采用，而且谈话的方式也根据孩子的理解能力进行了调整（Snow 和 Ferguson，1977）。最开始，这种方式被称为"妈妈语（motherese）"，因为母亲是唯一的研究对象；以后，被证明基本上每个人——父亲、没有看护儿童经验的男性和女性，甚至年龄大些的儿童——在遇到年幼的儿童时也会采用同样的方式。A-C（成年人—儿童）交谈，具有很多特征，其中有些列在了表 9.4 中。总的来说，这些使得与儿童谈话更加简单、简洁，更加完整和具有重复性的特征，更容易引起注意。所以，这些句子会比较短小、简单，语法正确；话语之间的停顿较长；夸张的语调；较高和变化的音调，并且大部分所指都是这里或现在。这些特征在很多语言中都存在，甚至在父母与聋哑儿童的手语中也有发现（Masataka，1993）。孩子的年龄越小，这种A-C

之间的特征就越显著；更确切地说，成人根据儿童的语言能力来调整他们的谈话（Snow，1989）。

表 9.4　成人—儿童交谈的一些特征

语音特征	语义特征
清晰地阐明	有限的词汇
更高的语调	"婴儿语"词汇
更慢的语速	"这里"或"现在"的提及
更长的停顿	
更短的句式	更多的指示
适当形式的句式	更多的问题
更少的从句	更多的注意词
	儿童话语的重复

　　至少在理论上，这种方式应该是儿童学习语言的最好教育方式。但是真的是这样吗？研究得到的结果很不一致：有些研究支持 A-C 交谈和语言发展的关系；有些没有发现这种关系；还有发现只是在某些年龄或语言的某些方面有联系；并且研究表明简化语言输入可能会阻碍儿童的发展（详见 Messer，1994）。这些不确定性是惊人的，毕竟一般人都会认为如果任务变得简单些，学习就会更容易些。问题在于研究部分的方法性，因为大部分研究依赖于相关性结果，并且不允许对原因的方向做任何的猜测。所以，可能原因的方向不是由成人到儿童而是由儿童到成人；不是成人为儿童语言发展的进步负责，而是儿童的能力越强，成人就不会再简化语言了。考虑到这么多其他社会化的因素，很可能影响是双向的：成人和儿童以一种连续的不可分割的方式互相影响。

　　另外，还要考虑的一点是无论 A-C 交谈是多么的广泛，它不是通用的。在某些社会，这种父母和年幼儿童之间的互动是完全没有的——部分是因为在有些社会，父母跟孩子说话的方式与跟成人说话一样，部分是因为父母根本就不跟婴儿交谈。专栏 9.3 提供了一些细节；但是所有的情况都没有迹象表明，儿童的语言发展在任何方面比西方社会的形式要滞后。对于这一点，沮

丧的母亲的语言没有 A-C 交谈的特征，但是他们孩子的能力也没有因此受到
影响（Bettes，1988）。有可能 A-C 交谈中的调整促进了语言的学习，但这
不是必要条件，需要进一步的研究以提供更有决定性的结论；同时很难让人
相信的是，这种很自然的、完全是无意识采取的，并且非常常见的与儿童交
流的方式竟然没有任何益处。

专栏 9.3　文化语境中父母的谈话

在西方社会中，父母跟孩子交谈时所做的特别的调整是如此的普遍，
以至于人们想当然地认为这是普遍的规则——作为一个敏感和有益的父
母的一部分职责。因而对其他社会的观察发现，结果并不尽然甚至让人
吃惊，并且与不同文化行为相关的父母语言的其他方式在别处也非常普
遍。这一变化不仅反驳了普遍性的观点，也提供了一项本质的实验，让
我们测试是否 A-C 方式是儿童正常语言发展的必要前提条件。

由埃莉诺·奥克斯（Elinor Ochs）做的大量有关萨摩亚人父母和
孩子的研究（Ochs，1982；Schieffelin，1984）。萨摩亚社会的阶
层非常明显；每个人都有一个特定的阶层，并且社会生活是根据有关参
与者的阶层而进行的。因此，有没有头衔或是老一代还是年轻的一代，
对于人们在日常生活中相处的方式和扮演的角色非常重要——甚至在对
儿童的看护上也是如此。孩子一般由母亲、未婚的阿姨和比孩子年长的
哥哥姐姐等人照顾，并且一开始小孩子就被期望明白他们的行为以这些
人的地位为基准，因为他们自己是处在底层的。

这一点甚至在儿童称谓的方式上也有所反映。最初 6 个月时，他
们被提到的时候是"pepememeamea"（意思是"小东西"），似乎他们
根本还不是人类。在这个阶段，他们接受大量的身体接触，并在其他人
的协助照顾下，几乎总是待在母亲身边。但是，直接的语言交流基本上
是没有的，孩子会经常被他人谈及，但是不会成为谈话的对象，因为这

个年龄的儿童不会被当作交谈的对象。跟儿童交流的语言仅限于儿歌或者有节奏的声音；不会有人特别尝试直接与儿童对话。

一旦婴儿开始爬行，情况则会发生一定程度的改变。从此他们被称作"pepe""宝宝"，似乎那时他们的地位有所提高了。母亲和他人开始对他说稍稍多点的语言。声音会很大而且音调很高，但是通常是作为一种指令而不是想让儿童以某种方式有所回应。并且，这些言语一点都没有简化，西方社会里的 A–C 交谈中的常见特征完全没有出现，因为成年人跟儿童交谈的方式与跟成年人一样。作为较低的阶层，努力理解他人应该是儿童的责任。同样，如果儿童说出难懂的话，成年人不会花费力气去解读它们的意义：不像西方的母亲，萨摩亚人的母亲不会帮助儿童通过扩展或重复来搞清楚这些话的意义。说出可以理解的话语是儿童自己的任务。换句话说，儿童被期望适应他人而不是他人来适应儿童。从出生起，儿童就被教育不能期待成年人在他们的交流尝试中有所帮助，而是要靠他们自己的技能。然而，萨摩亚人的孩子说话通常也很流利。

其他社会也得到了类似的研究结果。有这样一个例子，是关于对巴布亚新几内亚 Kaluli 社会的研究（Ochs 和 Schiefelin，1984；Schieffelin 和 Ochs，1988）——我们在第二章中已经提到过这个社会。在那里，很少有人以任何形式跟年幼的儿童说话。到 2 岁前，除了见面的时候被称呼，儿童很少会有直接跟人交谈的机会，接下来成人的谈话主要是单向式的（one-liners），并不要求儿童进行回应。另一个例子是，派伊（Pye，1986）对儿童学习南美马雅语系（Mayan）的基切语（Quiche）的研究，其中也没有发现任何证据表明成年人在任何情况下跟儿童交谈时以任何方式去调整他们的谈话。母亲们虽然希望并且在意这些，但是很少从自己的工作中，比如织布这样的活动中抽出时间来跟儿童玩耍、互动，比如讲故事、唱摇篮曲或做游戏。但是，这些社会儿童的语言能力发展都被证明是正常的。

这些观察表明，首先，A–C 交谈方式并不是普遍规则，也不是生来就固有的；其次，语言获得的过程与更加广泛的文化信仰和行为有关；再次，即使没有父母特别的帮助，儿童的语言获得也能正常进行。最后一条结论需要小心的是：所引证的跨文化研究没有使用标准测试来证实跟踪并且评估儿童的语言发展，只是根据大体的印象，所以可能会存在某些差异，虽然这种差异不会太大。

2．成人谈话的时间选择

大量观察研究表明，父母跟小孩子说话的时间一般正好是孩子专注于某事的时候。下面让我们来设想一位母亲与她 2 岁孩子一起玩玩具的场景：孩子看看玩具，选了其中一个，捡起来，然后开始玩；而他母亲则开始谈论这件玩具，她可能叫出它的名字，指出它的用途和特征，对于孩子以前玩它或类似玩具的经验做出评论，并以这种方式口头上扩展了当时儿童正在专注的特别主题。谈论孩子没有兴趣的其他玩具是不恰当且不敏感的，会使儿童丧失在一个有意义的环境下学习语言的宝贵机会。这种共同注意场景的建立，为一系列认知功能的发展提供了环境（详见 Moore 和 Dunham，1995）。它保证了儿童和成年人能分享一个特别的感兴趣的话题，正如维果斯基指出的，为成年人提供了从儿童感兴趣的地方开始指导的机会，并因此在儿童最有可能感兴趣的时刻引入新的信息。

共同注意场景在语言的起步上能够发挥特别有效的作用。下面来看一些来自于众多关于这些场景和语言获得之间关系的调查报告。

◇ 很多研究（Schaffer，1984）都表明，跟小孩子一起玩游戏的父母会非常自然且自发地控制孩子的注意力，并且追踪孩子当时感兴趣的事物。他们通过孩子提供的线索，比如孩子注视的方向、所指或触摸的东西，并由此建立起他们之后将谈论的共同话题，说出物品的名称或评论它的特征。以墨菲（Murphy，1978）对母亲跟她们 1 ～ 2 岁的孩子一起看图画书的研究为例，这些孩子经常用手指着图画中他们感兴趣的部分；只要他们这么做，母亲一般就会随着发表一些评论，并利用他们共享兴趣的机会提供口头信息，正好与孩子自发兴趣的时间吻合，这样就保证这种语言输入是有意义的。输入的内容也根据孩子语言学习的阶段而调整：对于 1 岁的孩子而言，大部分母亲会把孩子手里玩具的名称叫出来，相反，大点的孩子就会被问到问题，像"那是什么？"而期望孩子们证明当时他们了解的内容，并且通过表扬他们的回答而强化原有的知识。

◇ 儿童在共同注意场景花的时间越多，他们在语言获得上的进步就越大。比如说，托马塞洛（Tomasello）和托德（Todd，1983）曾经定期对在家里玩耍的母子进行了录像，时间从孩子 1 岁生日起，延续了 6 个月。在这个时期的最后阶段，跟母亲在共同注意场景中玩耍的时间最久的孩子被发现拥有更大的词汇量。韦尔斯（Wells，1985）也做了类似的通过无线话筒抽样调查了学前儿童在家的自然语言，并且能够证明 2 岁半的孩子语言发展的速度跟母亲与孩子在这种共同活动的环境下，比如说共同读书、交谈、玩耍或者一起做家务、交谈的数量的关系。

◇ 众所周知的是，长期以来双胞胎的语言发展远远落后于其他儿童。这种滞后有各种原因，其中一个可能是双胞胎与其父母的个人联合注意的机会会更少。托马塞洛（Tomasello，1986）等人对同样 2 岁的双胞胎和独生子进行了观察，这两组在针对个人交谈的数量和每个孩子在共同注意场景中的时间有很大差别——即使考虑到两个双胞胎同时接受注意，情况也没有大的改变（如表 9.5 所示）。不被注意和语言滞后之间的联系由此而得到证明。

◇ 母亲对孩子的反应，即对孩子注视的方向、指向和注意力的表现等这些线索的反应，也有相当大的不同。这些不同反复被证明能预测孩子语言发展的速度：母亲越有反应，她的孩子就越能在语言获得上取得快速的进步。比如，泰米斯－莱蒙德（Tamis-LeMonda，2001）等人曾经对在自由游戏的母亲和大约 1 岁的孩子进行了录像，获得了各种对孩子活动的母性反应的索引。儿童语言的进步是在第二年获得的，并且与母亲反应的程度密切相关：后者越强，前者就越快。

表 9.5　母亲对独生子和对双胞胎的话语

	对独生子	对双胞胎个体	对双胞胎个体和双胞胎
母性言语的数量	198.5	94.9	141.0
共同注意所花费的时间（秒）	594.0	57.0	208.0

资料：选自 Tomasello 等人（1986）。

◇ 成人行为的不同特征与儿童语言的进步有直接的联系。正如卡朋特（Car-penter，1998）等人在对 9～15 个月的儿童的后续研究中发现，母亲对"注意力跟随"策略的共同游戏的参与促进了儿童语言的发展，达到一个远比"注意力转换"策略更广泛的范围。也就是说，当母亲允许儿童选择兴趣的焦点，并在她以后的交谈中紧随其后，则比起她自己设定焦点而后开始将儿童注意力转移过去而言，儿童能更容易地获取名称和其他与该物体相关的语言信息。在这方面，由于母亲之间有很大不同，因而为他们的孩子营造出的语言学习环境差异也很大。

毫无疑问，联合注意为儿童语言的获得提供了最佳的环境，特别是当成年人的语言输入与当时孩子的兴趣相关时。通过共享兴趣，他们保证了儿童听到的语言是有意义的，而有意义的事物会更容易被儿童理解和掌握。联合注意在语言发展的早期特别重要，这个时候儿童正学习如何用语言区分事物，并建立词汇库；但是有证据表明，它也在以后的句法习得中发挥重要的作用（Rollins 和 Snow，1999）。另外，如果联合注意引发的是分享经验，它也会巩固他们未来的人际关系纽带，并且在语言学习之外还具备了更多的社会交往功能。

由此可以得出一个结论：无论儿童从他们社会同伴那里获得什么帮助，无论他们的生理天赋在奠定基础的作用上是多么的重要，这些都不可能展示语言获得的全貌。单单根据这两种影响的描述会陷入将儿童看作被环境和天生因素共同影响而被驱动的危险。就像发展的其他方面一样，儿童自我发展的积极作用也必须被承认。孩子是创新的人类，没有其他人类功能可以像在语言学习方面看得这么清楚。新的理论方法已经日益认识到这一点，因而洛伊丝·布卢姆（Lois Bloom）和她的同事们（如 Bloom 和 Tinker，2001）在提出他们的语言获得意图模式的同时，也强调儿童的角色主要是各个方面的交谈学习——特别是，由于儿童与他人交流的意图和在社会环境中自立的愿望，激发他们通过日益高级的语言方式公开表达其所经历的越来越复杂的意图状态。所以，是儿童内在的资源而不是过多的外部指导为语言获得提供了驱动力。无论这个模式表达得是否精确，它确实指出了儿童思想的建设性本质，即发展是儿童解释、评估、基因及环境影响的最终结果。

小结

　　语言是一套任意的符号，用来交流、思考和自我约束。它的表达不仅限于口头形式，聋哑人使用的手语就是它采取的另一种形式的例子。语言不是单词的集合，它是一个连贯的系统，按照规则以特定的方式来组合单词，因而儿童不仅要学习词汇，还要学习一套语法才能成为熟练的语言使用者。

　　从教授黑猩猩学习语言，甚至是手语失败的例子中可以看出，语言是人类独有的功能。语言是基于人脑的某些特定结构及人类语言的选择性反应自出生便出现的事实，可以得出结论，语言是一种受生理结构影响的人类特有的能力。

　　语言获得的发展过程也表明，这一过程大部分取决于一般人类种族内在的生理机制。比如说，几乎所有的儿童在第二年末期就开始组合单词；鉴于造句规则的复杂性，尽管他们很少接受直接的指导，他们在令人惊讶的短时间内就精通了必要的规则。然而，支持语言学习的关键时期的看法却不尽一致。这一看法认为语言学习必须在一个特定的年龄发生，否则就不可能再发生了。其证据主要来源于自然实验，比如在隔绝环境中养大的儿童，而其中太多其他的条件在之后的语言障碍中发挥作用而很难判断。

　　语言的四个方面需要区分开来：语音、语义、句法和语用。每个部分都有自己发展的时间表，并包含了一系列特定的技能。特别值得注意的是，儿童需要获得的不仅是语言能力，还有交流能力。后者指的是个人根据同伴理解能力而调整自己语言的能力。它的发展是一个复杂、长期的过程，他人视角的能力在幼年时以最基本形式出现，但是直到童年中期才完全显示出来。交流能力也依赖于元信息交流（metacommunication）的习得，即思考单词本身的意义和反思句子结构的能力，这也是读写能力发展的重要基础。正如关于读写萌芽研究所表明的，除了阅读和写作本身，读写能力也包括了儿童对它们的兴趣和态度。这些态度在学前就已经形成了，并且很大程度上依靠父母在与读写相关活动中提供的推动力。他们一方面依赖自己的榜样作用，另一方面依赖儿童能获取的必要材料，但主要还是依赖让儿童参与共享的活动，比如说一起读图画书。

已经有各种尝试去解释儿童如何获取语言行为方式，比如像斯金纳的研究，它将语言看作是主要通过操作性条件反射和模仿而逐渐习得的。先天论主要与乔姆斯基的著作有关，强调的是天生的机制，比如学习语法的语言获得装置。社会交互作用论关注的是成年人提供的帮助和指导，例如，根据儿童的理解能力来调整他们谈话的方式，并且需要儿童参与共同注意场景中。单靠这些方法中的任何一个都不够，因此有必要正确对待儿童自己积极学习语言方式的作用，凭此他们能表达自己的思想状态，并且能与其他人交流。

阅读书目

Catteil, R.（2000）. *Children's Language：Consensus and Controversy*. London：Cassell. 为任何对儿童语言发展感兴趣的人而撰写的书，不需要背景知识。本书涵盖了该领域的大部分话题，并有简单介绍。

Gleason, J. B.（ed.）（1997）. *The Development of Language*（4th edn）. Boston：Allyn & Bacon. 一部巨著，收录了不同专家撰写的不同论点的章节。

Hoff-Ginsberg, E.（1997）. *Language Development*. Pacific Grove, CA：Brooks/Cole. 又一部大作——论题广泛、内容详细、权威之作。该书不仅包括了热点论题，还对特定人群的语言发展，例如智障、盲人和孤独症患儿进行了描述，并且谈及了成年期和老年期语言的变化。

McLane, J. B., & McNamee, G. D.（1990）. *Early Literacy*. London：

Fontana；Cambridge，MA：Harvard University Press. 运用简明、轻快的写作风格，描述了学前儿童通过图画书、铅笔和其他与读写相关的材料和活动来了解阅读和写作本质及功能的方法。

Messer，D. J.（1994）. *The Development of Communication*：*From Social Interaction to Language*. Chichester：Wiley. 该书的焦点是整体的交流发展过程，但是通过儿童与他人的交往追溯了语言的起源，并且详细描述了 3 岁前儿童语言的开始过程。

INTRODUCING

CHILD

PSYCHOLOGY

威廉·戴蒙（William Damon，1983）曾经提议说，在思考儿童发展的时候，区分两种截然不同的发展趋势是有意义的。一方面是社会化，即通过学习和接受所在社会的主流价值和风俗，儿童融入这个社会的过程；另一方面是个性化，即能够让儿童形成一个显示自己独特心理特性的身份的过程。这两方面是互相对立的，但它们也紧密地交织在一起。社会化保证儿童和其他人一样，而个性化又造成了他们与其他人不一样。但自相矛盾的是，这两个方面来自于相同的心理发展和经历的模子，它们之间的相互作用构成了儿童走向成熟的基本主题。

到目前为止，我们大多讨论的是社会化。在这一章我们主要关注个性化。是什么造成了心理的独特性？儿童发展的过程是如何导致其长大后成熟个性形成的？这些都是重要的问题，要思考这些问题，我们首先必须研究儿童是怎样开始把自己当作人的，然后要研究儿童期和成熟期联系起来的方式，以及在何种程度上早期特性预示了儿童会逐渐长成何种类型的成人。

成为一个人

直到最近，发展心理学家很少注意个体之间的差异。他们的注意力都放在群体的均态和规范上。这些数据当然值得收集，但是一个特殊的正常儿童该是什么样的人呢？各个年龄的人的个性是一个让人感兴趣的话题，但是个性是怎样建立起来的呢？

个性的生物基础

儿童从一出生就是一个个体，哪怕在最小的孩子身上，我们也能从他们行为的各个方面找到个性的显现。最开始时，这些差异反映在儿童的内在气质上。气质这个术语是用来描述个体对环境反应的总体风格，特别是导致习惯性行为产生的情绪的强度、速度和调节性。正如大量研究（Molfese，2000；Rothbart 和 Bates，1998）证明的，这些性质是人类天性的一部分，几乎可以肯定是由遗传决定的。它们在生命的最初几周里就可以被分辨出来，至少在某些程度上它们对儿童以后的发展一直会有影响。

确定组成气质的精确成分一直是很困难的。表 10.1 详细列出了三种不同的分类提议。在适当的时候，分歧毫无疑问会被解决，一个普遍适用的图解将出现。但是现在，大家都认为无论如何描述，气质可以用来代表个性的生物基础。把气质特征看作是"早期出现的人格特征"（Buss 和 Plomin，1984）是否正确仍存在争议，因为它们实际上在多大程度上与个体在青春期和成人期的差异有关还无法完全证实（我们在后面会介绍）。但是，无论个性的天生起源是什么，作为发展的一个无法避免的伴随产物，人格的性质会发生各种各样的变化。变化会有如下这些。

表 10.1　气质分类的三种方案

Thomas 和 Chess(1977)	
容易型	高度的适应、积极缓和的情绪状态；受到挫折时很少大吵大闹
困难型	缺乏适应性，情绪强烈，通常是消极的
缓慢适应型	在新环境中不安、害羞；逐渐变得越来越积极和适应
Buss 和 Plomin（1984）	
情绪型	指对刺激反应的数量，无论表现的是不安、恐惧或者愤怒
活动型	指运动的强度和速度；即使很小的婴儿在这方面也已经显示出了稳定的差异
社会交往型	儿童喜欢群居还是喜欢独处的程度。婴儿在寻求他人注意和引发与他人接触上也有差异
Rothbart，Ahadi，Hershey 和 Fisher(2001)	
消极情绪型	包括伤心、恐惧、缺乏抚慰和遭受挫折：这与神经质相似
控制型	个体施加限制、抑制和意识的程度
外倾型	包括不害羞、冲动和强烈的快乐：这与社会交往性相似

注：第一个分类方案指个体的类型，后两个指行为的维度。

◇ 随着年龄的增长，孩子的人格结构会变成一个越来越复杂的组织。最开始的时候，只需要相对较少的术语就足够描述一个个体。在描述一个小孩时，可能不会用像"诚实的"或者"无私的"这样的词。后来，儿童的人格越来越精细，以前没有的一些特性需要被承认。

◇ 随着年龄的增长，人格变得越来越连贯。"人格"这个术语本身就暗示着它不是一堆分散的特性，而是一个整体运作的集群。各种特性的相互作用在这里是有重要意义的。为了说明这一点，以及预测成人的犯罪率，马格努森（Magnusson）和伯格曼（Bergman，1990）不得不综合考虑 13 岁孩子的攻击性、活动过度、注意力分散和与不良同伴的关系特征，而这些特征单独存在时并没有预测的能力。

◇ 随着年龄的增长，人格特征的表现方式会发生变化。比如，在年龄小的时候，攻击性通常以某种身体的形式表现。后来，为了应对社会压力，会以一种更不明显的、更不直接的形式表现。

◇ 随着年龄的增长，孩子越来越意识到自己的人格特征。自我评价出现了，通过监视自己的行为，把自己与其他人做比较，孩子能够充分理解自己的动机和倾向。为了改变已经存在的人格特性，孩子会有意引起某种程度的行为变化。

建构一个自我

上述中的最后一点尤其重要，因为它把我们带到了个体自我概念在人格发展中的重要作用上。"我是谁"这个问题是孩子一直到青春期都要面对的，在儿童期的大部分时间中个体都在以某种方式寻找一个答案。但是，什么是自我？很明显，这是一个假设的实体，而非能通过感官经验得到的实体。也许思考它最好的方法是把它看作是一个"理论"，我们每一个人都用它来思考我是谁和我如何融入社会。这个理论在童年期会根据认知发展和社会经验不断修改：一方面，随着孩子长大，他们在自我意识上更有能力，更现实；另一方面，其他人的感受和反应在塑造这种意识的作用上越来越关键。这样，这个理论在童年期逐渐建立，在不同的发展阶段呈现出不同的形式。而且，它的形成永远不会完结，因为没有一个时候自我能像一个完全封闭的系统那样运作。相反，它会一直受到经验的影响，尤其是受到其他人评价的影响。

有这样一个理论存在当然有用处：首先，它为我们提供了一种永久感；其次，在试图组织我们指向他人的行为时，在选择不同的行动、寻求适合于自我形象的经验时，它为我们提供了参考。

自我可能会感到像一个统一的实体，但是区分出不同的组成部分是有意义的。每一个组成部分都有自己的特性和发展过程。尤其需要提及下面的概念。

◇ 自我意识（self-awareness）：孩子意识到他们每一个人都是一个特别的存在，一个与其他人区别开来的、拥有自己身份的实体。

◇ 自我概念（self-concept）：孩子形成的关于自己的图像（"我是女孩""我很大方""我是左撇子"）。

◇ 自尊（self-esteem）：自我评价性的一面，主要回答"我有多好"这个问题。它指个人经验在与自己的关系中的价值和能力。

当然，自我意识是第一个出现的成分。在婴儿期的最初时刻，孩子并没有一种对自我的感受，他们还不能把自己想象成一个有自身存在特性的单独的人。测试自我意识是否出现的一个简单方法就是视觉再认测试（visual recognition test）。它是由路易斯和冈恩（Lewis 和 Brooks-Gunn，1979）发明的，首先用在大猩猩身上，然后用到了婴儿身上。这些研究者让妈妈偷偷地在自己孩子的鼻子上点一个红点，然后把孩子带到镜子前，看他们对镜子中影像的反应。研究者的假设是，如果孩子能够认出镜子中的影像就是自己，他们就会去摸自己鼻子上的红点，而不是镜子中的红点。这时，孩子会被认为有了一种自我意识。但是，这种行为在孩子 15 个月大之前很少被观察到。在 1 岁时，孩子通常会被镜子中他们认为是其他孩子的影像逗笑，但是他们没有显示出对红点的特殊兴趣。只有到了第二年的中期，他们才有明确表示：红点很有趣并且认识到那个红点是自己鼻子上的。当然，视觉再认只是自我意识的一个体现。其他的方法，如儿童看到自己照片时说出自己名字的能力（Bullock 和 Lutkenhaus，1990）和使用"我"这样的与自我有关代词（Bates，1990）也可以作为证据，这些也在第二年普遍开始出现。可以肯定的是，在第二年末，儿童在自我概念的发展中迈出了第一步，也是最关键的一步，即分离的、独特的身份的建立。

表 10.2 总结了直到青春期孩子思考自己的方式的一系列发展变化。这些变化在很多方面与他人对儿童的描述相似（见第八章）。因此，这些描述变得越来越具体，能够记录越来越多的细节；它们从一个环境到另外一个环境表现得更一致，尽管儿童逐渐开始欣赏自我的稳定性；变得越来越以社会为中心，这其中包括了很多与他人的比较；从关注身体特征到心理特征的趋势变得明显了。这样，年幼的儿童主要通过外表和所有权（"我有蓝眼睛""我有一辆自行车"）来看待自己，然后会慢慢变成通过他们的所作所为（"我会滑冰""我帮妈妈买东西"）来看待自己。在学龄期的开始阶段，他们开始提到心理特征（"我在黑暗中很勇敢""我阅读正确"），这些逐渐变得越来越复杂，甚至会与他人做比较（"我不像班上其他女孩那样不安""其他人总是找我解决问题，因为他们觉得我乐于帮助人，总是有好的建议"）。同时，儿童觉得自己越来越符合现实：虽然学龄前儿童的自我描述通常显示出乐观的态度，只会提到积极的特征，但是年龄大的儿童会提供一个更全面的描述，既会说到优点，也会提到缺点。

表 10.2　自我概念的发展变化

从	到	变化的性质
简单	复杂	年龄小的儿童形成笼统概念；年龄大的儿童做细致的区分，考虑到当前的环境
不一致	一致	年龄小的儿童更可能改变自我评价；年龄大的儿童知道自我的稳定性
具体的	抽象的	年龄小的儿童关注可见的、外在的方面；年龄大的儿童关注不可见的、心理的方面
绝对的	相对的	年龄小的儿童只关注自己，不考虑他人；年龄大的儿童在与他人的比较中描述自己
乐观的	现实的	年龄小的儿童对自己的描述是美好的；年龄大的儿童会既提到优点也提到缺点
作为公众人物的自我	作为个人的自我	年龄小的儿童区分不开个人行为和公共行为；年龄大的儿童把个人的自我看作是"真实的"自我

一个较新的发展值得特别的注意，就是年龄大的孩子欣赏大家公认的自

我本质，即个人的本质。这一点相对来说发展得比较晚。罗伯特·塞尔曼（Robert Selman，1980）认为，小于6岁的孩子不能区分出个人感情和公共行为，觉得这种区分没有意义；直到从大约8岁开始，孩子才认识到自我的内在本质，才把它看作是"真实的"自我。应当承认，自我的某些特定方面在更早的时候就被看作是个人的。例如，儿童在大约3岁的时候开始认识到，那些盯着他们眼睛看的人看不到他们的思想，尽管他们的解释通常是这样的："思想看不到是因为皮肤包着它。"把自我看作是个人这一想法直到青春期还在发展。塞尔曼认为，只有到了这个时候，这些年轻人才变得"意识到自己的自我意识"，才发展到他们可以有意识地监视自己的经验。他们甚至在最初的时候还天真地相信，个体思想能够控制外在行为。直到青春期的最后几年，他们才认识到无意识影响的作用，同时认识到自我控制的有效性是有限的。

自尊：本质和发展

在提到自我的时候，我们不仅指感知自我的方式，还指评价自我的方式。库珀史密斯（Coopersmith）最早对这个问题进行了有价值的研究，他在著作（1967）中给"自尊"下了一个有意义的定义。

自尊指的是个体对自己做出的、能长期保持的评价。它传达出一种肯定或者否定的态度，表达出个体对自己的能力、重要性、成功和价值的信任程度。

自尊是个体感受到的理想自我和现实自我之间差距的一个功能。当这个差距很小时，个体会体验到有价值和满足；当这个差距很大时，会带来失败和无价值的感觉。事实上，研究这个现象的大部分动力来自这样的信念：自尊与以后的心理健康有紧密的联系。所以，人们认为高自尊会带来幸福和满足感，而低自尊则与抑郁、焦虑和适应不良联系在一起。因此，在预防以后的心理问题上，提高自尊的努力是值得的（Harter，1999）。

但是，应当清楚的是，自尊不应当被看作是一个统一的实体，它不能由一个从高到低连续轴上的单个数值来表示。相反，个体根据各种特定的情境分别对自己做出评价，其中的一个评价不会对其他的评价产生影响。在一个研究自尊的大型项目中，苏珊·哈特（Susan Harter，1987，1999）发现有必要区分孩子评价自我的五个方面。

◇ 学业能力（Scholastic competence）：孩子如何看待自己在学业上的能力。

◇ 运动能力（Athletic competence）：孩子对自己体育运动能力的感受。

◇ 社会能力（Social competence）：孩子是否感到自己受同伴的欢迎。

◇ 外表长相（Physical appearance）：孩子觉得自己有多好看。

◇ 行为举止（Behavioural conduct）：孩子认为自己的行为被他人接受的程度。

哈特把这五个方面结合在一起编成了一个评价工具，即儿童自我感受量表（Self-perception Profile for Children）。这个量表又添加了一个方面，即一个全面自我价值标度，主要用来询问儿童有多喜欢自己。在每一个标题下有许多问题（如图 10.1 所示），根据儿童对这些问题的回答，儿童在每个方面的自尊的轮廓就被勾勒出来了。图 10.2 是一个假设的例子，它说明量表可以有很多形式：连续的高或连续的低，从一个方面到另一个方面各种各样的不同表现。在勾画出儿童对自己感受的全景时，分别评估每个方面很有必要。但是，随着个体的成长，必须要评价更多方面，比如，对青少年的亲密友谊来说，浪漫的吸引力和工作的能力必须要考虑进去；要评价成人的话，还要考虑更多的方面。

完全 符合我	有些 符合我	有些孩子 希望他们能 长得不一样	但是	其他的孩子 喜欢他们 现在的长相	完全 符合我	有些 符合我
□	□				□	□

图 10.1　哈特的儿童自我感受测验图中的项目

在儿童期时，儿童评价自己的方式有很大的变化。下面的例子是一个学前期儿童的自我描述。

我 4 岁了，我知道所有的字母。听我背出所有的字母：A，B，C，D，E，

F，G，H，J，L，K，O，M，P，R，Q，X，Z。我比任何人都跑得快。我喜欢吃比萨饼。我有一个好老师。我能够数到 100，想听吗？我喜欢我的狗，Skipper。我可以爬到攀高架的最上面。我的头发是棕色的，我上学前班。我很强壮。我可以举起这个椅子，你看！（引自 Harter，1987）。

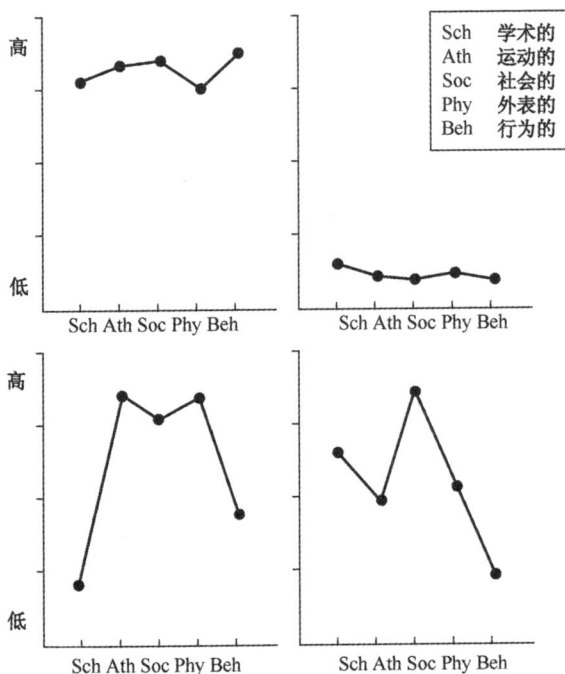

图 10.2 四个孩子的自尊状况

这个小男孩对自己的评价完全没有消极的方面！他的描述也是非常凌乱的，有很多乱七八糟组合在一起的特征。这反映了在学龄前儿童的自我中缺乏组织性。这个年龄的儿童能够关注他们分散的活动，还不能对自己做一个整体的评价。

到了学龄期早期，自尊的性质和组织性发生了巨大的变化。马什（Marsh）、克雷文（Craven）和德布斯（Debus）的一项研究（1998）很好地证明了这点。一个由将近 400 名 5～7 岁的澳大利亚孩子组成的被试组参加了自尊测试，一年之后又再次参加了测试。结果首先显示，哪怕在这样相对较短的年龄段中，年龄大的孩子比年龄小的孩子在每一项测验中都表现出更高的一致性：随着年龄的增长，自尊的判断变得更加一致。其次，大孩子对自己的评价更有识别力，不再完全是好的评价。最后，可能是由于上面的这个趋势，儿童的自我评价与老师的评价和学业的成绩等这些外在指标越来越一致。总之，从大约 7 岁开始，儿童在评价自己时变得更现实，也更一致。那时，儿童已经准备好既承认失败，也承认成功；既承认消极的特征，也承认积极的特征。这些趋势在整个学龄期一直发展。同时，某些特定的行为方面比其他方面对儿童更重要，比如在儿童期中期，同伴的接受和运动能力在大多数儿童的评价中变得更重要，而从青春期开始，长相几乎是所有年轻人都看重的东西。

青春期的自我

青春期是心理和生理发生巨大变化的时期，把它说成是动乱的时期一点都不为过。生理包括孩子的长相在许多方面都有明显的改变：在镜子中观察自己（青少年不经常这么做吗？），他们发现自己确实是不同了，需要对自我形象做很大的调整。首先，随着青春期的开始，身高开始有很大的增长：在随后的 3 年里，男孩最多可以长高 9 英寸，女孩最多可以长高 7 英寸。但是，这种身体上突然的变化并不均衡：总的来说，手和脚比其他的部位长得快，这造成了青春期早期常见的手脚笨拙的现象。其次，男孩的肩宽明显增加，肌肉也普遍增强；女孩主要是脂肪的增多，尤其是在臀部四周。当然，第二性特征开始出现，比如女孩的乳房发育、男孩的声音变深沉，以及体毛在两性中都会出现。当然，有很多理由可以解释为什么在孩子突然发现自己有如此不同的身体时，自我意识会急剧增强。当所有这些都发生时，这种感觉被年龄的差距强化了：女孩的青春期通常发生在 8 ～ 14 岁之间，男孩发生在 10 ～ 16 岁之间。结果就是，这个时期同龄孩子身高上的差距比在其他年龄段时要大，这使得最早和最晚发育的人感到了"不同"。

在这种情况下，内省（introspectiveness）的增长是不可避免的。"我是谁"

这个问题又有了新的意义。但是，还有另外一个问题也需要答案，那就是"我喜欢自己吗"。大多数青少年都有一个理想自我，它一方面由同伴群体的标准构成，另一方面由体育、流行乐、公共社会或者其他有价值领域的特定偶像构成。他们能够清楚地认识到理想自我和真实自我之间的差距，至少个体是如此感觉到的。在这一阶段，对真实自我的不满是很普遍的，这主要反映在青春期早期发生的自尊的急剧下降。这种下降在女孩身上表现得很明显，尤其是在魅力方面。由于苗条是当前社会中少女所追求的，青春期时正常的脂肪增加造成许多人对自己的不满意，有些人会节食，甚至到厌食的地步。厌食症因此受到了极大的关注，但是，这并不是一个常见的现象。当它出现时，也通常与家庭矛盾及以前就存在的情绪问题有关。（Attie 和 Brooks-Gunn，1989）。总之，自尊的下降只是一个暂时的现象。到青春期后期，大多数人能够根据自身的变化调整自己，接受自己新的身体形象，自尊回升到以前的水平。

主要受艾瑞克·埃里克森（Erik Erikson）著作（1965，1968）的影响，青春期被看作是一个身份认同危机的时期。埃里克森认为，身份是"对充满生机的同一性和连续性的一种主观感受"，危机需要被看成是一个标准性事件，青少年必须经历过才能进入到成年期。埃里克森把这种对青春期的看法融入到一个从出生到死亡的心理发展的大框架中，它是由一系列发展任务组成的阶段，个体必须完成每一阶段的任务才能进入到下一阶段（表 10.3 是一个大纲）。因此，在第一阶段儿童面临的任务就是建立"基本的信任"。就是说，要懂得世界是一个好地方，个体应该感到安全，确信有爱和理解。假如孩子没有机会了解到这些知识，普遍的不信任感会产生。这会导致这个孩子以后有企图控制世界，尤其是控制其他人的倾向。

表 10.3　埃里克森生命周期理论的各种阶段

大致的年龄	发展任务
0～1.5 岁	信任对不信任（trust vs. mistrust）： 发展对他们可依赖性的信任
1.5～3 岁	自主对羞耻（autonomy vs. shame）： 发展自我肯定和自我控制

续表

大致的年龄	发展任务
3～6岁	主动性对内疚（initiative vs. guilt）： 发展独立行动中的目的感
6～11岁	勤奋对自卑（industry vs. inferiority）： 发展学习和获得技能的动机
青春期	认同身份对角色混乱（identity vs. role confusion）： 形成作为一个独特个体的自我感
成人期早期	亲密对孤独（intimacy vs. isolation）： 形成对他人的感情承诺
中年	繁殖对停滞（generativity vs. stagnation）： 形成对工作的承诺
老年	自我整合对失望（integrity vs. despair）： 接受生与死

埃里克森认为，寻找身份是人生的主要目的，在各个阶段有明显不同的形式。但是，只有在青春期，当孩子意识到自己是一个正在发展的人，有潜力去掌握自己的生活时，建立一个连贯的身份才成为了他们要应对的主要挑战。所有的青少年都需要经历身份危机，将之称为危机是因为它是个体经验的冲突之源。解决了冲突，这些年轻人就可以进入到成年期早期，去面对下一个任务；另一方面，失败会导致身份认同的混乱，主要表现为个体对生活中的角色一直感到迷惑。这种失败可能是因为当时的问题，比如缺少父母的支持或者过度的学业要求。但是，这种失败也可能是因为个体无法解决在以前的阶段所面临的任务。

尽管之后的研究并没有证实埃里克森阶段论的所有特定细节，尽管人们还在争论身份认同危机是否如他所说的那样是正常的或者是严峻的，但埃里克森的著作在直觉上仍引人注目。它们对青春期的不稳定性和斗争，对年轻人更新自己的生活角色和追求目标的努力，提供了许多洞见。在我们的社会中，个体在这个阶段被期待去选择自己的教育和职业，这可能会对他们产生长久的影响。年轻人知道他们的选择很重要，但是无论选择什么样的道路，他们对其后果通常都感到恐惧。如埃里克森所说的，他们会得出这种结论："我不是我应该是的，我不是我将要是的，我不是我以前是的。"

考虑到这些压力，人们就能够理解为什么青春期常常被称为是一个危机的时期。虽然各种心理疾病在青春期发生的次数确实增加了，但是人们很容易夸大不安的程度。正如拉特（Rutter，1993）指出的，并不是精神问题的发生率大大增加了，而是情况的特定组合改变了。与儿童期有关的行为失常，比如尿床和睡不安稳，变得不那么突出；另一方面，抑郁，尤其是女孩抑郁的情况和与药物滥用有关的问题明显增加，正如各种心理疾病的增加一样。情绪不安是对青春期开始后身体变化的一种精神回应，不是青春期必然的组成部分。在有些社会中，比如沙漠中的人，青春期并没有被看作是一个单独的阶段，因为一旦到了发育的时候，儿童就被看成是成人，不但要对社会有物质上的贡献，而且要结婚、成为父母（Shostak，1981，引自 Cole，2001）。在西方，青春期传统上一直与"风暴和压力"联系在一起，但这并未在上面的例子中出现。相反，在我们的社会中，青少年发现自己处在一种特殊的境地之中：他们既不是儿童，也不是成人，而是一个单独的、未经严格定义的群体。他们已经能够生育了，但不被允许；社会期待他们去继续接受正规的教育，不管自己愿意不愿意；他们依赖父母，尽管他们越来越愿意与同龄人为伴。尽管发育期的里程碑式的重要性受到广泛的承认，但它在不同社会有着不同的社会和情绪意义，青春期显然是一种与文化相关的现象。

对自我发展的影响

自我是儿童借以形成关于自己独特性的想法的机制。正如我们所看到的，表达这些想法的方式在每个发展层面上都不一样：当儿童在认知上变得更复杂的时候，自我变得更一致、更稳定、更现实。但是，是什么造成了这些想法的内容在每个层面上的不同？比如，为什么个体在自尊的程度和表达上存在差异？为什么有的儿童会更自信？为什么有的人觉得自己乐于助人？觉得自己更聪敏？觉得自己不受欢迎？觉得自己大方？

一个答案在于儿童所处的社会环境——在于其他人，尤其是对儿童很重要的人的态度、期待和感受。由库利（Cooley，1902）提出的镜像自我（looking-glass self）概念，指的是自我是对其他人看待自己的方式的反应。事情很可能不是这样的直接，就是说儿童形成自我不可能完全是对其他人的看法的回应。但是，我们也不能怀疑人与人之间相互影响会产生一些作用，甚至是很大的作用。以库珀史密斯对10～11岁男孩的自尊的研究（1967）为例：高自尊男孩的父母在许多方面与低自尊男孩的父母有很大的差别。前者更能容忍，他们设置出清楚的界限，允许孩子在这个界限内有相当的自由，这增强了孩子的自信；相反，后者与孩子的关系是拒绝的、疏远的，他们对孩子的态度要么是专制的，要么是严格要求的。其结果就是他们的孩子总是觉得不被欣赏，因而形成对自己的不好印象。

这样的发现证实了依恋理论的假设：正如我们在第四章看到的，这个理论的基本思想就是，儿童对自己的感觉与他们的人际关系紧密相连，他们借以形成自我和他人的内在工作模式，是从早期经验中发展而来的依恋模式的一项功能。因此，被接受的儿童形成的自我模式是积极的，相反，被拒绝的儿童会觉得自己没价值、不可爱，因此会变得不安全和缺乏信心。目前，将各种依恋类型与自我形象联系在一起的证据还很少，也不一致（Goldberg，2000）。但是，对受到虐待的儿童的研究显示，一个明显不正常的关系对儿童自我的发展有深刻的影响。当博尔杰（Bolger，1998）等人将受到父母虐待的儿童与没有受虐待的儿童进行比较时，他发现前者在自尊上存在着各种不同类型和程度的伤害，尤其是那些受到性虐待的儿童。在受到身体虐待的儿童那里，结果在某种程度上取决于虐待的频率：当长期存在虐待时，儿童会觉得自己该受惩罚，觉得自己没有能力。相反，受感情虐待和被忽视的儿童就没有显示出自尊上的损害，但是他们受虐待的后果在其他地方体现出来了。

家庭无疑是儿童自我意识的摇篮，但是当他们慢慢长大后，能够影响孩子感知和评价自己的外部范围扩大了。同伴的赞赏在学龄期变得尤其重要：受欢迎和爱戴，或者被拒绝，对发展中的各种心理特征都有影响，尤其是对孩子的自我感受有影响。所以，从儿童期中期开始，那些被同伴排斥和孤立的儿童通常自尊较低（Harter，1998）。因此至少在这个方面，镜像自我这个概念是可以被证明的。这也是为什么需要重视欺负同学这个现象的原因之一。大量的研究证明，受欺负的儿童特别容易有低自尊（详见专栏 10.1）。但是，受到拒绝和欺负的儿童并不一定以被动的方式做出反应，吸收同伴施加在他们身上的任何影响。比如，如果因为自己的行为过于具有破坏性而受到排斥的话，他们可能会试图加入一个流氓团伙，在那里这种破坏性行为是正常的。这虽然为社会所不容，但是从个体的角度来说，这是具有建设性的，它是维持和提高个人名声的一种方法。

专栏 10.1　欺负行为的受害者及其自我

儿童欺负儿童是一个全球性的现象，会对受害者造成严重的甚至是长期的影响。欺负行为发生的次数也有不同：小学比中学发生得多，男孩比女孩发生得多，某些社区比其他的社区发生得多。很多还取决于如何定义欺负行为，比如，开玩笑是否要包括进来？还有很多取决于如何评价，因为人们很难观察到这个行为。研究者通常依赖报告，但是自我报告的和同伴报告的欺负行为并不总是产生同样的结果。总的来说，大概有 20% 的儿童被报告说受到了欺负，有 10% 的儿童欺负别人：这已经足够引起人们的重视并采取相应的预防措施了。毫不奇怪，证据不断地显示欺负行为会影响受害者的自尊。当一个儿童被当作其他人长期的攻击对象时，他很可能会把这种行为当作是对自己的反应，觉得他自己在同伴中的地位在某种程度上很低下。比如，博尔顿和史密斯（Boulton和 Smith，1994）研究了一大群 8 ～ 9 岁的孩子中的欺负行为。他们发现，13% 的孩子可以被归为欺负他人的孩子，17% 的孩子是受害者（其中 4% 的孩子既欺负人又被人欺负）。当使用儿童自我感受量表测量时，在测量的某些维度上，即在运动能力、社会能力和全面自我价值方面，受害者的得分明显低于其他孩子。在学业能力这些方面的自我评价上没有看到影响，这也强调了不能把自尊当作一个统一整体的重要性。霍克和博尔顿（Hawker 和 Boulton，2000）总结了过去 20 年间发表的对欺负行为的心理后果的相关研究，证实了其与低自尊的联系：所有的研究呈现出一个基本趋势，那就是被欺负的儿童在全面自我价值方面得分低，在特定的度量里社会接受方面的得分最低。因此，这种儿童最可能在人际方面形成对自己的负面观点。但是，这个总结还发现，个人的某些其他方面受到了更严重的影响，尤其是抑郁，它成为这些孩子的一个明显的症状。

受欺负的儿童是如何解释发生在他们身上的事情的？他们会问"为什么是我"吗？他们觉得为什么他们会被挑出来？根据格雷厄姆（Graham，1998）等人的一项研究，自责是一个普遍的回应：很多受了欺负的儿童不是归咎于欺负人的孩子，而是认为自己是招来他人攻击的原因。这主要适用于责备自己的性格（"这是因为我就是这样子的人"）而不是责备特定的尤其是暂时的行为特征（"这是因为我在这个情况下的举动"）。在前一个例子里，因为自责影响了孩子的个性，所以反思自我，孩子容易遭受包括低自尊在内的一系列适应困难。而在后一个例子中，儿童可以轻易地改正，所以不会导致更多的心理问题。

人们可能会轻易地假设，认为受到欺负和低自尊的关系是一种因果关系。但是，大多数研究在本质上是相关的，也就是说，他们仅仅能确定这两者总是恰好同时发生。会不会是这样：这个因果顺序是相反的方向，即低自尊的儿童有招惹别人来欺负的特征？作为受欺负的儿童被描述为缺少幽默和自信、容易哭、孤独、不招别的孩子喜欢和缺少社会情景中的技能。其他人被认为是破坏性大、有攻击性和好争辩的（Perry 和 Kennedy，1992）。在一项名为"自尊低会受欺负吗？"的跟踪研究中，伊根和佩里（Egan 和 Perry，1998）在不同的两个时间评价了 10 ～ 11 岁的儿童。通过追踪自尊和受欺负的发展过程，他们发现因果

> 顺序通常有两个方向。一方面，儿童的低自尊容易导致被挑出来成为牺牲品；另一方面，被同伴欺负总是造成自尊的进一步伤害。因此，低自尊既是受欺负的因，也是它的果，这显示了欺负行为是一个多么复杂的现象。

让我们强调一下，和其他的发展方面一样，自我的建立不仅受到外在环境的推动，它也受到儿童自己不断增长的意图作用的制约。儿童是主动的、自我决定的人，可以监视、评价、分析和解释自己的行为及其后果。正因如此，他们慢慢地建立起他们自认为的个体形象。通过反思自己，通过把自己与他人进行比较，通过接受或者拒绝他人对自己性格的看法，他们形成一套假设来获得对自己的理解。这些假设在既定的时刻会发展成一个多少有点一致的理论，用来回答"我是谁"这个问题。

获得性别感

个人身份（personal identity）和社会身份（social identity）通常是被区分开来的。前者指只有某些个体才具有的、将其与其他人分开的特征；后者代表了更大的社会群体的成员资格，比如性别、种族、社会和经济地位，以及职业等。它是可以与其他人分享的，但能够把一个群体与其他的群体区分开来。特定群体的成员认同感也被融入到儿童的自我形象中。

这种身份中最基本的一种就是性别（代表了男女之间的心理差别，而性则指生理上的差别）。一个孩子一生下来要么是男要么是女；他/她后来如何被对待取决于他/她所属的性别。结果就是，儿童很快就获得了一种性别认同感（"我是男孩""我是女孩"），很快就认识到其他人也可以这样划分。但是在儿童期中期之前，他们还不能完全理解性别这个概念所包含的意义。劳伦斯·科尔伯格（Lawrence Kohlberg，1966）认为，这是一个涉及三个不同方面的缓慢的发展过程，每一个方面会在一个不同的时间出现。

◇ 性别身份（Gender identity）（大约出现在 1 岁半到 2 岁之间）。儿童慢慢认识到包括他们自己在内的所有人都属于两个组中的一个：男孩或者女孩，男人或者女人。当被问到"你是男孩还是女孩"时，儿童至少从 2 岁末开始就可以正确回答了。在看到其他儿童时，从 3 岁开始他们就可以依据某些明显的特征如头发和衣服，正确确认他们的性别。但是最开始的时候，这些只是像名字一样的标签，可以贴在每个人的身上，并没有更深层的含义。

◇ 性别稳定性（Gender stability）（大约从 3 岁或者 4 岁开始）。这时，儿童认识到一个人的性别是一生不变的特征。当被问到"你小时候是小男孩还是小女孩"或者"你长大后会是妈妈还是爸爸"时，从第 4 年开始儿童就可以正确回答了。但是，儿童的理解仍然有很大的局限：在被问到"如果一个男孩穿上女孩的衣服，他会成为女孩吗？"，大多数学前期儿童都给了肯定的回答。他们相信性别是由外在特征决定的，因此可以改变。

◇ 性别一致性（Gender consistency）（大约在 5、6 岁的时候）。从这时开始，儿童认识到男性特征（masculinity）和女性特征（femininity）是不随环境和时间的变化而变化的，它们不是由个体的外貌或者行动决定的。这就是说，一个女孩就是女孩，即使她剪短头发，穿上男孩的衣服仍是女孩。此时，儿童对性别的理解因此全面了。

从很小开始，儿童就知道某些行为被认为是适合男孩的，其他一些是适合女孩的。当被问到男孩和女孩通常做什么时，大约从 2 岁半开始，这样的性别角色知识开始显现。下面是回答这种问题的一些例子。

"男孩打人。"
"女孩说话多。"
"女孩总是需要帮助。"
"男孩玩车。"
"女孩吻人。"

很明显，关于什么适合于男性、什么适合于女性的刻板印象出现得很早。

尽管在过去的大约半个世纪中，性别角色发生了巨大变化，但是在儿童的行为方式中和在引导他们社会化的行动和期待中，它们还是很明显。

对儿童行为的性别差异的研究集中在三个主要领域：个性特征的发展、对特定玩具和游戏的偏好，以及对玩伴的选择。下面总结了每个领域的研究。

◇ 个性特征。社会的刻板印象仍然存在，用来说明什么是男孩的"正确"行为（积极的、控制的、带有攻击性的、自信的），什么是女孩的（关爱的、体贴的、被动的、顺从的）。但是，对男孩和女孩行为的比较仅仅得到有限的证据支持。研究显示男孩总是比女孩更活跃（Eaton 和 Yu，1989）：这个差别可能解释了为什么后来男孩经常被发现更多地参加争夺类游戏（rough-and-tumble play）。但是，当 1974 年麦科比（Maccoby）和杰克林（Jacklin）汇总所有发表的有关性别差异的研究时，他们发现几乎没有一个心理特征能够明显地区分出性别。这个结论也被后来的研究基本证实了（Ruble 和 Martin，1998）。有证据显示男孩的攻击性比女孩强，但是如果把非身体的和身体的攻击性都考虑进去的话，这种差别就非常小了。还有证据显示，女孩在言语任务中比男孩强，而男孩在空间任务中比女孩强。但是总的来说，个性和认知上的差异在数量上远远比人们认为得要少，即使有差异，在程度上也不大。当社会重新确定性别角色后，这种差异可能变得更不明显。

◇ 玩具的偏好。性别差异表现在儿童选择玩具和游戏方面。总的来说，男孩倾向于玩卡车、积木和枪，女孩喜欢玩娃娃和生活用品（Golombok 和 Fivush，1994）。在他们意识到有些玩具被认为更适合男孩、有些更适合女孩之前，他们就完全是这样做的。男孩喜欢玩更主动、更粗野的游戏，比如警察和强盗，或者牛仔和印第安人；女孩喜欢玩过家家、跳格子或者球类游戏。这种差距有可能是因为儿童内在的特性：男孩更活跃、更有攻击性；女孩更被动、更有爱心。每个性别都选择最适合自己行为类型的玩具和游戏。但是，这也可能是因为社会化的压力：父母、同伴、学校和媒体都对各个年龄段的儿童提供许多信息，告诉他们什么是这个社会认可的性别活动。表 10.4 总结了一些相关的研究结果。现在有大量的证据显示，成人对儿童行为的性别模式有确定的期待，这造成了让儿童服从既定标准的压力。这些压力主要集中在具体的、与性别相关的行为和兴趣上，尤其是在儿童第二年最强烈，即当性别发展开始的时候（Fagot 和 Hagan，1991）。但是，这些社会化影响是否包含有既定的效果，或者父母是否只是对自己儿子和女儿已经存在的差异做出反应，研究者对此还有争论，并没有取得一致的结果（对这个问题的回答见专栏10.2）。

表 10.4　成人对儿童提出的行为的性别类型

社会化领域	发现	出处
选择玩具	成人鼓励儿童，尤其是男孩，玩适合自己性别的玩具（比如卡车而不是娃娃）	Fagot 和 Hagan（1991）
游戏的方式	男孩被鼓励去玩有活力的、积极的游戏，而女孩不受鼓励	Fagot（1978）
任务分派	男孩被给予"男人的"家务，女孩被给予"女人的"家务	White 和 Brinkerhoff（1981）
攻击性	男孩的攻击性和武断行为比女孩受到更多的关注	Fagot 和 Hagan（1991）
控制	男孩受到的言语和行为的禁忌比女孩多	Snow, Jacklin 和 Maccoby（1983）
自主性	父母对男孩的谈话比对女孩的包含有更多的对自主性的鼓励	Leaper（1994）
情绪意识	父母与女孩讨论情绪比男孩要多	Kuebli, Butler 和 Fivush（1995）
情绪控制	男孩比女孩受到更多的鼓励去控制情绪	Fagot 和 Leinbach（1987）

◇ 选择玩伴。到目前为止，性别差异最明显的例子是儿童对玩伴的选择。男孩与男孩玩，女孩与女孩玩，而且早在第三年儿童就表现出这个倾向（如图10.3 所示）。正如麦科比（Eleanor Maccoby，1990，1998）指出的，性别之间的隔离是非常重要的现象。它具有普遍性，在我们研究过的所有文化环境中都能发现。它甚至在其他灵长类动物的相同发展水平上也能发现。它是自发产生的，没有受到来自成人的压力，而且它高度抵制要求改变的压力。它的力量不断增强，在学校里变得尤其突出，直到青春期还保持着很高的水平。哪怕有性的需求，性别的隔离也绝对不会消失。这个特点有很重要的心理影响，因为根据麦科比的研究，同伴对儿童的社会化影响最大，正是男女在各自性别圈子中显示和形成的独特交往方式，影响了他们从青春期到成年期的社会

化行为。在男性的例子中，这种方式称为限制性的；男孩比女孩更多地使用命令、威胁、打断和自夸；喜欢控制别人；有很多粗野的游戏和冒险的活动；演说主要是为了自我中心的目的，因为每个人都涉及某种形式的自我展示，希望建立和保护自己的地盘。相反，女孩采用的方式是鼓励性的：她们的目标是为了维持关系，而不是为了肯定自己；在她们的性别圈子里，她们比男孩更可能达成一致、给他人说话的机会、承认别人的观点和把演说当作增进关系的社会交往手段。当然，这两个圈子的交往方式有重叠：女孩也会很武断，就像男孩也会为公众利益工作一样。但是，男性圈子和女性圈子总是以不同的方式运作的，因此，他们的交往方式会伴随一生，是形成个体性别身份的主要部分。

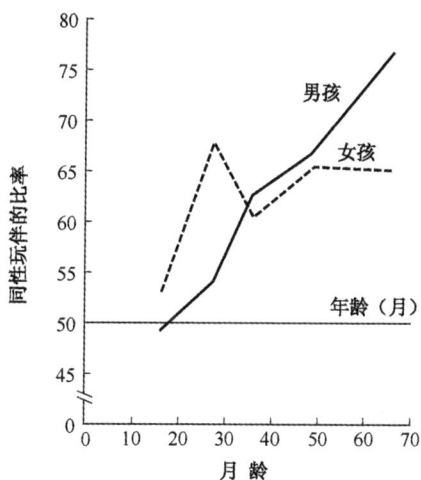

图 10.3　1～6 岁的男孩和女孩对同性玩伴的偏好

（资料来自 La Freniere，Strayer 和 Gaulthier，1984）

专栏 10.2　X 小孩实验

　　从最早开始，成人应对孩子的方式就受到孩子性别的影响。比如，在一项研究父母对新生儿的最初反应的实验中（Rubin，Provenza 和 Luria，1974），当父母说到儿子时都觉得他更强壮、更大、更协调和更警觉；女儿则被认为更小、更柔弱和更精致。很明显，父母把性别刻板印象带到他们与儿童的交往中。然而，究竟是这些期待导致了儿童的行为差异还是成人对已经存在的差异做出的反应？影响又是朝着哪个方向发展的？

从 20 世纪 70 年代开始，研究者开展了一系列名为 X 小孩实验的研究，试图回答这个问题。我们举其中的一个例子（Condry 和 Condry，1976）。200 多个成人（男女都包括）被试组观看了一段一个 9 个月大的婴儿的录像。对其中的一些人说婴儿是个男孩（叫戴维），而对另外一些人说婴儿是女孩（叫安娜）。从婴儿的长相和衣着既看不出是男性，也看不出是女性。录像中，这个婴儿对各种玩具，比如小熊和娃娃，以及各种刺激物，比如玩偶盒和突然很响的一声蜂鸣做出反应。成人被要求描述这个婴儿每次反应时的表情。结果清楚地显示了他们受到了自认为的婴儿性别的影响。比如，当戴维对玩偶盒的反应是哭时，大部分成人觉得这是发怒；当安娜表现出完全相同的行为时，大家觉得这是害怕。根据提供的性别标签，同一个婴儿的相同反应被成人判定为不同的反应。那个文章的作者因此得出这个结论：男婴和女婴之间的差异只存在于观察者的眼中。

还有其他许多实验研究 X 小孩的反应（见 Golombok 和 Fivush，1994；Stern 和 Karraker，1989）。尽管运用了同样的方法，这些研究在细节和被试上还是有所不同。比如，孩子是在生活中还是在录像中呈现的，成人是否与孩子交往，成人有没有带孩子的经验，成人被期待做出的判断的类型，等等。有些研究得出了与上面举的例子同样明显的结果，表明关于婴儿性别的认识确实影响了成人的行为。比如，给出一堆玩具，有的被认为是男孩的，如汽车或者橡皮榔头，有的则被认为是女孩的，如娃娃或茶具。成人更可能把男孩的玩具说成是男孩玩的，但也把女孩的玩具说成是女孩玩的。同样，他们更可能鼓励"男孩"玩得尽兴，积极地探索玩具，但是对"女孩"则更温柔，觉得他们更依赖大人的帮助。但是，其他的研究并没有得出那么明显的结果，可见，不同的测量方法之间有明显的差异。所以，当成人被要求给婴儿的性格特征排名时（如有多么友好、有多么合作，等等），性别标识造成的区别不大，婴儿的真实性格在他们被感受的方式上起到了更大的作用。但是，成人应对婴儿的实际方式更可能受到所提供的性别标识的影响：他们的交往方式、提供刺激物的类型、选择玩具的类型确实反映了他们从研究者那里得到有关婴儿性别的信息。还有另一个有趣的发现：当儿童被要求去和 X 小孩交往时，他们比成人更强烈地受到研究者提供的性别信息的影响。这可能是因为他们正在形成自己的性别身份，因此在感受和回应男性和女性时采取了更极端和更僵化的态度（Stern 和 Karraker，1989）。

因此，性别标识的效果看上去没有我们以前认为的那样强烈。是否把一个孩子看成是男孩或者女孩只是影响他人反应的因素之一。在关于孩子的其他信息如他或者她的真实性格，很少或者很模糊的时候，性别标识的效果最强。但是，当这个效果被发现时，它几乎毫无例外地与性别的刻板印象一致，因此很可能在儿童的性别发展中起作用。

发展的连续和变化

大多数人都确信，自己基本上与年轻时的自己一样。我们可能懂的更多，我们已经形成了一系列的社会和认知能力，扩展了我们的社会范围，并成为复杂的人际关系网络中的一部分，但是从本质上来说，我们还是我们最初记忆中的那个人。从许多方面来看，这种在时间里扩展的自我感（我们把现在的自己和以前的自己联系起来）在心理上有好处（Moore 和 Lemmon，2001），但是有多大程度是真的一样呢？跟踪儿童的发展，就是说，不是向后而是向前看几年，提供了一个相当复杂的景象：发展既有连续性，也有变化；把发展仅仅当作是一个数量积累的过程的看法，需要被能容纳阶段性质变的思想所代替。这种变化可能来自内部重组，就像皮亚杰在描述认知阶段的发展时所预见的；它也可能是由重大经历的影响造成的，比如父母的去世、久病在床或者受到虐待。无论变化的性质是什么，儿童在经历变化之后就不再是以前那个人了。

连续性和不连续性的问题不仅挑战了我们关于发展的理论概念，而且对预测性的潜在益处也有影响。能够在他们真正付诸行动之前预测出某些人的反社会性，这就带来了预防的希望；如果某些特别的心理特征能够让人预测到青春期和成人期的不良行为和犯罪行为，那就有可能及早采取帮助性的行动。发展过程的持续性可以保证成功的预测，但是，假如儿童的早期特性与成年后的个性没有很大关系的话，预测就是不可能的。当然，一点也不奇怪，人们在研究早期和后来的个性之间的联系上投入了很大的精力。

研究连续性

如何评价个体在发展过程中是一样的或者变化了，这绝对不是一个简单、直接的问题。一个主要问题就是，连续性包含了许多不同的意思，每一个都需要不同的评价（Caspi，1998）。有两个方面尤其需要区分开来。

◇ 相对连续性。这是指个体保持了其在一个圈子中的地位。如果老师在学生 6 岁时评价他们的焦虑水平，然后在他们 10 岁时再评价一次，我们可以把这两个分数联系起来，以此决定从一个年龄到另一个年龄时是否发生了变化。但是，如果第一次得最高分的在第二次也得了最高分，相关系数只是表示儿童与同组的其他孩子相比，保持了相同水平。它并没有告诉我们这两次的实际焦虑水平。这样，这个相关系数可能掩盖了这样一个事实：被试组作为一个整体在这两次评价之间变得更少焦虑了。

◇ 绝对连续性。这是指一些特性在个体那里一直保持的程度。如果个体在 5 岁时有很高的攻击性，那么他在 15 岁时是不是还有很高的攻击性？同样的问题也可以问一组儿童：一组受到虐待的城市儿童在刚入学时的攻击性水平和他们在 10 年之后，是否会显示出同样水平的攻击性？研究者不是用相关系数，而是用平均数的比较来回答这类问题。

理想的情况是，在调查一个年龄段到另一个年龄段的连续性时，同样的测量工具自始至终一直在使用。但是在实际情况中，这样做通常不容易。对一个年龄段适用的测量工具在另一个年龄段也许不一定适用。因为随着年龄的变化，某个特性在外在行为中的表现方式会发生变化，即使这个特性本身没有变化。比如，年龄小的儿童的攻击性直接表现在身体动作上，则调查研究会关注打、踢、咬和推这样的行为。随着年龄的增长，这种直接的表现变得越来越少，但是它会被恶语相向和社会排斥这样更不直接的、言语的方式所代替。因此，与年龄更相匹配的不同选项需要被加入问卷和观察计划中。但是，由于同样的原因，它与以前年龄的比较就更困难。同样的问题在大多数心理功能中都会出现：如专栏 10.3 所说的，我们从早期的测验中预测智力的能力仍然是有限的，因为对大一点的孩子的常规 IQ 测试中包含的主要口头项目在婴儿期是无效的。作为一种可供选择的方法，做调查的研究者们正在搜索那些概念上与智力有关但也能够运用在婴儿身上的评估，而不是寻求在整个年龄阶段形式上都能一致的测试。如果可以确定同一种潜在的素质能够在不同的年龄阶段通过不同的形式显现出来，那么它为成长连续性提供答案将变得容易得多。

专栏 10.3　能够从婴儿期的行为预测长大后的智力吗

对于家长、教育学家和幼教工作者而言，尽早发现一个孩子有多聪明，从而相应地做出教育计划，是非常有用的。但是多早可以识别呢？那种认为智力是由一个人的遗传天赋决定的观念早已被抛弃了，但假定成长环境相当稳定，那么智力也应该保持十分稳定。如果从幼年甚至几个月大的婴儿时候来预测童年以后时期的情况是否可行呢？

从 2～3 岁的孩子身上可以进行一系列的成长测试，从而生成与 IQ 类似的 DQ（发育商，developmental quotient），并且使得拿任何一个孩子的进步与其他同龄孩子的进步相比较成为可能。然而，这些测试基本上都需要运动神经感知，因为它们需要获得诸如视觉跟踪运动的目标、注视一件物体并抓住它，以及将一件东西放在另一件上面等技能。这些是大多数智力测试中非常困难的项目，很大程度上依赖口头能力和抽象推理。将婴儿时期测得的 DQ 分数与后来的 IQ 分数相比，相关性近乎为零，这说明婴儿时期的测试可能对评价当时的状况是有用的，但对预测更大的进步则没有效果。不管早期测试测量的是什么，其结果看起来都不是智力。

人们没有把这个问题留下不管，而是在不断寻找测试婴儿时期智力的其他方法（McCall 和 Carriger，1993； Slater，Carrick，Bell 和 Robers，1999）。这些主要聚集在信息处理能力的各种方面，而依据这一能力的速度和效率是大多数智力表现的基本要素，这些能力在婴儿几个月大时已经很明显了。特别需要注意的是，对视觉刺激的习惯化测定已经被采用。这暗示当相同的刺激反复出现时，注意的时间会减少；假设一个孩子适应的速度是这个孩子能多快地处理这个刺激、记住它且在后来的出现中认出它，而不再看它。

利用这一程序，已经做了相当多的实验，对象是不同年龄的婴儿和儿童，他们都被追踪，并且做了常规的 IQ 测试。结果颇令人鼓舞，即使几个月大的小孩的成绩也被发现，与通常的 DQ 分数相比，与长大后的 IQ 更相关。要点如下。

◇ 预测再怎么谨慎都不为过：表现好的话，婴儿期的习惯化表现与长大后 IQ 的相关指数为 0.3～0.5，而不是接近于完美的 1.0。

◇ 不足为奇，再次评估相隔的时间越短，越容易通过较早的一次预测到后来那次。

◇ 由于一些尚未知的原因，对习惯化表现的预测在 2～8 个月时比婴儿期的早些时候或晚些时候的其他时间更为准确。

◇ 对特殊儿童的预测（例如非常早产的和残疾的孩子）比起对其他孩子要容易些。

◇ 处理信息较快的通常也是处理得比较有效的。

◇ 与通常情况的智力一样，生活方式的巨大变化如失去父母，会降低预测后来情况的能力。

我们一定能够推断出，即使使用新的方法进行早期测试，对儿童智力的预测依然是一件不确定的事情。除了适应性速度测试，已经有其他许多种测试被开发出来，例如识别记忆、视觉预处理和视觉反应时间等，这些都具备存在于很小的孩子的行为技能中而且容易被测得的优点。而且，都与信息处理相关，因此在概念上比运动神经感知的行为与智力更相关，相应地也更有预见性。然而，在得到关于早期智力预测的确切结论之前，还有许多工作要做。

从早期行为预测以后的发展

在试图追踪特定个性特征从儿童时期到成年的发展进程方面，已经做了很多的努力，已有许多知识积累下来；然而，这样的知识告诉我们，被发现的事实是相当复杂和费解的事情。人类不是简单地沿着直线进步的：有连续性但也有变化，而且在有些方面我们一直拥有某种固定的特征，但另一些方面与开始的样子相比，已经变成了相当不同的一个人。让我们以两种十分相异的个性特征的发展做参考来举例吧，那就是害羞和攻击性。

1. 害羞

害羞包括一系列相当多的行为模式：在社交场合非常安静、害怕与任何陌生人见面、喜欢独处、爱脸红、口头表达迟疑笨拙、不适应、不愿意加入社交圈，以及加入社会团体时踌躇等。有害羞表现的人之间也有着相当大的不同，从急性子的、非常自信的人到在一定环境下几乎不说话的人都有。当害羞表现得太显著时，会被认为是一种病态，虽然如我们在第二章看到的，不同文化对这一特征给予的评价有相当大的差异。

害羞在非常小的孩子身上是很明显的，随后大多数在成人中表现趋近相同的形式。这是否意味着这一倾向的个体差异是从一开始就出现的，然后作为永久性特征在个体身上保留呢？一个给人印象深刻的研究团体已经致力于这一问题（Crozier，2000）的探究，而有大量信息指出害羞具有遗传根源（可能很复杂）。因此，在我们对气质的讨论中，我们发现那里每一条纲要提到的都有一个与害羞有关的特征：托马斯和切斯（Thomas 和 Chess，1997）列出了一组有着最明显的"很难使它们熟悉"特征的婴儿；巴斯和普洛明（Buss 和 Plomin，1984）认为，善于社交的性格作为一个统一体有着遗传基础是有证据的，而害羞是这一统一体的一个极端；同样，罗斯巴特（Rothbart，2001）等人提到，外向是一种内在的特征，对社会交往性具有类似的意义。

然而，个性特征有遗传根源的事实并不意味着它一直严格固定并终生如一，比如像眼睛的颜色。从各种对儿童进行的纵向研究中，有许多迹象表明，至少在一定程度上，个人的害羞程度可以随着时间而改变。当孩子们遇到新的环境、接触新的人群的生活转型时变化最容易出现。比如，当他们每次入学，或者转学，或者上大学（Asendorpf，2000）。这种转型对个体的总体社交性格和对陌生人的适应有特别的要求，当这些能力没有被成功掌握的时候，个体可能会有变得更加害羞的持久转变，但同样地某些推进自信心的经历完全有可能带来相反方向的改变。

对害羞及其发展起源最完整的描述可以在杰罗姆·凯根（Jerome Kagan）和他的同事的一系列报告中找到（如 Kagan，Reznick 和 Snidman，1988；Kagan，Snidman 和 Arcus，1998），它们展示了对一组从婴儿期开始追踪并定期地在一系列评估情景下进行调查的孩子们的纵向研究的结果。这些发现使凯根确信害羞是另一个范畴的一部分，该范畴被他定义为抑制——面对所有不熟悉或者挑战性的情景和人的时候表现出来的焦虑、紧张和谨慎的一个术语，根据这些发现，害羞的孩子不仅在有陌生人出现时会焦虑；他们不愿意接近任何新的事物，当不能避免陌生情境时会表现出抑制并变得焦虑和紧张。虽然在 4 个月大的时候，就可以区分抑制型的和非抑制型的儿童了：抑制型的儿童（占实验对象的 20%）容易在第一次面临陌生的事物时变得安静而沉默，如果这个刺激持续，又将会越来越激动；而非抑制型的儿童（占40%）在同样的情境下会表现得自然舒服，而且是接近而不是逃避陌生的刺激。一项心理调查表明，似乎大脑觉醒阈的不同是个体这方面差异的原因，而看起来这种差异很可能是遗传的。正如儿童期后期的测查结果所表明的（如表 10.5 所示），凯根研究中的儿童被评估了对陌生事件的敏感度后发现：抑制型的儿童倾向于机警、害怕且不爱交际，而非抑制型的儿童表现得自由自在而且对所有新的经历都有兴趣。然而，只有少部分在接下来的时期始终如一地保持抑制或非抑制。这一部分的儿童处于两个极端，极端抑制的和极端非抑制的：害羞作为一种持久稳定的特征，只能在极度害羞一类的孩子中找到。这使从婴儿期行为预测他们将来的发展变为可能。但是，凯根认为需要一些环境压力来维持这种行为风格，例如父母去世、婚姻冲突或者家人有精神疾病。在他的样本中，没有发现这种连续性，儿童发展会受到社会环境的影响，从而转变到另一个方向。

表 10.5　抑制型的和非抑制型的儿童在不同年龄段的表现

年龄	程序	儿童的表现
4 个月	被展示不熟悉的刺激，如气球爆炸	抑制型的儿童：哭，有很多的动作 非抑制型的儿童：不紧张，有很少的动作
2 岁	面对陌生人；新的东西	抑制型的儿童：出现焦虑症状，退缩 非抑制型的儿童：无畏，表现出兴趣
4 岁	与不熟悉的成年人见面；与不熟悉的孩子玩	抑制型的儿童：沉默，逃避 非抑制型的儿童：外向，喜欢交际
7 岁	父母调查问卷；与老师谈话；实验评估	抑制型的儿童：出现焦虑症状 非抑制型的儿童：几乎没有焦虑症状

我们可以推断出就儿童期的害羞而言，偶然因素不起主要作用，任何确信程度的推测都只对极端群体有可能，因此很可能非常害羞、安静和拘谨的幼儿会成为安静、谨慎且不愿意融入社会的青少年；同样，非常爱交际的学前儿童非常可能在以后表现出相同的特征。然而对于这些孩子，即使断定他们不受环境影响也是不明智的，在这种情况下稳定依然是相对的而非确定的。

2. 攻击性

攻击性强的儿童就会长成喜好侵略的成人吗？或者，反过来说，攻击性强的成人就曾是攻击性强的孩子吗？这个问题有着十分重要的实际意义。社会暴力事件的数量增多，如果能够从他们小时候的行为推测出某种儿童容易变成暴力的成人，将是非常有用的。已经有很多研究正在寻找这一问题的答案。

休斯曼（Huesmann，1984）和他的同事开展了一项具有挑战性的研究，对 600 名儿童进行了长达 22 年的追踪，收集了关于他们父母和孩子的数据。第一次的数据是在 8 岁，每一名孩子的攻击性都被评估，采用同伴提名的方法，由儿童的同学对其在不同情境下的行为进行评价。这些孩子中大约 400 人在 30 岁时被追踪调查，他们的攻击性通过他们自己填写一个广泛应用的性格量表进行自我评价。另外，也让他们每个人的配偶就家庭暴力情况来评价，同时也对官方记录进行了搜索，确定是否有包括暴力行为在内的犯罪记录。结果表明，在这 22 年间，攻击性格基本保持稳定。最具攻击性的 8 岁大的孩子在 30 岁时仍然是最具攻击性的，这一发现相对来说对男性更适合，显示了男孩较高的攻击性很有可能发展成为成年期的攻击性。而且，有证据表明攻击性具有遗传稳定性：从调查对象的父母和他们的孩子（如果有的话）的攻击性收集到的数据显示，易攻击的父母拥有易攻击的孩子的倾向可延续三代。根据这些结果，攻击性似乎是一种有相当持久性的个性特征。

许多其他的研究也证实了这一连续性（例如，Cairns, Cairns, Neckerman, Ferguson 和 Gariepy, 1998；Farrington, 1991；White, Moffitt, Earls, Robins 和 Silva, 1990）。它们均引出这样一种观点，即男性儿童期的

破坏性和制造麻烦的行为是青少年及成年犯罪的典型征兆。然而，最近许多的研究发现事情未必如此，因而开始关注其复杂性。

◇ 攻击性是一个覆盖一系列不同形式的概括性术语，适用于一种形式的攻击性行为不一定适用于另一种。像特伦布莱（Tremblay，2002）在他对20世纪攻击性的调查中指出的，我们必须吸取一个教训，就是不要设想用一定时间特定形式的攻击性行为（例如，课堂上不守纪律）预测另一个时间点、另一种形式的攻击性行为（例如，因为身体暴力被捕）。

◇ 避免跨越性别去概括也是必要的。男孩们多数喜欢身体暴力，女孩子则是间接性进攻。根据一些研究发现（例如，Cairns 等，1989 年），后一种行为随着年龄增长保持稳定的可能性会更小。

◇ 对于向前跟踪和向后追溯这两种方法来收集关于年龄变化的数据，必须有所区别，因为它们会产生不同类型的结果。在前一种方法中，孩子们被跟踪直至成年，显示只有一部分表现反社会行为（包括进攻性）的孩子会成为反社会的成年人；在后一种方法中，关于成年人的童年的资料被回顾性地收集，显示出几乎所有反社会的成年人也曾是反社会的孩子（Robins，1966）。当然，两种陈述虽有不同但都有价值，需要一起考虑。

◇ 虽然就攻击性的相对水平，跨年龄的稳定性经常被发现，但这种稳定性的程度一般只是中等的。变化确实发生了，一些孩子的性格保持稳定，而其他的孩子变得比他们的同伴或多或少有一些攻击性。因此，预测只在一部分情形下是可能的，而其他时候从儿童期到成年后攻击性的发展遵循多样的道路。

近期的研究抓住了最后一点，并且试图区别那些攻击性发展呈不同进程的儿童群体。已经出现了对这些儿童群体本质的多种建议。例如，根据一种观点（Moffitt，Caspi，Dickson，Silva 和 Stanton，1996），应该对"一生持续的"和"仅在青春期的"攻击儿童区别开来：前者是那些从早年就开始一直表现出很高水平的攻击性，小时候没能学会抑制自己的冲动情绪；而后者，易攻击是短暂的过渡时期，主要在童年后期和青春期表现出来，而且通常是由暂时的社会影响引起的，例如来自同龄人的压力。另一种观点（Brame，Nagin 和 Tremblay，2001）列出了七种类型，分类总结了攻击性的层次和该层次从儿童到青春期的变化种类。这里有观点认为，从小时候就极具攻击性的儿童也可能成为极具攻击性的青少年。还有另一组研究对以攻击性的社会伴随物作为区分孩子的有效方法进行了集中研究（Rutter 和 Rutter，1993）：那些不仅喜好攻击，而且来自不良家庭，目睹冲突，很少受到有效训练或者监督的儿童，比起其他没有这些社会障碍的孩子更有可能保持攻击性。

这组研究的结论尚待确定，然而可以确定的是，攻击性的发展过程呈现多重形式——如果想对不同特点和不同要求的个体提供帮助的话，这是一个需要考虑的基本要点。这种多样性是从早期行为的预测发展而不是直接的研究中得到的结论——对害羞和其他人格物质稳定性的研究也得到了相同的结论（例如，情绪性、自尊、利他性、冲动性和其他心理特质）。在所有这些情况中，早期的任何特点通常在一定程度上被后来的经历所改变；不连续性由此出现。只有在极端的样本中，例如极端害羞或者极度攻击性，跨年龄段的预测才有可能成功。在这些人中，天生的因素持续起到了支配性的作用；相反，中等程度的预测，对来自于家庭、学校和同龄人的环境影响更为广泛。总体结论是，小时候的个性特征和他们成年后的个性发展只有微弱的联系。

有一些观点认为，如果基于各种特性的结合而非儿童的单一特性做出预测，预测可以更成功。在一项非常大胆的，对一批超过1000名新西兰人，从3岁到21岁追踪调查的研究中，卡普斯（Capsi，2000）总结出，当对儿童依据其3岁时观察到的个性特征的组合分类时，可以发现连续性的证据。等到成年初期评估时，这几类群体在这一阶段持续呈现出不同的特性（如表10.6所示）。

因此，只考察单独的个性特性，例如攻击性和害羞，有可能会给出一种误导；而一种被称为典型的方法则更有意义，因为它承认性格的组织本质。然而，在这儿我们也注意到连续性的发现还远远不完全：每一类群体的成员根据特定的模式发展，很可能有很大的变化空间。我们再次发现，有着一定程度的连续性的同时，不连续性是占优势的。

表 10.6 从童年初期到成年个性类型的连续性

类型	3 岁时的表现	18 ～ 21 岁时的表现
控制不住的	冲动，情绪不稳定，易怒，急躁，好动，不专心	冲动，好攻击，使人害怕，不可靠，反社会，不顾后果
抑制的	社交不安，胆怯，见陌生人容易烦躁害羞	过度控制，谨慎，不自信，孤独，抑郁
良好适应	自信，开始较谨慎、过后能表现友好，能承受挫折，自我控制	正常，精神健康

来源：基于 Capsi（2002）的研究。

从早期经历预测以后的发展

试图追踪成长连续性的另一种方法是从儿童的早期经历而非早期行为模式开始的。这种程序是基于这样一种设想，即儿童在人生的早期阶段是具有非常大的可塑性的，而且他们当时的经历有着基础性的作用，永久地决定着个性的成长。如果真是这样，那么知道一个人在其人生之初时发生了什么的话，我们将能够预测他成年时的结果。

早期经历有着唯一重要性的假设是非常普遍的，从华生（J. B. Watson）到弗洛伊德，分别从行为主义和精神分析的角度，赞同这一点。像华生（1925）在一本被广泛引用的书中说道：

给我 12 个健康的没有缺陷的婴儿，让我放在我自己的独特世界来教养他们，我将保证选其中任何一个都可以将他训练成任一领域的专家——不管他的天赋、爱好、倾向、能力和使命感，以及他祖先的种族。我都能训练他成为医生、律师、艺术家、大商人，甚至乞丐和窃贼。

而类似地，弗洛伊德（1949）讲道：

分析的经验已经使我们确信儿童期是人类心理的奠基，早年事件对其以后的整个人生有极为重要的意义。

根据他们的观点，很小的儿童非常敏感并且比以后任何阶段都容易接受新事物，以至于他们遇到的任何事都具有永久性的后果。因此，以后个性形成的关键在于儿童最早遇到的事。

现在大量的实验研究可以用来检验这些观点（具体细节讨论见 Clarke 和 Clarke，2000；Schaffer，2002）。这一研究涉及"婴儿期创伤"的效果——"婴儿期创伤"是指，很小时候那种偏离常规、给人压力的经历，比如在条件非常差的孤儿院里长大。以韦恩·丹尼斯（Wayne Dennis，1973）的研究为例，儿童小时候在孤儿院（被称为 Creche）里被抚养，在那里儿童处在一个纯粹被忽略的状态，只有最低限度的照顾，基本上缺乏任何形式的刺激。结果，丹尼斯发现孩子们的成长情形越来越恶化——从第一年开始时平均成长指数为 100（表现处于正常值），到第一年的最后阶段只有 53（就是说，12 个月大的孩子表现出了 6 个月大孩子的成长水平）。在 Creche 的整个生活过程中，严重的延迟一直持续：例如，一半以上的孩子在 21 个月大的时候还不能坐起来，不到 15% 的孩子在 3 岁时可以走路。明显很有潜力的孩子就这样因为很小时候受到的不良照顾而被延迟到一个极端的程度。实际上，这一延迟是如此明显以致没有人怀疑它是永久性的，无论孩子以后的命运怎样。

然而，若干年以后，到儿童十几岁的时候，丹尼斯成功地追踪了他原来的研究群体并重新评估他们。在儿童 6 岁时，大多数被从 Creche 转移到更适合该年龄段的儿童的孤儿院——女孩和男孩被分开。其余的被直接从 Creche 领养走。所有人都进行了智力测试，图 10.4 中给出了智商（IQ）。这些说明女孩们仍然处于极端延迟的水平；而另一方面，男孩们虽然比平均水平低，但也在正常范围内。这一点对于被收养的孩子同样适用，尤其是在 2 岁以前被收养的。为什么在孤儿院的女孩们与其他孩子有这么大的差别呢？答案在于，孩子们 6 岁以后成长环境的不同。女孩们所在的任何孤儿院都同 Creche 一样贫瘠，对她们的剥夺仍在持续。男孩们的孤儿院好得多；它们的装备很好，有更娱乐性和教育意义的设施，孩子们也受到很多人的照顾。这一点当然也适用于那些被收养后生长在正常家庭中的孩子。

这一研究证明了一段极具伤害的甚至是持续了 6 年之久的经历，并不是永久性的；当时受到的伤害可以被逆转，孩子们也可以被帮助得到更典型的智力功能。

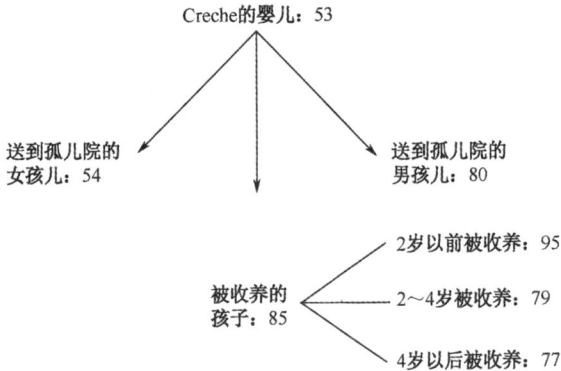

图 10.4　Dennis 研究中儿童的 IQ

近期，许多研究工作证实并扩展了这些发现。例如，拉特（Rutter，1998）等人追踪了一大批罗马尼亚孤儿，这些孤儿从一出生就被抚养在条件极为恶劣的孤儿院里，但 2 岁以前被带到英国，安置在收养人的家庭中。与一批在英国国内被收养的孩子相比，从身体生长和感知水平方面都能看到转移时孩子们的成长受到了严重损害。然而在 4 岁的时候再评估，孩子们表现出相当程度的进步（如表 10.7 所示）；到 6 岁时再评估（O'Connor 等，2000），发现他们仍保持着进步。这种超越在 6 个月大以前被收养的孩子身上表现得尤其明显，而对大一点被收养的孩子也是显著的。对罗马尼亚孤儿的更多研究也类似地显示出他们在超越社交延迟方面的能力（Chisholm，1998；Chisholm 等，1995）：即使生活在几乎无人抚爱的环境下，这些孩子仍然能够形成对养父母的感情。虽然以比一般人有更大的不安全感为代价（详见专栏 4.3），"冰冻"情感并不能阻止社会关系的继续发展。很明显，从不良的生活环境往有利的环境中转移的年龄是重要的考虑因素，也为能力恢复的程度设置了极限。然而，这些研究结果整体上强调了早期剥夺对以后发展的影响。

表 10.7   从罗马尼亚孤儿院收养的 4 岁孩子的认知测试结果

	从罗马尼亚收养的儿童		在英国国内收养的儿童
	6 个月大以前被收养	6 个月大以后被收养	
测试：			
来到英国时	76.5	46.1	—
4 岁时	115.7	96.7	117.7

来源：基于 Rutter（1998）等人的研究。

其他一些研究，无论是经历早年丧失父母的，还是其他创伤性经历的，也得到了类似的结果。它们证明了，这些事件留下的后果不一定是永久性的，无论它们多么早、多么严重；不良的后果可以被孩子生活经历中的剧烈变化所逆转，至少在变化发生及时的情况下是这样的。我们不能确定"及时"的确切含义。Genie 的悲剧故事（专栏 9.2）说明，一个在极度恶劣的条件下被养了长达 11 年（而且是人生开始的 11 年）的孩子，获得正常的机会就很小。很明显，个性发展不能够单单以早期经历为基础；早期和晚期的联系很复杂，因为后续的经历可以逆转早期的后果，至少在某些情况下可以逆转。因此，我们得到一个比弗洛伊德和华生乐观得多的发展蓝图：我们不是自己过去经历的不可避免的牺牲品；发生在早期（小时候）的经历固然重要，但后来发生的事也同样重要。因此，为了解释成年后的发展结果，有必要研究一下整个成长过程的连续性。

追踪成长轨迹

在每个孩子的人生道路中，早期的经历应该被看到，而不是从"早"直接跳到"晚"，从人生的开始直接跳到可以得到"结果"的那一刻；有必要认识到中间事件的调节效果，而不能预期某次单独的创伤所导致的病态结果：这两个事实已经是确信无疑的。也就是说，从早期逆境到后来人格机能的成长轨迹可以在不同的个体身上呈现不同的形式，这一事实已经得到承认。我们举例说明一下。

在一系列的调查中，布朗等人（Brown，1988；Brown，Harris 和 Bifulco，1986）调查了儿童时期失去双亲之一和成年后女性抑郁症的发展之间的联系。这一联系在理论上提出过，但实证研究仍没有得到结论性的发现。然而把其他的中间经历考虑在内，布朗能够证实这一联系只在一定的条件下发生，即在父母的去世导致父母关怀缺乏的情况下（如表 10.8 所示）。如果把因为去世或者分居而失去母亲但后来得到充分照顾的女性，与同样失去母亲但没有得到充分照顾下长大的女性相比较就会发现，前者患抑郁症的比例远远小于后者，实际上，患病率只略高于从未失去过父母的女性的比例。因为这样，照顾不足的经历反过来经常导致其他的不幸，例如未婚怀孕和婚姻不幸，任意之一都是导致出现临床抑郁症的因素。因此，孩子最初经历的事件如失去父母，会建立起链式反应而产生长期的影响。从童年经历到成年后的结果很可能包括一系列的步骤，其中每一个步骤都可能导致儿童发展不良，进而导致下一个步骤出现问题。

表 10.8　根据儿童期失去父母和之后得到照顾的情况不同而导致的抑郁症比例（%）

失去父母原因	良好照顾	照顾不足
母亲去世	10	34
与母亲分离	4	36
没有失去父母	3	13

来源：Harris，Brown 和 Bifulco（1986）。

然而，对于链式反应来说没有什么是必然的，即使顺序完全正确。人们会周期性地遇到转折点，他们只能在二选一的事情上做出选择：继续留在学校或者离开；找一份不需要技巧的工作还是继续学习或培训；是否结婚——这些是年轻人要做的决定。无论这些选择是否自由，选择的结果有充分的理由加强或减弱之前经历的影响。以拉特（Rutter）等人于 1990 年做的研究为例，该研究的目的在于确认未被父母养育的孩子是否会不养育自己的孩子。被调查的女孩子早年大部分时间在公共机构长大，成年后被发现不够敏感，不能为他人提供支持，她们在与自己孩子的关系中，与正常环境下长大的母亲们相比不够温暖。然而，并非所有从缺少父母养育的环境中长大的女性都表现出这些不足：在群体数被平均之后，结果显示有相当多的变数，而这可以用追踪每个孩子从童年经历到成年行为的成长轨迹来解释。例如，良好的学校经历可以抵消一部分孩子的家庭生活经历的负面影响，使自尊心增强，而这又增加了青春期找到满意且有成就感的工作的机会。最重要的是，找到能够支持她们而且社交正常的配偶，这会使她们做得很好，尤其能够和她们的孩子建立良好的关系。转折点表现为很多形式（Capsi，1998）：正如我们在韦恩·丹尼斯（Wayne Denis）做的研究中看到的，转移到另一家公共机构可以是一种转变，被收养则是另一种——两者均提供了（不一定总是加强）孩子被转移到另一种道路的可能性。因此，转折点是童年事件和成年行为关系必不可少的因素；它们可以修饰过去经历甚至是成年后所经历的后果，而且有助于解释为什么早年相同的经历却造成了相当不同的结果。

我们可以得出一个结论：认为现在境况的关键只在于遥远的过去这种被人广泛接受的观点，过分简单化了。仅仅因为它们是早期的经历，便认为早期经验重要的观点不能够被证实。年龄和对经历的敏感度并没有直接联系。让我们考查一下父母离婚对不同年龄孩子的影响：没有哪一代人能广泛证明某一年龄段的孩子最易受伤害（Hetherington 和 Stanley-Hagan，1999）；更可能的结论是，年龄小点的和大点的儿童之间的反应有一定的差别，但差别不是很大。

对于那些非常脆弱的婴儿和学前儿童而言，如果学龄期和青春期成长在良好健全的环境中，他们的前途是不会被毁掉的。特定经历的影响取决于特定成长阶段存在的心理结构；是该结构的性质决定了孩子的反应，而不是年龄的因素。时间早晚是有影响，但不是按照简单的"越早影响越大"的模式进行的。一切取决于经历的类型和孩子对它的解释和编入心理结构的能力。是否存在成长连续性，例如，是否早期的适应不良会导致后来的适应不良，可以在环境连续性中得到解释。那些幼年得不到良好抚养的孩子也可能在后来的童年期间得不到良好的抚养，可能是因为孩子留在了同样不良的抚养环境中，或者一个不幸容易引起另一个不幸的发生（"传送带"现象）。这是链式反应所有环节的积累效果，而非第一个环节单独引起了所有长期的破坏。

小结

儿童最重要的成长任务之一是个性化的过程，也就是说，一个个体的、唯一的身份的形成。从出生开始，根据儿童气质的一系列特征，已经具有一定的个性特征。这些特征是由遗传决定的并将继续对个体的行为产生影响，因此它们可能是个性的前兆。

自我是个性化的焦点，而儿童期的大部分时间被致力于寻找"我是谁"这一问题的答案。在研究自我的过程中，区分以下三个要素是很有用的：自我意识、自我观念和自尊。自我意识一般在 2 岁时出现，之后自我观念形成并逐渐得到加强——这一过程一直持续到成年。自尊，同样在整个学龄期间发展变化，并逐渐发展为一致的和现实的。

在青春期，随着儿童身体外观的变化和自我反省——被称为身份认同的危机增加，儿童对自己的看法经常有很大的变化。根据埃里克森的理论，儿童首先需要解决他们的身份认同问题；他们只有顺利完成这一特殊的成长任务，才能成功地进入成年，并不再继续被生活中的角色混乱所打扰。

儿童如何看待自己既取决于他们的认知发展，也取决于他们的社会经历，尤其是他人的期望和态度，这一点在受虐待儿童的发展研究中得到了证实。虐待对儿童自我的形成产生了严重影响。毫无疑问，家庭是孩子自我意识发展的摇篮；然而，同伴的作用也越来越明显，这一点可以在受拒绝和受欺负者的自尊的影响上得到证实。

自我发展的另一方面涉及儿童性别意识的获得。这是一个延迟的过程，包括性别特性、性别稳定和性别一致性的发展。两性之间的心理差异很小；然而，性别分离现象，从 3 岁开始到青春期和成年时依然明显，对两性之间形成的各自相互交往模式有深刻的影响。

是否儿童的个性特征从童年早期到成年都有连续性，以及是否可以从早期行为预测成年个性，依然是一个有趣的研究课题。研究者采用两种方法对此问题进行了研究，其一是追踪特有的心理特征的整个发展以确定其稳定性。以害羞和攻击性为例，可以得到这样的结论，即在极端的样本中儿童的行为特点发展稳定，例如十分害羞或者非常好斗的儿童，长大以后早期的影响依然显著。然而，在那些处在平均水平的人群中，变化而非预测起到了关键作用。这些人更容易受到外界环境的影响，使个性出现变化。

另一种方法是由早期经历预测后来发展的结果。这是建立在一个假设基础上的，即孩子在生命早期易受到影响，以至于失去父母等创伤经历会造成终生影响，如果不考虑后续经历的话。这个结论没有被证实：人们发现即使那些在非常不被重视的环境中受到严重伤害的孩子，只要有适宜的条件出现，其发展也能得到恢复。可以得出这样的结论：无论这些特定经历多么早的出现，程序有多么严重，成长并非由特定经历永久地决定，后续经历必须考虑在内，包括那些特定的成长轨迹中个体必须经历的关键点。

阅读书目

Caspi, A. (1998). Personality development across the life course. In W. Damon(ed.), N. Eisenberg(vol.ed.), *Handbook of Child Psychology*(Vol.3). New York：Wiley. 主要关注个性差异的性质及其在童年期的起源，包括对个性特征延续性和变化的研究的学术总结。

Clarke，A.，& Clarke，A. (2000). *Early Experience and the Life Path.* London：Jessica Kingsley. 这是 1976 年出版的非常有影响力的《*Early Experience：Myth and Evidence*》一书的更新版本。它阐述了早期经验影响的最新证据。

Golombok，S.，& Fivush，R. (1994). *Gender Development.* Cambridge：Cambridge University Press. 追溯了性别从受孕到成人期的发展过程，从游戏、社会关系、道德发展、学校和工作等诸多方面展现了性别的作用，解释了荷尔蒙、认知、父母和同伴对性别发展的复杂影响。

Harter，S.（1999）. *The Construction of the Self：A Developmental Perspective*. New York：Guilford Press. 理论性地详细描述了我们当前对自我及其从学前期到青春期后期的发展的认识。作者是这一领域贡献最大的专家之一。

Maccoby，E. E.（1998）. *The Two Sexes：Growing up Apart，Coming Together*. Cambridge，MA：Harvard University Press. 最近几年出版的最重要的研究性别的著作之一。主要关注性别分离在儿童期和成人期的作用，但是也包括了与性别发展相关的许多内容。

术语表

顺应（Accommodation）在皮亚杰理论中是指通过改变心理结构来获得新信息的术语。补充过程即同化（assimilation）。

成人依恋访谈（Adult Attachment Interview，AAI）是一个半结构的程序，用来激发成人在儿童期的依恋经验。它被用来将个体归为不同的范畴，总结出亲密关系方面的思维状态。

缺氧症（Anoxia）。大脑被剥夺了基本的氧气供给的状况，严重的情况下会导致生理和心理的发育缓慢。

阿普伽新生儿评分（Apgar score）是对新生儿状况的一种测量，用来评价一系列基本功能的量表。

同化（Assimilation）是皮亚杰的术语，指通过采用已经存在的心理结构来获得信息。补充过程即顺应（accommodation）。

自传式记忆（Autobiographical memory system）是指储存有关个体历史的记忆，其功能是为个体提供一种连续性的感觉，是儿童获得自我概念的关键。

行为遗传学(Behavioural genetics)是一门研究人类或动物行为的遗传基础的科学。

染色体（Chromosomes）是生物体细胞内存储和传递遗传信息的杆状分子结构。

集体主义文化（Collectivist cultures）是指那些强调成员之间相互依赖的社会，它培养的儿童将社会服从看得高于个人目标（与个体主义文化相对）。

概念（Concepts）是将具有某种相同特质的不同物体分类的思维范畴。

守恒（Conservation）是皮亚杰的术语，指即使物体的外观发生永久的变化，某些基本特性如重量和体积，也会保持不变。

关键期（Critical periods）是发展过程中的一些时期，个体必须接触到某些经验以获得某种特别技能（见敏感期）。

横断研究设计（Cross-sectional research designs）。比较不同年龄段的不同组的儿童在一些特定方面的测量，以评价特定的功能在发展过程中是如何变化的（与纵向研究设计相对）。

文化工具（Cultural tools）指的是每个社会传承其代代相传的传统物质和技能。

发展任务（Developmental task）。根据一些心理学家如艾瑞克·艾里克森的理论，儿童期可以划分为几个阶段，在每个阶段个体都要面临一些必须完成的主要挑战，以便成功进入下一个阶段。

发展轨迹（Developmental trajectories）是个体一生中要遵循的特定路线，有连续和非连续之分。

不平衡（Disequilibrium）。在皮亚杰的理论中，当个体遭遇到从来没有遇到过的新信息时的心理状态（见平衡）。

表现规则（Display rules）指情绪外在表现的文化规则，既包括表现的表情种类，也包括各种情绪可以表达的情境。

特殊范围（Domain-specific）、一般范围（Domain-general）用于描述发展过程是适用于特定心理功能还是全面心理功能的术语。

读写萌芽（Emergent literacy）指的是读写能力的最开始阶段，即认识到书面语言是有意义的、有趣的。

情绪能力（Emotional competence）是指个体应对自己和他人情绪的能力。它在情绪中与认知功能中的"智力"概念相对应。

平衡（Equilibrium）。在皮亚杰的理论中，指个体通过同化和顺应来吸收和理解新信息后达到的状态（见不平衡）。

外显问题（Externalizing problems）指"付诸行动的"行为失常，如攻击性、暴力和犯罪（与内隐问题相对）。

性别角色知识（Gender role knowledge）指儿童认识到某些种类的行为被看作是男孩特有的，而另外一些是女孩特有的。

基因（Genes）是遗传所传递的单位。它们由 DNA 组成，主要分布在染色体上。

目标校正的合作关系（Goal-corrected partnerships）在鲍尔比的依恋理论中是一个代表成熟关系的术语。它是指这样的能力：合作者在计划行动时既有自己独立的目标，同时又照顾到其他人的目标。

指导性参与（Guided participation）是指在问题解决情景中，成人通过合作参与来帮助儿童获取知识的过程。

认同感危机（Identity crisis）主要与埃瑞克·艾里克森的理论相关。这个术语是指混乱和低自尊的阶段，据说在青春期很典型（尽管有争议）。

个体主义文化（Individualistic cultures）是指崇尚个人独立的社会，因此那里的儿童被培养得自立、自信（与集体主义文化相对）。

个性化（Individuation）是一个无所不包的术语，指儿童在获得个体认同时使用的所有手段（见社会身份认同）。

婴儿期遗忘（Infantile amnesia）指无法回忆起生命最初几年中发生的事情。

内部工作模式（Internal working models）是鲍尔比提出的假设心理结构，它将童年期早期的与依恋相关的经验带到了成年期。

内隐问题（Internalizing problems）是通过内化症状如焦虑和抑郁表现出来的失常（与外显问题相对）。

共同注意（Joint attention episodes）是成人与儿童同时关注某个对象并共同采取行动的情境。

语言获得装置（Language acquisition device）乔姆斯基认为，一种天生的心理结构使得儿童能以非凡的速度掌握复杂的语法知识。

语言获得支持系统（Language acquisition support system）。针对乔姆斯基的先天知识为基础的观点提出了这个术语，注重成年人采用的帮助和支持儿童语言获得的各种策略。

纵向研究设计（Longitudinal research designs）。为了追踪发展过程中的变化，同样一组儿童在不同年龄被跟踪测试。

元认知（Metacognition）指个体对自己认知过程的认识和知识。它包括元记忆和元交流等。

妈妈语（Motherese）是成人对儿童谈话的一种特殊方式（因此被称为 A-C 谈话）。成人为了使谈话更容易被理解、更能吸引孩子的注意力，而改变自己正常的言语。

环境选择（Niche-picking）是指个体根据遗传本能主动选择适合的环境的过程。

非 REM 睡眠（Non-REM sleep）是睡眠中安静的、最深的阶段，此时的大脑活动达到最低点（与 REM 睡眠相对）。

客体永久性（Object permanence）是皮亚杰的术语，指意识到事物是独立的实体，在个体没有感觉到它的情况下，它依然继续存在。

操作条件反射（Operant conditioning）指个体通过行动得到奖励、不行动受罚而获得一种特定行为模式的过程。

运算（Operation）。在皮亚杰理论中，指在心理上作用于对象的任何过程。

个体认同（Personal identity）是指将个体与其他人区分开来的那些个性特征（见社会身份认同）。

语音学（Phonology）研究组成语言的声音系统。

语用学（Pragmatics）研究决定我们在实际中如何使用语言的规则。

隐性基因失调（Recessive gene disorders）出现在父母双方提供同样的隐性基因的时候，没有一个能消除其影响的主导基因。

信度（Reliability）指我们对一个测量工具的信任。通常，通过比较在不同时间或不同试验员得到的结果来评定。

REM 睡眠（REM sleep）。在这个睡眠阶段，大脑处于相对活跃的状态，这造成了各种各样的身体活动，包括快速眼动（REMs）。它与非 REM 睡眠交替出现。

搭建脚手架（Scaffolding）是指成人帮助儿童解决问题的过程。在这个过程中，成人根据儿童的行为水平调整帮助的类型和数量。

脚本（Scripts）是指特定日常事件，以及相应的行为和情绪的心理表征。

自我觉知（Self-awareness）是自我形成的第一步，儿童认识到他们是独特的个体，有他们自己的存在。

自我概念（Self-concept）指儿童建构的关于自己的形象，回答了"我是谁"这个问题。

自尊（Self-esteem）关注的是儿童赋予自己个性特征的价值，回答了"我有多好"这个问题，评价的范围在最消极和最积极之间。

语义学（Semantics）是有关单词意义和如何掌握它们的语言学分支。

敏感期（Sensitive periods）是在发展阶段中，比起其他时候个体更容易获取某些特殊技能的时间（见关键期）。

生殖性细胞（Sex cells，也称配子细胞）是受精时女性的卵子和男性的精子结合形成的细胞。不同于其他细胞，它们仅包含 23 对而非 46 对染色体。

社会建构主义（Social constructivism）。这是维果斯基等人所赞同的观点，儿童主动地了解世界，而不是被动地接受，这就使得儿童与他人的连接起到最好的效果。

社会身份认同（Social identity）是指个体对自己社会分类的归属感，如性别、种族（见个体身份认同）。

社会化（Socialization）是一个无所不包的术语，指儿童受到帮助来获得社会生存所必需的行为模式和价值的过程。

社会测量技术（Sociometric techniques）有多种形式，目的是提供儿童在小组中地位的量化指标（例如，儿童的受欢迎程度）。

陌生情境（Strange situation）是测量儿童依恋关系的程序。它包括一系列足以引起依恋行为的压力情境，并将儿童按照依恋的安全型归类。

句法（Syntax）是指语言的语法，即将单词组合、造出有意义的句子的规则。

系统理论（Systems theory）是描述诸如家庭等组织的一种特殊方式。这些组织既被看作是复杂的整体，又被看成是由子系统构成，并且由于某些特殊目的，还可将子系统作为独立的单元来考虑。

气质（Temperament）指一系列与生俱来的、将个体与他人从外在的行为风格上区分开来的特征。

致畸因子（Teratogens）是像酒精和尼古丁这样的特质，通过胎盘干扰胚胎的发展。

心理理论（Theory of Mind，ToM）是儿童期获得的关于他人内心世界的想法和感觉的知识，使其认识到这些事独立于个体自己的心理状态。

转折点（Turning points，也称转变点）是指个体面临人生重大抉择的时刻。

普遍语法（Universal grammar）是指在所有可能的人类语言中构成语言的共同规则。

效度（Validity）指测验实际能够达到测量的目的的程度。经常将这个测验的结果与其他测验进行比较来获得。

X 和 Y 染色体（X and Y chromosomes）是决定个体性别的一堆 DNA。

最近发展区（Zone of proximal development）。维果斯基认为，儿童已知的水平与儿童在成人引导下所能获取的水平之间存在着差距。